깨끗한 공기 마시는 법

| 호흡보호구(Respirator) |

Respiratory Protective Equipment (RPE)

| 한 돈 희 지음 |

인제대학교 출판부

『본 교재는 인제대학교 PRIME사업 사업비를 지원받아 작성되었습니다.』

목 차

제 1 장 기초지식

호흡보호구와 관련한 몇 가지 중요한 기초지식을 알고 있어야 호흡보호구를 올바르게 선정할 수 있다. 본 장에서는 호흡보호구를 선정함에 있어 반드시 알아야 할 기초지식들을 살펴보기로 한다.

1. 일반적인 작업장 유해인자

작업장에서 발생하는 직업적인 유해도(Hazards) 즉, 유해인자를 분류하면 [그림 1-1]과 같다. 이들 유해인자들의 근본 원인은 최종적인 산물을 만들기 위한 원료, 기기장치 그리고 작업공정에서 만들어지는 것들이다. 이중에는 호흡기계를 통하여 인체에 침투 가능한 물질들이 있는 반면 호흡과 무관한 인자들도 많이 존재한다.

1) 화학인자

작업환경에서 가장 많은 유해인자는 화학적 인자들로서 화학물질에 의한 것이다. 화학물질에 의한 유해 정보는 물질안전자료(MSDS)를 이용하면 된다. 화학물질은 크게 유기화학물질과 무기화학물질로 나누며 이중에서 산업위생분야에서는 유기화학물질이 더 관심의 초점이 된다. 특히, 유기용제는 제조업장에서 많이 사용되어 중요시 다루며 인체 독성, 폭발성, 인화성, 부식성, 산화성에 따라 위험도(위해도: Risk)는 달라진다. 호흡보호구 측면에서는 화학적인 유해인자가 관심의 초점이 된다.

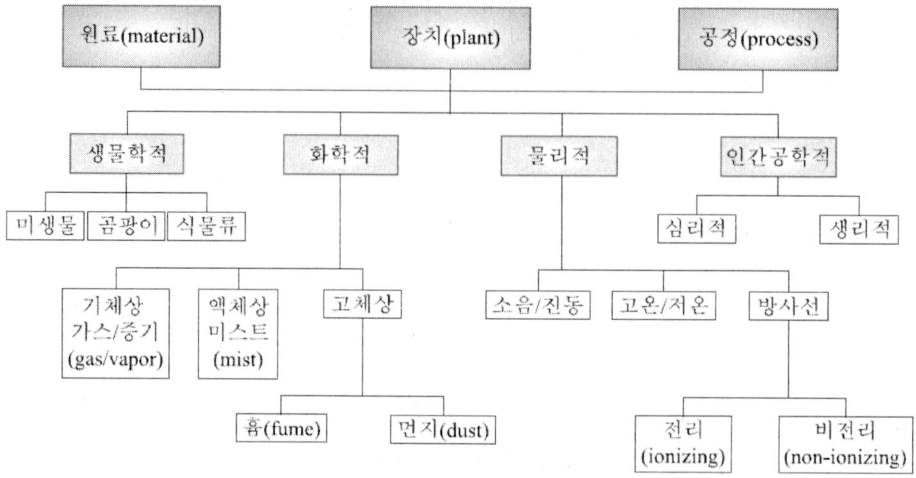

[그림 1-1] 작업장의 직업적 유해도(Occupational Hazards)

2) 물리인자

물리적 유해인자로는 소음과 진동, 고온·저온, 고압·저압, 전리방사선(보통 방사선이라도 하며 α 입자, β 입자, γ 선, X선, 중성자 입자가 해당), 비전리방사선(유해광선이라고도 하며, 자외선, 적외선, 마이크로파, 레이저광, 가시광선이 해당)이 해당된다. 물리적 인자 중 일부 방사능 물질을 제외하고는 호흡보호구로 물리적 인자를 제어할 수는 없다.

3) 생물인자

작업장에서 대략 200개 정도의 인자 즉, 감염성 미생물이 존재하는 것을 알려져 있다. 여기에는 곰팡이류, 박테리아, 바이러스, 리켓치아, 각종 알러지 물질(Allergen), Aflatoxin 같은 생물학적 발암물질도 존재한다. 국내에서는 2015년 MERS 사건을 기점으로 보건의료종사자들이 생물인자 즉, Bioaerosol로부터 자신들을 보호하기 위해 호흡보호구에 많은 관심을 갖게 되었다.

4) 인간공학적 인자

인간공학이란 인간과 작업 사이에 최적인 조건을 만들어 인간의 건강과 안녕은 물론이고 최고의 작업효율을 얻도록 연구하는 학문이다. 인간공학에서는 생리적, 심리적 요소가 중요하다. 작업이 너무 힘이 들고 잘못된 자세로 인하여 작업자에게 물리적인 스트레스를 가해서도 안 되지만 반대로 너무 단순하고 쉬워서 작업자에게 지루함과 집중력을 떨어뜨리게 해서도 안 된다. 호흡보호구 측면에서는 보호구를 착용함으로서 오는 신체적 부담이나 불편함이 문제가 될 수 있다.

2. 호흡관련 유해인자

1) 종류

작업환경에서 존재하는 호흡과 관련한 유해인자의 형태와 양은 적합한 호흡보호구를 선정하는데 필수적인 요소이다. 또 호흡보호구가 갖는 추가적인 보호기능을 극대화하기 위해서는 작업 활동과 환경에 대한 정확한 정보도 필요하다. 깨끗한 공기와 달리 이들 유해인자들은 눈에 보이지도 않고 냄새도 나지 않는 경우가 허다하다. 숨을 통하여 인체로 들어오는 유해인자들은 먼지(Dust), 흄(Fume), 미스트(Mist), 가스와 증기(Gas/Vapor) 및 산소결핍이다.

2) 인체와 반응

인체에 침투하여 질병이나 상해를 입히는 물질을 독성물질이라고 한다. 인체는 경구나 흡입을 통하여 침투한 이런 물질을 구토, 기침 및 배설을 통하여 몸 밖으로 내 보낸다. 건강한 피부는 수용성 물질을 흡수하지 않는다. 그러므로 인체에 녹는 물질만 흡수하게 된다. 예를 들어, 황화납(PbS: Lead(II) sulfide)은 물이나 체액에 녹지 않기 때문에 인체에 독성작용을 유발하지 않으나 인체에 녹은 다른 납화합물은 독성을 유발한다. 근본적으로 납화합물은 인체에 독성을 유발하지만 황화납의 경우 경구로 섭취하지 않는 한 체액에 녹지 않아 인체에 독성을 유발하지 않는 것이다. 또 다른 예로써 철화합물을 들을 수 있다. 당연히 다량 섭취하면 독성작용을 일으키며 위(Stomach)에서 부식성 및 자극성으로 작용하여 위에서 흡수가 일어나기 전에 구토를 통하여 몸 밖으로 배출된다. 결론적으로 인체에 독성작용을 일으키기 위해서는 체액에 녹아 흡수가 이루어져 인체 대사기능을 방해해야 한다.

3) 유해성(Hazards)와 위해성(Risk)

위해성(Risk)과 유해성(Hazard)은 다음과 같이 정의 한다.

위해성(Risk) = 유해성(Hazard) × 노출가능성(Exposure) 여기서, 노출가능성 = 노출농도 × 노출시간

유해성이란 화학물질, 병원균과 같은 생물요인, 전자기파 같은 물리요인이 객관적으로 갖고 있는 위험한 성질이다. 유해성의 강도는 요인에 노출되었을 때 피해가 얼마나 심각한가로 평가되며 화학물질의 경우는 독성(Toxicity)과 이화학적 성질 등을 말한다.

위해성은 어떤 요인이 인체에 실제로 해를 끼칠 가능성 즉, 그 확률(Probability)을 의미한다. 따라서 어떤 물질의 유해성이 아무리 크다고 하여도 그 물질이 인체에 노출될 가능성이 없다면 위해성은 0라고 할 수 있다.

화학물질안전원 자료(2016)에 의하면 화학물질의 독성, 증기압은 각각 유해성으로 표현하였으나 이들을 Matrix 조합으로 만들었을 때는 위해성이라고 표현하였다. 더구나 여기에 작업행태(예를 들어, 수작업 여부)에 따라 위험성은 달라지기 때문에 작업조건이 들어가면 당연히 위해성이며 위해성에 따라 호흡보호구의 종류는 달라진다.

그러나 유해성이냐 위해성이냐의 표현은 화학물질에 따라 또는 전문가의 표현 방식에 따라 달라질 수 있다. 예를 들어, 독성이 동일한 트리클로로에틸렌(TCE)과 퍼클로로에틸렌(PCE)를 비교해 보자. TCE의 증기압은 70 mmHg(@25℃), PCE의 증기압은 23 mmHg(@25℃)이므로 동일한 온도에서 TCE가 PCE보다 증발이 잘되어 인체 침투 가능성은 높다고 할 수 있다. 이때 TCE의 유해성은 PCE의 유해성보다 높다고 표현하기도 한다.

4) 화학물질의 이화학적인 특성

(1) 증기압(Vapor Pressure)

모든 액체는 항상 기화하려는 성질을 가지고 있다. 즉, 액체의 상태에서 기체의 상태로 상태변화를 하려는 성질을 가지고 있다. 일정 온도에서 어떤 액체가 곧바로 기화하지 못하는 이유는 중력의 힘 즉, 대기압이 누르고 있기 때문이다. 어떤 밀폐된 공기 속에서 액체의 증발현상이 일어날 때 증기의 상태로 기화된 분자들의 운동에 의해서 생기는 압력 즉, 분압을 그 액체의 증기압이라고 한다.

증기압은 온도의 함수이며 [그림 1-2]와 같이 온도가 상승함에 따라 증기압도 상승하게 되는데 선형방정식이 아닌 2차 함수적 즉, 기하급수적으로 증가하게 된다. 밀폐된 공간에 일정한 증기압을 가진 액체를 방치해 두면 증발이 이루어져 어느 시점에 이르면 그 온도에서 공기 중 최고농도에 이르게 될 것이다. 이때의 농도를 포화증기농도(Saturated Vapor Concentration: SVC)라고 하며 다음과 같이 계산한다.

$$\text{포화증기농도(SVC, ppm)} = \frac{\text{그 온도에서 그 물질의 증기압(mmHg)}}{\text{대기압(mmHg)}} \times 10^6$$

증기압을 표현할 때는 보통 mmHg, 기압(atm)으로 표현한다. 불화수소(HF)의 증기압은

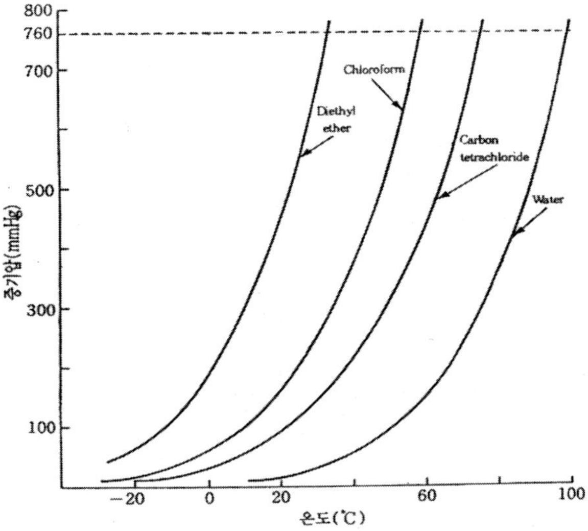

[그림 1-2] 온도에 의하여 변하는 증기압

25 ℃에서 783 mmHg이다. 1기압이 760 mmHg이기 때문에 액체인 불산(불화수소를 물에 녹인 액체)이 담겨져 있는 용기를 열어놓는 순간 기체로 변한다.

(2) 끓는점(Boiling Point)

액체가 기체로 변하는 온도를 끓는점이라고 한다. 끓는점이 낮다는 것은 쉽게 기체가 된다는 의미이기 때문에 호흡보호구 선정에 매우 중요한 요소이다. [그림 1-2]에서 물의 끓는점은 100 ℃이며 이때 증기압이 760 mmHg임을 알 수 있다.

(3) 증기밀도(Vapor Density)

가스 또는 증기의 밀도를 그것과 동일한 압력 · 온도에 있어서 공기의 밀도를 1로 해서 비교한 값을 말한다. 이것은 고체나 액체의 비중 개념과 동일하며 기체비중이라고도 한다. 공기보다 무거운지 가벼운지는 공기의 분자량(약 29)과 문제의 가스 혹은 증기의 분자량을 비교하면 쉽게 알 수 있다. 수소(H_2), 헬륨(He), 일산화탄소(CO), 질소(N_2), 암모니아(NH_3), 메탄(CH_4), 아세틸렌(C_2H_2), 에틸렌(C_2H_4)은 분자량이 공기보다 작기 때문에 공기보다 가볍다. 일반적으로 액체의 증기는 공기보다 무거운 것이 대부분이라고 생각해도 크게 문제되지 않는다. 예를 들어, 가연성 증기인 에테르(보통 디에틸에테르를 말하며 화학식은 $(C_2H_5)_2O$이다)의 증기밀도는 2.6이기 때문에 용기로부터 밖으로 다량으로(다량의 의미: ppm 단위의 양이 아니라 % 단위의 양을 말함) 새어나와 지면에 깔리면 움푹 들어간 곳에 체류하거나 흘러 화재, 폭발을 초래할 우려가 있으므로 호흡보호구 선정 시 주의가 필요하다.

(4) 냄새역치(Odor Threshold)

사람이 냄새를 맡을 수 있는 공기 중 오염물질의 최소농도를 말한다. 후각의 민감도는 사람에 따라 다르며 또 후각은 시간이 지남에 따라 둔감해진다. 따라서 어떤 물질의 냄새역치는 절대적인 의미가 아니기 때문에 보통 광범위하게 표현된다. 냄새역치는 방독마스크 정화통을 교체하는데 중요한 요소이다.

3. 인체의 호흡

유독물질의 인체침투경로는 호흡기계를 통한 흡입, 소화기계로 삼킴, 피부흡수이다. 이 중에서 가장 큰 비중을 차지하는 것은 당연히 흡입이기 때문에 호흡에 대한 기전을 자세히 알아야 한다.

1) 호흡기계 구조

인체의 호흡기계는 입 혹은 비강(Nasal Cavity)으로부터 시작하여 인두(Pharynx), 후두(Larynx), 기관(Trachea), 기관지(Bronchus), 소기관지(Bronchiole), 호흡성 소기관지(Respiratory Bronchiole), 도관(Duct), 폐포낭(Alveolar Sac)을 거쳐서 O_2와 CO_2의 교환이 이루어지는 아주 얇은 막인 폐포(Alveolus)에 이른다(그림 1-3). 기도는 기관지로 이분되고 기관지들은 계속 나누어져서 약 27회까지 나누어지며 대략 20회 나뉘는 지점부터 폐포가 나타나기 시작한다.

폐포는 총수는 30억 개에 달하며, 각 폐포의 지름은 100-300 ㎛정도이다. 폐포의 총 면적은 70 m^2이고 두께는 0.36-2.5 ㎛이다. 폐포 면적과 말초혈관면적을 모두 포함한 폐의 총면적은 약 140 m^2 이며 여기에 몸 밖에서 유입되는 독성물질이 접하게 된다. 폐포에는

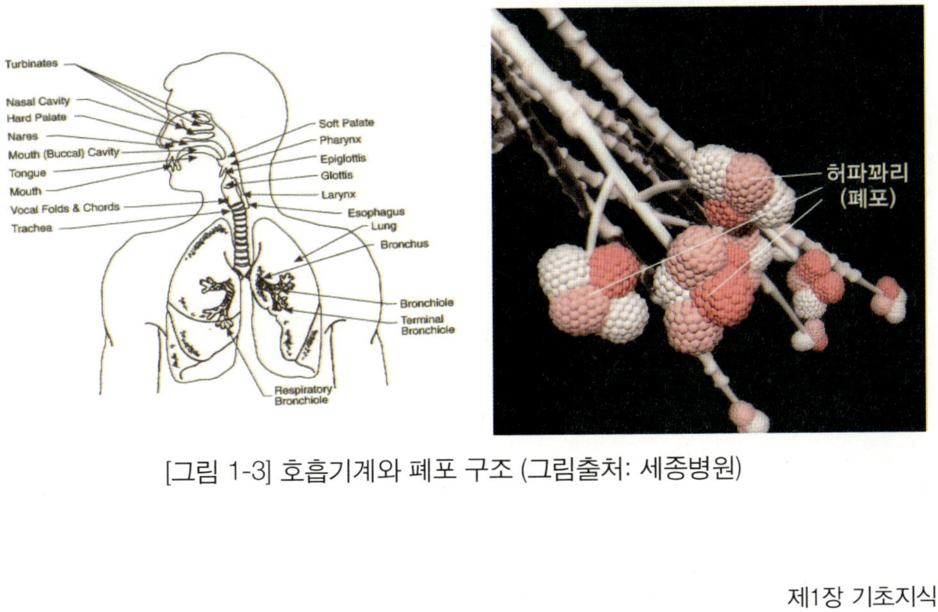

[그림 1-3] 호흡기계와 폐포 구조 (그림출처: 세종병원)

미세한 모세혈관이 퍼져있고 총 용적은 약 140 mL이다. 이곳에 순간적으로 100 mL의 혈액이 퍼지며 매우 얇은 혈액필름이 형성되어 가스가 접하면 확산력에 의해 O_2와 CO_2의 교환이 이루어진다.

2) 호흡기전

호흡기는 기본적인 기능은 공기 중 산소와 몸속에서 만들어진 이산화탄소를 교환하는

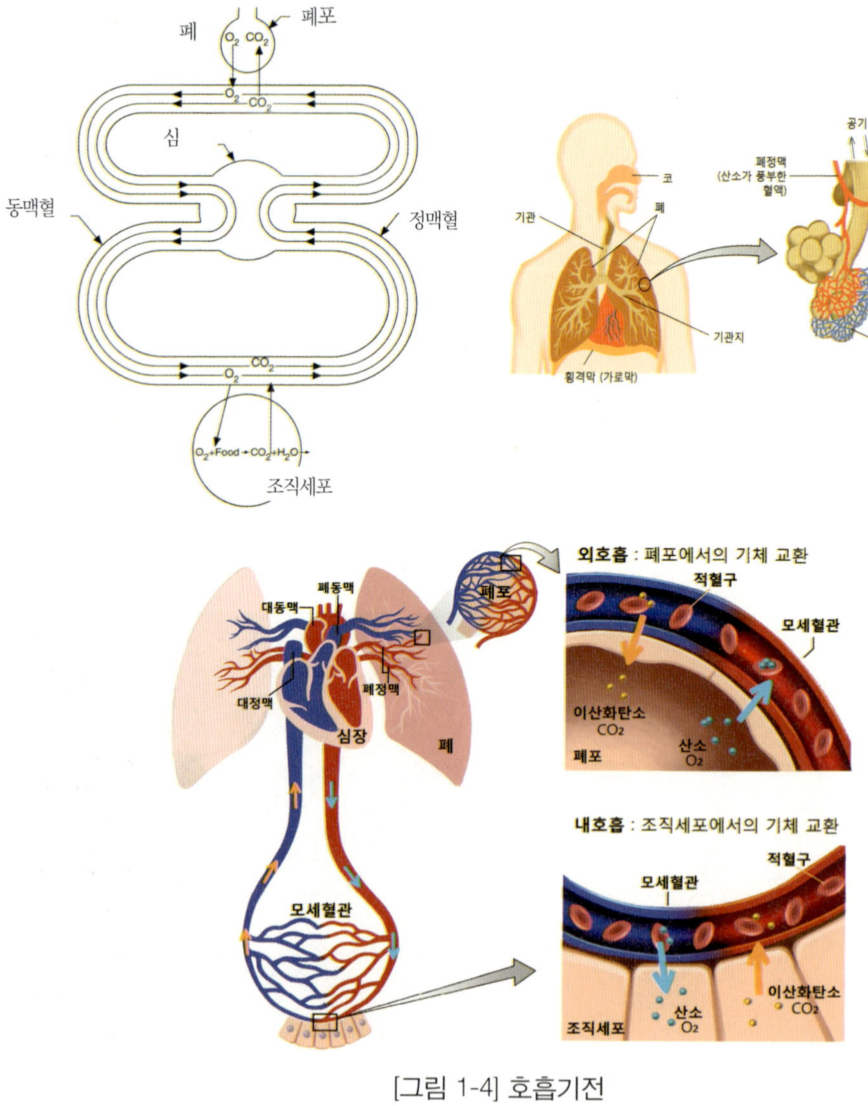

[그림 1-4] 호흡기전

것이다(그림 1-4). 흡입된 공기는 기관, 세기관지를 거쳐 폐포로 이동하며 폐포에서는 공기 중 산소농도와 몸속 이산화탄소의 농도차이에 의해 산소는 말초혈관을 타고 조직세포로 이동하게 된다.

혈액 중에 O_2 농도의 감소는 신경말단을 자극하게 되고 신경말단은 신경계를 통하여 호흡조절중추를 자극하여 호흡 횟수와 호흡량이 증가하게 된다. 그러나 O_2 농도의 감소는 CO_2 농도의 증가보다 호흡량을 증가시키는데 강력하지 못하다. 체내에서 O_2 농도 감소는 정상 휴식상태보다 $1\frac{2}{3}$ 배의 호흡량 증가를 유발하지만 CO_2 농도의 증가는 정상 휴식상태보다 10-12배의 호흡량 증가를 유발한다.

한 번의 호흡사이클은 한 번의 들숨(흡기, Inspiration)와 한 번의 날숨(호기, Expiration)로 이루어진다. 1분당 흡기수 혹은 호기수를 호흡률(Breathing or Respiration Rate)이라고 한다. 1분당 호흡한 공기량을 분량(Minute Volume)이라고 하고 분량은 1분 당 체내로 들어온 공기량 혹은 체내에서 나간 공기량을 의미한다. <표 1-1>은 1950년대 건강한 미국인 성인 남자의 신체활동별 호흡 특성을 양적으로 나타낸 것이다. 한국인에 대한 자료를 찾지 못하여 이 자료를 활용한 것인데 아마도 현재 한국 남자의 신체크기와 비슷할 것으로 판단된다.

〈표 1-1〉 건강한 성인남자(1950년대 미국인)의 신체활동별 호흡량

신체 활동	작업률(kg-m/min)	호흡률(호흡수/분)	분량(L/min)
작업하지 않고 앉아 있음	0	14.6	10.3
앉은 채 작업	0	19.6	14.2
경 작업	208-415	21.1-22.7	20.8-29.9
중간 작업	622-830	23.0-30.4	37.3-54.7
심한 작업	1107-1380	43.8-40.7	75.3-104.0
최대 작업	1660	47.6	113.8

출처: Silvermann L, Plotkin T, Sawyers LA, Yancy A: Air flow measurements on human subjects with and without respiratory resistance at several work rates, *Arch. Ind. Hyg. Occ. Med.*, 3, 461, 1951

3) 폐용량

폐용량은 [그림 1-5]와 같다.

① 1회 환기량(TV: Tidal Volume): 각 호흡사이클에서 흡기 혹은 호기 공기량이다. 전체 폐용량 오직 적은 량만 환기되며 한국 성인의 경우 안정 시 대략 400 mL이다.

② 예비흡기량(IRV: Inspiratory Reserve Volume): 정상적인 흡기 후 강제로 다시 흡기할 수 있는 최대량이다.

③ 예비호기량(ERV: Expiratory Reserve Volume): 정상적인 호기 후 강제로 다시 호기할 수 있는 최대량이다.

④ 잔기량(RV: Residual Volume): 최대로 호기한 후 폐에 남아있는 공기량을 말하며 우

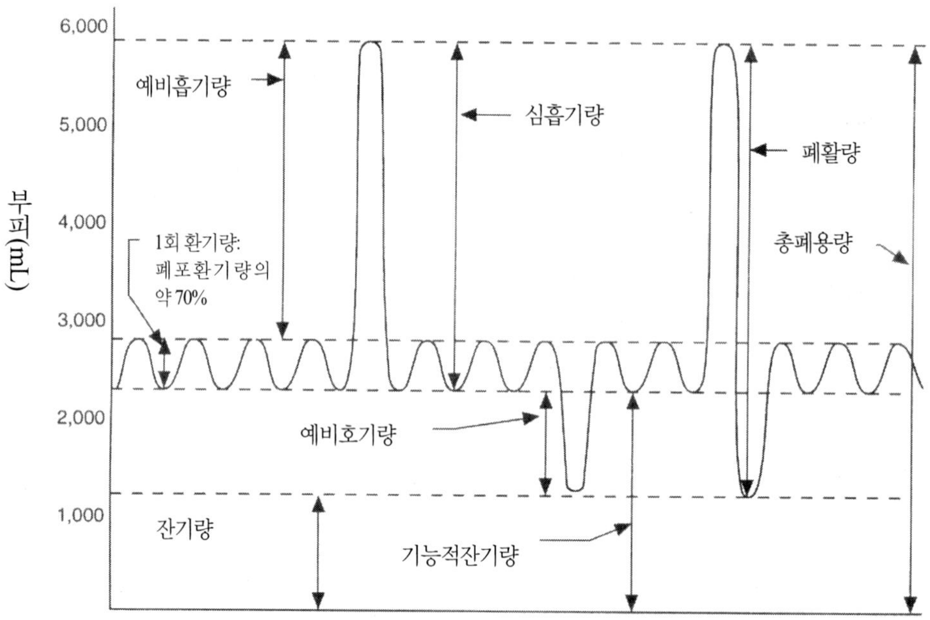

총폐용량(TLC: Total lung capacity) = VC+RV
기능적잔기량(FRC: Functional Residual Capacity) = ERV+RV
예비흡기량(IRV: Inspiratory Reserve Volume)
심흡기량(IC: Inspiratory Capacity) = IRV+TV
1회 환기량(TV: Tidal Volume)
폐활량(VC: Vital Capacity) = IRV+TV+ERV
잔기량(RV: Residual Volume)
예비호기량(ERV: Expiratory Reserve Volume)

[그림 1-5] 폐용량 분류

리나라 성인의 경우 보통 800~1500 mL이다.

⑤ 폐활량(VC: Vital Capacity): 최대로 흡기한 후 다시 최대로 호기할 수 있는 양 즉, 한 번 공기를 최대한으로 들이마셨다가 내뿜을 수 있는 가스의 최대량을 의미한다. 따라서 폐활량을 FVC(Forced Vital Capacity)라고도 하며 성별, 연령, 신장, 개인별에 따라 많이 달라진다. 우리나라 성인 남자는 보통 3,500, 여자는 2,500 mL이다.

⑥ 1초간 최대호기량(FEV_1: Forced Expiratory Volume in One Second): 1초간에 호기되는 최대공기량이며 폐활량과 같이 연령, 성, 개인별 차이가 뚜렷하다. 우리나라 성인 남자는 약 2,500~3,000 mL 정도, 여자는 2,000~2,500 mL 정도이다.

⑦ FEV_1/FVC: 폐의 환기량 장해를 측정하는 중요한 지표이다. 이 지표는 폐쇄성 폐질환을 보는 지표로 70%이하이면 폐쇄성 패턴이라 할 수 있다. 80% 이상은 1단계 경증, 80~50% 2단계 중(中)증, 50~30% 3단계 중(重)증, 30% 이하 4단계 가장 심한 단계로 분류한다. FEV_1이 80%이상이면 일상생활에 거의 문제 되지 않는다. 나이가 든 후 폐쇄성 폐질환은 보통 흡연의 결과이다.

4) 산소결핍에 대한 인체반응

산소결핍에 가장 민감한 조직은 뇌, 특히 대뇌피질로서 신경세포는 산소결핍 시 순간적으로 활동을 정지한다. 산소공급 정지 후 1분 30초가 지나면 모든 활동이 회복되지만 2분 이상지나면 활동성이 완전 회복되지 않을 뿐만 아니라 비가역적 파괴가 일어난다. 숨뇌(연수(延髓), Medulla Oblongata) 등 중추부는 상대적으로 산소에 대한 저항이 강하여 대뇌피질이 파괴되어도 중추부를 포함한 뇌줄기(뇌간(腦幹), 좌우 대뇌반구와 소뇌를 제외한 부분으로 뇌의 한가운데에 위치) 척수계가 생존한 소위 식물인간 상태에 도달한다.

산소결핍의 임상증상은 순식간에 혹은 서서히 일어날 수 있다. 산소결핍증(Anoxia)의 첫 번째 생리적 사인은 호흡수 증가와 깊은 호흡이다. 산소부족 혹은 무산소 상태에 노출되면 단 한 번의 호흡에 의해서도 폐포의 산소분압이 극도로 저하되고 사전 경고 없이 순간적으로 의식을 상실하거나 호흡정지가 일어날 수 있다. 이런 상태에서 시간에 맞게 구출된 사람조차 일어난 일을 기억하지 못할 정도로 신체적 주의나 경고 없이 순간적으로 일어난다. 근력의 저하나 어지러움 정도에서도 추락, 넘어짐, 익사 사고가 일어난다. 호흡

〈표 1-2〉 산소결핍에 대한 인체의 반응

공기 중 산소농도	인 체 반 응
18% 이상	안전 한계, 임상증상 없음
16%	호흡·맥박 증가, 두통, 메스꺼움, 구토
12%	어지러움, 구토, 근력저하, 추락
10%	안면 창백, 의식불명, 기도폐쇄
8%	실신, 혼절(8분 이내 사망)
6%	순간 실신, 호흡정지, 경련(5분 이내 사망)

정지 후 1분에서는 90 %가 소생하지만 점차 떨어져 5분이 경과하면 25 %만이 소생한다고 한다(표 1-2).

4. 유해 작업환경과 유해인자

1) 유해물질의 물리적 성상

물리적 성상에 의한 유해물질의 분류는 <표 1-3>과 같다.

(1) 먼지(분진(粉塵), Dust)

연마, 분쇄, 절삭, 천공으로 발생하며 통상 약 150 ㎛ 이하를 먼지라고 한다. 형상은 불규칙적이고 파면이 복잡한 것이 많다. 먼지는 제조업, 건설업 등 거의 모든 작업장에서 발생한다. 예를 들어, 요업, 광업, 금속제조업, 주물제조업의 습식 작업을 제외한 전 공정, 일반제조업에서 연료의 혼합, 연마연삭, 포대에 집어넣기 등 광범위하다.

(2) 흄(Fume)

아크(Arc) 용접, 주조공장의 용융금속에서 발생하는 금속흄이 대표적이다. 금속이 용융된 액체표면에서는 금속이 증기상으로 공기 중으로 비산되는데 바로 냉각이 이루어져 고체상태가 된다. 응축과정에 산소와 결합하기 때문에 산화물이 되는데 납 흄이라는 것은 많은 경우 산화납(FeO)의 입자이다. 흄은 도중에 액체상을 거치기 때문에 표면장력으로

〈표 1-3〉 유해화학물질의 물리적 성상에 따른 분류

종 류		입경크기 범위 (㎛)	특 성
입자상물질	먼지 (Dust)	0.1-30.0	고체가 분쇄 또는 붕괴되어 만들어진다. 예를 들어, 돌, 금속, 나무 그리고 석탄가루 등. 큰 입자는 300-400 ㎛에 이르기도 하지만 20-30 ㎛만 넘으면 공기 중에 부유할 수 없다. 먼지는 뭉치는 성질이 있다. 암석, 금속, 석탄, 곡식, 솜 등
	흄 (Fume)	0.01-1.0	증기상 특히, 용접과 같이 금속이 용융된 상태에서 공기에 노출되어 응결을 일으키거나 화학적 변화에 의해 생기는 작은 고체상 입자. 작은 흄 들은 서로 충돌하여 더 큰 상태의 입자로 변화한다. 납, 카드뮴, 아연, 알루미늄, 망간 등 금속흄과 염화수소(HCl)와 암모니아(NH_3)가 반응하여 생긴 염화암모늄(NH_3Cl)의 백연(白煙)도 흄이다.
	미스트 (Mist)	0.01-10.0	가스 혹은 액체상에서 응결이 이루어져 공기 중에 부유하고 있는 액체상의 입자. 작업장에서는 전기도금 개방 처리조에서 발생한다. 응결에 의한 미스트는 흄과 같이 입자크기가 아주 미세하다.
	매연 (Smoke)	0.01-1.0	유기물질이 불완전연소하여 만들어진 에어로졸의 혼합체. 이 정도의 크기에는 Fly Ash(화력발전소 배출 미세입자물질)는 포함되지 않는다.
	에어로졸 (Aerosol)		기체(공기)에 액체나 고체의 미세한 입자가 섞여 있는 혼합체를 말한다. 그 대표적인 예가 매연이다.
기체상물질	가스	<0.0001	상온(25℃), 상압(760mmHg)에서 기체. 일산화탄소, 이산화탄소, 불화수소, 황화수소, 염소, 염화수소, 폼알데히드, 암모니아 등
	증기	<0.001	상온, 상압에서 액체 또는 고체인 것이 휘발 또는 승화하여 기체가 된 것. 각종 유기용제(올리핀계, 파라핀계, 알코올류, 에테르 등)

인해 발생할 때에는 구체(球體, Sphere)모양을 띠는 경우가 많다. 그러나 이들은 발생 후 서로 응집하는 성질이 있어서 여러 개가 사슬모양, 포도상 모양, 덩어리 모양으로 다양하다.

(3) 미스트(Mist)

미스트란 공기 중 떠 있는 액체상을 말하는데 스프레이, 발포, 교반 작업 시 발생하며 현미경상으로는 표면장력 때문에 구형을 하고 있다. 노출작업환경은 주로 도금작업에서 압도적으로 많다. 예를 들어, 크롬 도금조에서 크롬산 미스트, 금·은·카드뮴·아연 등 알카리성 도금조에서 시안화합물 미스트, 녹 제거조에서는 염산, 질산, 황산 미스트가 발생한다. 또 축전지 제조공장에서는 황산 미스트가 발생한다. 또 스프레이 도장공장에서는 유기용제 미스트가 증기와 함께 발생한다. 액체가 공기 중으로 부유하면 대부분의 사람들이 증기라고 생각할 수 있으나 증기압이 낮은 황산의 경우 증기가 아닌 미스트의 형태로 부유한다는 점에 주목해야 한다. 따라서 이럴 경우 방독마스크가 아닌 「1급 이상의 방진마스크」나 「방진방독겸용마스크」를 착용해야 한다. 염산, 질산은 증기나 미스트의 다양한 형태로 발생한다. 산은 산가스용 방독마스크이면 충분하지만 질산은 현재의 기술로는 방독 정화통으로 제거가 어려워 송기마스크가 필요하다.

(4) 입자물질의 인체 영향인자와 호흡성분진(Respirable dust)

입자의 크기에 따라서 호흡기계 내 침투정도가 다르다. 입자상 물질이 호흡기계 어느 부위에 집적(Deposition)하느냐는 입자의 크기, 밀도, 모양, 응결능력에 달려 있으나 가장 큰 인체 영향인자는 입자의 크기 즉, 입경이다. 보통 입자물질은 동일한 모양이나 크기가 아니기 때문에 간단하게 현재 문제의 입자와 동일한 침강속도(Settling Velocity)를 가진 구체 모양의 밀도가 1 g/cm^{3}인 입경의 직경 즉, 공기역학적 직경(Aerodynamic Diameter)을 이용한다. 작업장의 입자물질 직경분포는 보통 정규분포를 하지 않고 한쪽으로 치우치기 때문에 통계량으로는 중앙값(Median)이나 기하평균(Geometric Mean)을 사용한다.

미국 ACGIH에서는 호흡기계 집적부위에 따라 먼지를 다음과 같이 분류하고 있다.

- 흡입성 분진(Inhalable Particulate Mass): 주로 상기도에 집적, 입경 중앙값이 100 ㎛인 분진
- 흉곽성 분진(Thoracic Particulate Mass): 기도, 기관지, 세기관지 및 폐포 가스 교한 부위 등 폐에 광범위하게 집적, 입경 중앙값이 10 ㎛이며 입경 25 ㎛ 이하 전체의 98%인 분진
- 호흡성 분진(Respirable Particulate Mass): 폐포 가스교환 부위에 집적, 입경 중앙값 4 ㎛이며 입경 10 ㎛ 이하가 전체의 99%인 분진

① 호흡성 분진

연구에 의하면 10 ㎛이하의 입자들만이 폐에 집적이 이루어진다는 것을 보여주고 있다. 10 ㎛이상의 입자는 인후에 집적이 이루어져 기도 내의 섬모운동에 의해 목구멍 쪽으로 운반되어 일부는 밖으로 제거되든지 삼켜서 소화기계로 들어가게 된다. 미국 ACGIH에서

〈표 1-4〉 ACGIH(2017)에서 정의한 호흡성 분진의 정의

입자의 공기역학적 직경 (㎛) Particle Aerodynamic Diameter (㎛)	입자의 누적분율(%) Respirable Particulate Matter (RPM) Fraction Collected (%)
0	100
1	97
2	91
3	74
4	50
5	30
6	17
7	9
8	5
10	1

는 입경의 기하평균치(GSD)가 3.5 ㎛이고 10 ㎛ 미만인 공기역학적 입경 크기의 입자를

그리고 영국의 BMRC에서는 입경이 7.1 ㎛미만인 분진을 호흡성 분진이라고 정의하고 있

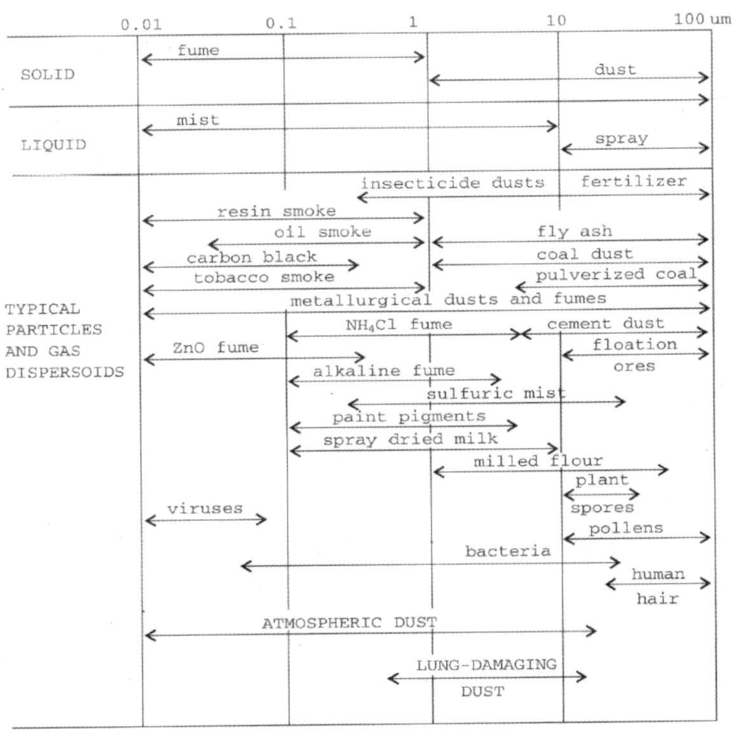

[그림 1-6] 입자물질의 크기 비교

자료출처: Rajhans GS, Pathak BP: Practical guide to respirator usage in industry, 2nd., 2002

다(ACGIH, 2017).

한편, 분진의 입경 크기는 [그림 1-6]과 같다. 환경보건에서 미세먼지는 입경 10 ㎛, 초미세먼지는 2.5 ㎛ 이하를 말하는데 산업보건에서 이들 분진의 크기가 결코 작은 크기가 아님을 알 수 있다. 용접흄의 평균 크기가 대략 0.3-0.4 ㎛임을 감안하면 실제 사업장에 발생하는 분진은 초미세먼지보다 작은 크기가 매우 많다는 것을 알 수 있다.

(6) PM_{10}, $PM_{2.5}$와 인체영향

PM이란 Particulate Matter의 약자로써 '입자상 물질'을 의미하며 공기 중에 고체입자와 액적(Droplet)의 혼합체(Mixture)를 말한다(EPA, 2018). 먼지, 흙먼지, 껌댕, 연기와 같이 일부 입자들은 육안으로 확인이 가능할 정도로 크고 검은 색을 띠기도 한다. 일부는 너무 작아서 전자 현미경으로만 식별이 가능하다.

- **PM_{10}:** 우리나라에서는 미세먼지로 번역하였으며 일반적으로 입경 10 ㎛ 이하 입자상 물질을 말한다.
- **$PM_{2.5}$:** 우리나라에서는 초미세먼지로 번역하였으며 일반적으로 입경 2.5 ㎛ 이하 입자상 물질을 말한다. 초미세먼지는 머리카락의 입경이 약 70 ㎛이므로 1/30크기로 생

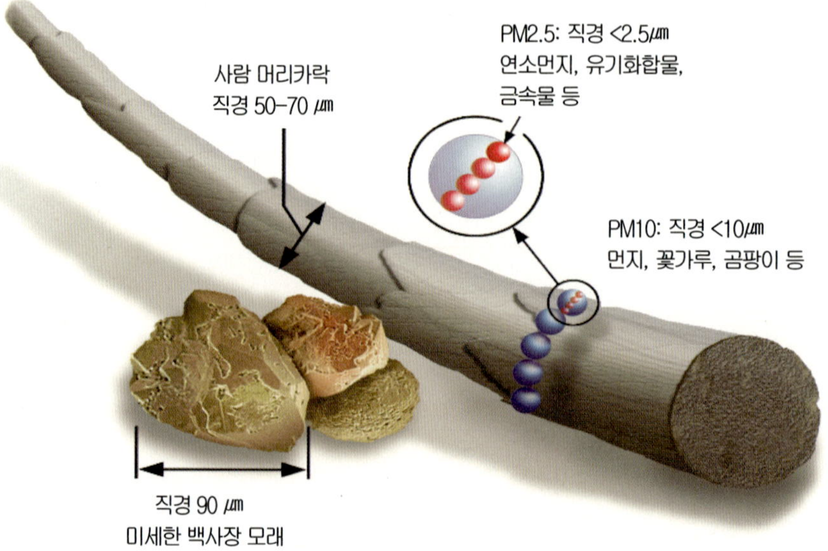

[그림 1-7] 입자물질의 크기 비교

(자료출처: EPA, https://www.epa.gov/pm-pollution/particulate-matter-pm-basics)

각할 수 있다(그림 1-7).

- **미세먼지와 초미세먼지 발생원:** 다양한 크기와 모양이 수많은 화학물질에 의해 만들어진다. 일부는 건설현장, 비포장 도로, 들판, 굴뚝이나 화재 현장에서 곧바로 만들어진다. 대기 중에 있는 대부분의 입자들은 발전소, 산업시설 및 자동차에서 발생한 아황산가스(이산화황)과 질소산화물 같은 화학물질들이 복잡한 화학반응을 거쳐 만들어진 것들이다.
- **PM의 인체영향:** 마이크로 사이즈의 고체나 액적은 너무 작아서 폐로 들어와 심각한 건강장해를 일으킨다. 10 ㎛ 이하가 가장 큰 영향을 미치는데 그 이유는 이들이 폐 깊숙이 들어올 수 있고 심지어 일부는 순환기계로까지 들어올 수 있다.

  $PM_{2.5}$는 시정감소(Haze)의 주된 원인이다.

(7) 입자의 입경과 침강속도

보통 물체의 자유낙하운동속도는 V=gt(여기서 V: 속도, g: 중력가속도, t: 시간, 초)이다. 그러나 입자의 침강속도는 자유낙하 운동 공식을 따르지 않는다. 그 이유는 입자의 크기와 무게가 너무 작아서 공기의 부력 영향을 많이 받기 때문이다. 입자가 공기 중에서 침강할 때 속도는 공기 점성계수에 반비례하고 입자의 밀도에 비례하며 입자의 직경의 제곱에 비례하는 Stokes' law를 따른다. 이것을 식으로 나타내면 다음과 같다.

$$V grav = \frac{g \cdot d^2 \cdot (\rho_p - \rho_a)}{18\mu} \quad (1\text{-}1)$$

여기서, V_{grav} : 침강속도, cm/sec

g : 중력가속도, 980cm/sec^2

d : 입자상 물질의 직경, cm

ρ_p : 입자상 물질의 밀도, g/cm^3

ρ_a : 공기의 밀도, 0.0012g/cm^3

μ : 공기의 점성계수, 1.807×10^{-4} g/cm·sec(=dyne·sec/cm^2)

(1-1)식은 입경이 0.1-1,000 ㎛인 입자상 물질에 대해서 적용할 수 있다. 그런데 상온에서 입경이 1-50 ㎛인 입자상 물질의 침강속도는 다음과 같이 더욱 간편하게 사용할

수 있다.

$$V_{grav} = 0.003\rho_p d^2 \tag{1-2}$$

여기서, V_{grav} : 침강속도, cm/sec
d : 입자상 물질의 직경, ㎛
ρ_p : 입자상 물질의 밀도, g/cm^3

<표 1-5>에서 보는 바와 같이 처음 발생 시에는 상당한 속도를 가지고 생성되었다 하더라도 공기 중에서 이동하는 침강속도와 거리는 매우 느리며 짧다. 이들은 주위공기의 흐름에 무관하게 독자적으로 움직일 수 있는 아무런 힘이 존재하지 않는다. 실험결과 이론식과 매우 흡사한 결과가 나왔다.

이렇게 입자의 침강속도는 입경크기의 제곱에 비례하기 때문에 입경이 작으면 기하급수적으로 침강속도가 느려져 침강하지 않고 오랫동안 공기 중에 머물고 결국 호흡을 통하여 인체로 침투하게 된다.

〈표 1–5〉 톱밥을 평행이동시켜 정지시키는데 걸리는 거리와 침강시간a

입자의 직경, ㎛	수평비산 후 정지거리[b], cm	1.5 m침강하는데 걸리는 시간, min
10	6.42	52.4
5	1.6	210.0
3	0.58	588.0
2	0.25	1300.0
1	0.08	4520.0

[a]입자의 밀도 = 0.16 g/cm^3
[b]초기속도 = 1310 m/sec

<표 1-5>에서 입경 10 ㎛입자가 52.4분 대략 1시간동안 공기 중에 머물렀다면 1 ㎛ 입자는 4520분 즉, 3일 3시간 정도 머문다는 의미이다(이론적으로는 3일 15시간 머물렀어야 함). <표 1-5>의 값으로 계산하였을 때 PM_{10}의 침강시간이 약 한 시간이었다면 $PM_{2.5}$는 대략 17시간이 걸린다. 따라서 입자의 크기가 작으면 생각했던 것보다 훨씬 오랫동안 공기 중에 머물러 있다가 결국 들숨을 통해 인체로 침투하게 되는 것이다.

(8) 호흡기계의 입자상 물질 제거기전

① 점액섬모운동에 의한 제거

[그림 1-8]은 호흡기계 기도, 기관지 및 세기관지의 단면이다. 상피세포 위에는 섬모가 나 있고 바로 위에는 섬모가 잘 움직일 수 있도록 묽은 액체 상태인 Sol 상태의 점액이 그리고 그 위에는 이물질(異物質)이 잘 붙도록 보다 끈적끈적한 액체 상태인 Gel 상태의 점액이 감싸고 있다. 이물질이 들어오면 점액이 이물질을 붙잡고 섬모는 이물질을 상기도 쪽(구강 쪽)으로 이동시키기 위하여 계속 움직인다. 상기도에 도착한 이물질은 삼켜서 소화기계로 보내졌다거나 외부로 제거된다. 담배연기, SO_x, NO_x, 카드뮴, 니켈, 수은, 암모니아, 기타 화학물질들은 점액 섬모운동을 방해하는 것으로 알려져 있다.

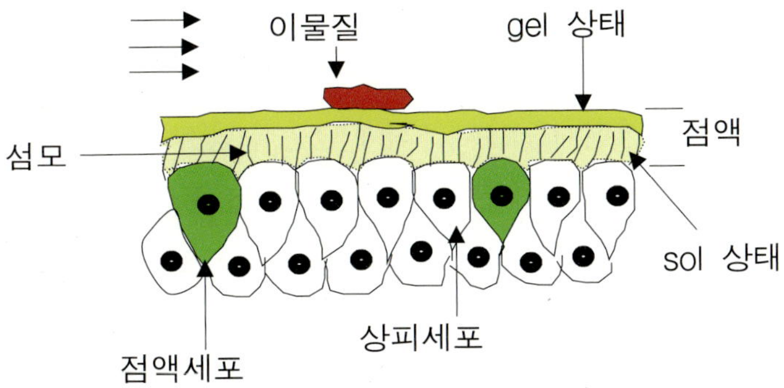

[그림 1-8] 기도, 기관지 내부구조

② 대식세포에 의한 제거

기관지, 세기관지에 도달한 이물질은 대식세포(Phagocytes)에 의해 잡혀 먹힌다. 이 상태에서 점액섬모운동에 의해 상기도로 옮겨지던가 아니면 대식세포가 배출하는 효소에 의해 용해되어진다. 그러나 석면, 유리섬유인 경우에는 용해되지 않고 그대로 남아서 각종 질환을 유발한다.

(9) 진폐증

폐포는 폐의 가장 말단부분으로서 아주 얇은 막으로 되어 있으며 이곳에서 CO와 O_2의 교환이 이루어진다. 폐포까지 도달할 수 있는 입자는 대략 입경 0.5-5.0 ㎛인 입자를 말하며(폐에 가장 많은 영향을 준다하여 통상 Pulmonary Damaging Size라고 함) 이것은 진폐증 발생에 관여한다. 이보다 더 작은 크기 특히, 0.1 ㎛이하는 분자운동(Brownian Motion)을 하기 때문에 체외로 다시 배출된다. 그러나 섬유성 분진(석면)인 경우에는 입자상 물질과는 달리 두께가 얇고 길이가 길수록 독성이 강한 것으로 알려져 있다. 길이가 5 ~ 8 ㎛보다 길고 두께는 0.25-1.5 ㎛보다 얇아서 길이와 두께의 비가 4 ~ 5 : 1보다 큰 섬유가 중피종, 폐암, 석면폐증을 잘 일으키는 것으로 알려져 있다.

진폐증(Pneumoconiosis)이란 섬유화를 일으키든 일으키지 않든 폐에 분진이 축적되어 있으면 진폐증이라고 한다. 진폐증은 크게 세 가지로 분류한다.

① Major Pneumoconiosis : 폐조직의 섬유화가 현저하고 폐 기능 저하가 상당한 것으로 규폐증, 석면폐증, 석탄광부폐증이 여기에 속한다.

② Minor Pneumoconiosis : 폐조직의 섬유화가 경미하고 폐 기능도 대부분 보존되어 있는 경우로 탄폐증, 규조토폐증, 식물성 진폐증이다.

③ Benign Pneumoconiosis(양성진폐증) : 폐조직에 단순히 먼지만 침착되어 있는 경우로 철폐증, 바륨폐증, 칼슘폐증, 주석폐증이다.

(10) 진폐증 노출작업장

① 유리규산 : 금속광산, 석재공장, 주물공장, 샌드 블래스팅(Sand Blasting)

② 석면 : 석면 직포공장, 자동차정비(Break Pad), 스레이트 제조공장

③ 활석 : 활석제조, 고무공장

④ 알루미늄과 그 화합물 : 은박 제조공장, 알루미늄 재생공장

⑤ 철과 그 화합물 : 철 용접, 제철, 제련, 건설

⑥ 탄소 : 흑연전극 공장, 카본블랙, 활성탄 제조, 석탄광산

⑦ 유기분진 : 면방직 공장, 연초 장, 곡분 제조, 사탕수수

(11) 가스(Gases)

화학설비(탑, 통, 반응용기, 배관)와 고압가스용기에서 패킹의 노화, 배관 용접불완전, 조작불량으로 누설되기도 하고 예기치 못한 화학반응에 의해 발생하기도 한다. 예를 들어, 도금작업장 하수에서는 사용하였던 시안화합물이 반응하여 시안화수소, 황화합물이

산과 반응하여 황화수소, 주물공장에서는 주물사 점결제의 유기물이 고온 분해하여 일산화탄소가 발생한다.

(12) 증기(Vapors)

증기는 밀폐되지 않은 용기나 설비에서 증발하거나 도장, 접착, 인쇄, 세정 등의 과정에 공기 중으로 증발한 것이다. 증기의 발생속도는 증기압과 관련이 있는데 증기압은 온도상승에 따라 대체로 2차 함수적으로 증가하기 때문에 온도상승에 따라 급격하게 증가한다. 증기압을 알면 그물질의 공기 중 포화농도를 구할 수 있다. 증기압이 높은 것일수록(비점이 낮은 것일수록) 증발속도가 빠르다. 공기와의 접촉 면적이 넓으면 증발이 잘된다. 추출용, 세정탈지용, 반응용 목적으로는 단일성분 용제를 사용하지만 도료, 인쇄잉크, 접착제 등은 혼합 용제 즉, 신나(Thinner)를 사용한다. 신나의 경우 각 성분이 온도에 따라 증발속도가 다르기 때문에 공기 중 농도가 액체상 용제의 성분비율과 다를 수 있다.

(13) 가스물질의 인체 영향인자

가스상 물질의 호흡기계 침투는 농도차이에 의한 확산력(Diffusion)에 의한 것으로 산소와 이산화탄소는 폐 깊숙이 들어가지만 독성을 가진 가스상 물질은 그 물질의 물에 대한 용해도(Solubility)에 좌우된다. 암모니아, 이산화황(SO_2)과 같이 물에 잘 녹는 가스는 상기도에서 흡수가 이루어지지만 이산화질소(NO_2), 유기용제와 같이 물에 덜 녹는 물질들은 점액에 잘 녹지 않아 하기도에 도달하기 어려워 직접적인 영향은 적은 편이다. 이들 물질이 하기도나 폐포에 도달하였다면 확산력에 의해 혈관 속으로 들어가 장기에 영향을 준다. 하기도나 폐포에 도달한 이 물질들이 잘 녹지 않는다고 하여 영향이 적다는 의미는 아니다. 예를 들어, 오존은 인체의 어떤 부위보다도 세기관지와 폐포 사이에서 많은 영향을 미친다.

2) 화학적 성상에 따른 분류

유해물질의 화학적 성상에 의한 분류는 아래와 같이 화학물질의 종류이다.

① 할로겐화합물, ② 산 및 알카리 화합물, ③ 비소, 인, 셀레늄, 황 및 텔륨과 그 화합물,

④ 산소, 질소, 탄소 및 그 화합물, ⑤ 금속과 그 화합물, ⑥ 지방족 탄화수소와 그 화합물, ⑦ 방향족 탄화수소, ⑧ 할로겐화 탄화수소, ⑨ 페놀과 그 화합물, ⑩ 알코올류, ⑪ 글리콜류와 그 유도체, ⑫ 에폭시 화합물, ⑬ 에테르류, ⑭ 케톤류, ⑮ 에스테르류, ⑯ 유기인제, ⑰ 알데히드류, ⑱ 청화학물 및 청산화합물, ⑲ 아민류, ⑳ 지방족 니트로 화합물, ㉑ 방향족 니트로 화합물

3) 생리적 작용에 의한 분류

(1) 자극제

피부 및 점막을 부식시키거나 수포를 형성한다. 고농도에서 호흡정지, 결막염, 각막염을 일으킨다.

① **상기도 점막자극제** : 높은 용해도를 갖는다. 알데히드, 알칼리, 암모니아, 산류, 염화수소, 불화수소, 아황산가스 등이다.

- 산 및 알카리류 : 피부, 눈에 화학적 화상을 입힌다. 고체 또는 고농도의 알칼리 용액은 산보다도 부식작용이 더 강하며 극심한 통증을 동반한 궤양을 유발하고 좀처럼 치유되지 않는다.
- 암모니아(NH_3) : 코를 찌르는 냄새를 지닌 무색의 휘발성 가스. 염료, 합성섬유, 플라스틱, 비료 및 질산제조에 쓰인다. 고농도 용액이 눈과 피부에 닿으면 실명과 피부화상을 초래하며 밀폐장소에서 노출되면 호흡정지를 일으켜 사망에 이른다.
- 포름알데히드(HCHO): 단백질과 작용하여 불가역적인 국소 변화를 일으킨다. 눈에 대한 자극이 심하여 저농도에서도 눈물이 흐르고 따갑다.
- 불화수소(HF) : 피부, 상기도에 자극이 심하고 50 ppm 증기 흡입 시 생명이 위험하다. 신경조직을 손상시키므로 통증 유발이 늦을 수 있으며 피부 접촉 시 진피층까지 심한 화상과 접촉부위 조직에 괴저를 일으키고 뼈까지 손상시킨다.
- 아황산가스(SO_2) : 코를 찌르는 매운 냄새의 무색 가스로 수용성이 매우 강하여 물에 닿으면 아황산(H_2SO_3)를 형성한다. 흡인된 가스의 90 %는 상기도에 흡수되고 나머지는 하기도로 침투한다. 0.5 ppm이하에서는 폐기능에 영향을 주지 않으나 1 ppm에서 5-6시간 노출되면 비점액분비 장해, 폐의 환기능력 장해를 초래한다.

② **상기도 및 폐조직 자극제** : 중간 정도의 용해도를 갖는다. 염소, 브롬, 오존, 황산염, 염소화합물 등이 있다.

- 염소 : 자극성이 강한 녹황색 가스. 유기 및 무기화합물 제조에 중요한 요소로 사용된다. 살충제, 합성고무, 플라스틱, 표백제, 소독제 등 다양하게 사용한다. 기침, 폐기능 장해, 폐부종, 화학적 폐렴을 유발한다.
- 오존 : 코를 찌르는 냄새의 푸른 색 가스로 강한 산화력을 지닌다. 대기 중에서 생성되거나 전기용접, 밀폐공간에서 방사선기기 사용 시 발생한다. 기침, 상기도 점막의 건조, 목과 코의 자극을 유발한다.

③ **종말기관지 및 폐포점막 자극제** : 낮은 용해도를 갖는다. 이들 물질은 흡입하여도 유해물질이 있는지 알지 못하여 폐포 깊숙이 들어와 폐수종을 일으켜 사망에 이르게 한다. 이산화질소(NO_2), 3염화비소, 포스겐이 대표적이다.

- 질소산화물 : 질산, 황산, 폭약, 비료, 염료, 전기도금 등에 사용한다. 가스 및 전기용접 시에도 발생한다. 급성전구 증상을 일으키지 않으며 작업 중 고농도로 노출되었다가 6-8시간 경과 후 갑자기 폐부종을 일으켜 중태에 빠지기도 한다.
- 포스겐($COCl_2$) : 녹색옥수수 냄새의 무색가스로 수중에서 분해되고 유기용제에 가용성이다. 염소와 함께 1,2차 대전에서 독가스로 사용되었다. 사업장에서는 극히 제한적으로 사용된다. 아밀린 염료, 이소시아네이트와 그 유도체 합성에 쓰이고 플라스틱 열분해 시(예: 소화전에서 사염화탄소를 쓰는 경우) 발생한다. 수중에서 염산으로 분해되어 급성 전구 증상 없이 치사량을 흡입할 수 있다.

(2) 질식제

조직의 산소이용을 방해하여 질식에 이르게 한다.

① **단순 질식제 :** 생리적으로 아무런 작용을 하지 않고 공기 중에 다량 존재 시 산소공급 부족을 초래하여 질식을 일으킨다. 수소, 헬륨, 질소, 에탄, 메탄, 아산화질소(N_2O)가 있다.

② **화학적 질식제 :** 헤모글로빈과 결합하여 산소가 조직으로 이동하는 것을 방해한다. 아닐린류, 청산과 그 화합물, 톨루이딘, 니트로 벤젠(이상은 메트헤모글로빈 형성), 일산화탄소, 황화수소가 있다.

- 일산화탄소 : 무색, 무취, 무미의 가스다. 불완전연소과정에서 발생하므로 주택, 교통기관, 산업장 및 공공건물 어디에서나 노출가능하다. 혈색소와 친화도가 산소보다 210배 강하여 COHb를 형성하여 조직에서 산소공급을 억제하며 혈중 COHb의 농도가 높아지면 HbO_2의 해리작용을 방해하여 결국 내질식 상태로 빠져 중추신경계에 장해를 초래한다. 일산화탄소 자체는 아무런 독성이 없으나 인체장해는 오직 산소공급 부족에서 야기된다. 혈중 COHb 농도가 20 %까지는 아무런 증상이 없다. 흡연자의 경우 COHb의 농도는 통상 5 %이다.
- 아닐린(Aniline, $C_6H_5NH_2$) : 피부를 통해 급속하게 흡수되며 Methemoglobin를 형성하여 중추신경계에 영향을 준다. 두통, 무력감, 구역, 오심, 저혈압, 맥박이 약해진다.
- 청산, 청화물 및 니트릴 : 청화물은 다른 화학물질에 비해 유독작용이 빨리 나타나는 것이 특징이다. 이는 조직 세포에 있는 산화효소인 Cytochrome의 작용을 억제하여 산소공급을 못하게 함으로서 조직을 질식사시킨다. 청산은 특히 독성이 매우 강하고 2-5분 내에 사망에 이르고 주 사망원인은 호흡마비이다.
- 황화수소(H_2S) : 무색의 가연성 가스로 달걀 썩는 냄새의 부패성 취기를 가지고 있어 호흡기로 흡입은 피할 수 있다. 그러나 피부를 통하여 흡수되지 않고 저농도로 호흡기로 흡입되며 공기보다 무겁기 때문에 하수구, 터널 등에 위험농도로 존재한다. 황화수소는 자극성인 동시에 질식성 가스이다. 500 ppm에서는 두통, 현기증, 운동 실조를 일으키고 호흡마비를 일으켜 사망에 이른다.

(3) 마취제와 진정제

전신중독은 없고 단순히 중추신경작용을 억제한다. 아세틸렌, 부틸렌 등 아세틸렌계 탄화수소, 올리핀계 탄화수소, 파라핀계 탄화수소, 에스테르류 등이 있다.

(4) 전신중독제

흡수된 후 전신중독 즉, 고유의 독성을 일으킨다. 이들은 간장, 신장, 혈액 등 다양한 표적장기(Target Organ)를 갖는다. 예를 들어, 납은 조혈기능장해, 뇌신경장해 등이 있다.

4) 밀폐공간(Confined Space)

(1) 밀폐공간의 정의

「산업안전보건기준에 관한 규칙(2017년 1월)」 제618조에서 밀폐공간 및 이와 관련한 용어의 정의는 다음과 같다.

① "밀폐공간"이란 산소결핍, 유해가스로 인한 화재·폭발 등의 위험이 있는 장소로서 [별표 18]에서 정한 장소를 말한다.

② "유해가스"란 밀폐공간에서 탄산가스·황화수소 등의 유해물질이 가스 상태로 공기 중에 발생하는 것을 말한다.

③ "적정공기"란 산소농도의 범위가 18% 이상 23.5% 미만, 탄산가스의 농도가 1.5% 미만, 황화수소의 농도가 10 ppm 미만인 수준의 공기를 말한다.

④ "산소결핍"이란 공기 중의 산소농도가 18% 미만인 상태를 말한다.

⑤ "산소결핍증"이란 산소가 결핍된 공기를 들이마심으로써 생기는 증상을 말한다.

[별표 18]

밀폐공간(제618조제1호 관련)

1. 다음의 지층에 접하거나 통하는 우물·수직갱·터널·잠함·피트 또는 그밖에 이와 유사한 것의 내부
   가. 상층에 물이 통과하지 않는 지층이 있는 역암층 중 함수 또는 용수가 없거나 적은 부분
   나. 제1철 염류 또는 제1망간 염류를 함유하는 지층
   다. 메탄·에탄 또는 부탄을 함유하는 지층
   라. 탄산수를 용출하고 있거나 용출할 우려가 있는 지층
2. 장기간 사용하지 않은 우물 등의 내부
3. 케이블·가스관 또는 지하에 부설되어 있는 매설물을 수용하기 위하여 지하에 부설한 암거·맨홀 또는 피트의 내부
4. 빗물·하천의 유수 또는 용수가 있거나 있었던 통·암거·맨홀 또는 피트의 내부
5. 바닷물이 있거나 있었던 열교환기·관·암거·맨홀·둑 또는 피트의 내부
6. 장기간 밀폐된 강재(鋼材)의 보일러·탱크·반응탑이나 그 밖에 그 내벽이 산화하기 쉬운 시설(그 내벽이 스테인리스강으로 된 것 또는 그 내벽의 산화를 방지하기 위하여 필요한 조치가 되어 있는 것은 제외한다)의 내부
7. 석탄·아탄·황화광·강재·원목·건성유(乾性油)·어유(魚油) 또는 그 밖의 공기 중의 산소를 흡수하는 물질이 들어 있는 탱크 또는 호퍼(hopper) 등의 저장시설이나 선창의 내부

8. 천장·바닥 또는 벽이 건성유를 함유하는 페인트로 도장되어 그 페인트가 건조되기 전에 밀폐된 지하실·창고 또는 탱크 등 통풍이 불충분한 시설의 내부
9. 곡물 또는 사료의 저장용 창고 또는 피트의 내부, 과일의 숙성용 창고 또는 피트의 내부, 종자의 발아용 창고 또는 피트의 내부, 버섯류의 재배를 위하여 사용하고 있는 사일로(silo), 그 밖에 곡물 또는 사료종자를 적재한 선창의 내부
10. 간장·주류·효모 그 밖에 발효하는 물품이 들어 있거나 들어 있었던 탱크·창고 또는 양조주의 내부
11. 분뇨, 오염된 흙, 썩은 물, 폐수, 오수, 그 밖에 부패하거나 분해되기 쉬운 물질이 들어있는 정화조·침전조·집수조·탱크·암거·맨홀·관 또는 피트의 내부
12. 드라이아이스를 사용하는 냉장고·냉동고·냉동화물자동차 또는 냉동컨테이너의 내부
13. 헬륨·아르곤·질소·프레온·탄산가스 또는 그 밖의 불활성기체가 들어 있거나 있었던 보일러·탱크 또는 반응탑 등 시설의 내부
14. 산소농도가 18% 미만 23.5% 이상, 탄산가스농도가 1.5% 이상, 황화수소농도가 10ppm 이상인 장소의 내부
15. 갈탄·목탄·연탄난로를 사용하는 콘크리트 양생장소(養生場所) 및 가설숙소 내부
16. 화학물질이 들어있던 반응기 및 탱크의 내부
17. 유해가스가 들어있던 배관이나 집진기의 내부

〈표 1-6〉 유해한 상황과 밀폐공간의 예

공정 혹은 상황	유해원인
■ 생물 공정 •양조 공장 •발효 공정 •하수관 작업/장치	■ 미생물에 의한 산소 소모와 이산화탄소 및 기타 가스 발생
■ 화학반응 •녹 발생 •변색 •산화 •유리(遊離)/탈가스 반응	■ 우연히 혹은 의도적인 화학반응에 의한 산소의 손실 혹은 다른 가스의 방출
■ 유지관리 활동 •탱크 세척 •슬러지 제거 •냉동/냉장 시설 수리	■ 급작스런 고농도 유해물질의 방출: 유기증기, 냉매가스, 트랩공정의 가스 방출로 산소결핍 초래. 고농도는 마취효과 초래

공정 혹은 상황	유해원인
■ 공정 •공기배기(purging) 공정 •불활성화 공정 •유기용제 탈지작업	■의도적인 고농도 가스/증기 생성으로 산소결핍으로 이어짐. 예들 들어, 불활성 가스, 아르곤, 질소, 일산화탄소, 유기 증기
■ 작업공정 •용접 •스프레이 •파이프 냉동	■ 작업하는 과정에서 가스, 증기 혹은 입자상 물질이 만들어짐. 예를 들어, 용접흄, 일산화탄소, 이산화탄소, 쉴드가스, 크롬화합물, 유기용제, 이소시안화합물, 냉매가스

(2) 산소결핍이 일어날 수 있는 작업환경

산소결핍장소는 상대적으로 유해가스보다 관심이 적고 유해가스와 달리 냄새 등 경고가 없으며 한 번의 사고는 곧바로 사망에 이르기 때문에 보다 중요시 다루어져야 한다.

산소결핍이란 공기 중 산소농도가 우리나라에서는 18.0 %미만을 말하지만 미국에서는 19.5 %미만인 상태를 말한다. 산소결핍 작업환경은 환기가 불량한 폐쇄 혹은 반폐쇄 작업장(맨홀, 피트, 물탱크 작업), 밀폐공간에서 내연기관, 연소기구 사용 작업장(수직 갱·터널·잠함 작업), 호기성 미생물 활동이 왕성한 밀폐 작업장(정화조, 식품저장 탱크, 물이 없는 빈 우물), 생물호흡 왕성한 저장탱크(양조탱크, 사일로, 곡물창고), 불활성가스(헬륨, 질소, 프레온, 탄산가스 등)가 채워진 탱크·보일러, 드라이아이스를 사용하는 냉동 콘테이너, 산화되기 쉬운 철제탱크 등이다. 밀폐공간에서 환기가 제한적이거나 없을 때 호기성 박테리아의 성장과 금속물질의 산화(녹 발생)는 산소결핍의 분위기를 만든다.

산소결핍은 화학물질 간 반응, 화재, 다른 가스로 채워짐(Purge 작업)에 의해 발생한다. 산소결핍장소 특히, 공기(보통 산소농도 21%, 질소 78%)와 접촉하면 산화반응 때문에 공정 상 어쩔 수 없이 불활성가스인 100% 질소나 헬륨을 채워야하는 시설이나 탱크에 송기마스크나 공기호흡기를 착용하지 않고 출입할 경우 특별한 자각증상 없이도 사망에 이를 수 있어 극히 주의해야 한다(예: 2014년 신고리원자력 발전소 사망사고, 2018년 포항제철 냉각탑 질식사고).

유기물의 부패 시 발생하는 황화수소는 독성이 강해 산소농도가 정상인 경우에도 사망에 이르게 할 수 있으며, 작업 중 거품효과(Bubble Effect)에 의해 갑자기 황화수소 농도가 높아져 사고로 이어질 가능성도 있다. 이것은 슬러지나 정화조에서 작업 전 산소농도는 정상이었는데 작업시작 때 슬러지를 휘저으면 마치 탄산음료의 탄산가스가 순식간에 발생하는 것처럼 황화수소가 순간적으로 고농도로 발생하는 현상을 말한다.

산소결핍에서 방독마스크를 착용하고 출입하면 마스크를 착용한 채 사망한다. 방독마스크는 산소를 만들지 않기 때문에 이 경우 무용지물이다. 산소결핍이 우려되는 작업장은 반드시 송기마스크나 공기호흡기를 착용해야 한다.

(3) 밀폐공간 질식재해의 원인

① 미생물의 부패나 발효에 의해 유해가스가 발생한다.

- 황화수소, 이산화탄소, 메탄, 암모니아 가스 등
- 바닥에 깔려 있는 슬러지, 찌꺼기, 부식토를 뒤집거나 휘저으면 많은 양의 유해가스가 갑자기 발생하므로 특별히 주의해야 함(Bubble Effect)

② 미생물, 곡물, 종자, 사료 등이 호흡하여 산소를 소모하고 이산화탄소를 발생시킨다.

③ 연소, 산화과정에서 산소가 고갈되고 일산화탄소, 이산화탄소, 황산화물이 발생한다.

④ 산소흡수물질(석탄, 아탄, 원목, 건성유, 어유 등)이 산소를 흡수한다.

⑤ 밀폐공간에서 고체인 드라이아이스가 기체화하면 이산화탄소농도가 증가하여 산소분압이 떨어진다.

⑥ 용존산소가 부족한 하수나 폐수 처리 시 산소가 소모된다.

⑦ 밀폐공간에서 페인트 등 도료, 휘발성 유기용제, 세척제, 방수제 등이 마르면서 유독성 유기증기가 발생한다.

⑧ 배관이나 탱크 등의 퍼지(Purge)작업으로 배관 등에서 압력이 걸린 퍼지용 가스인 질소 등이 갑자기 분출되면서 산소분압이 떨어져 질식분위기가 조성된다.

5. 작업공정별 발생하는 오염물질의 종류

작업공정별 발생하는 오염물질의 종류를 안다는 것은 호흡보호구 선정에 필수적이다. 다음 표는 작업공정별 발생하는 오염물질의 종류를 열거해 놓은 것이다.

〈표 1-7〉 공정별 발생하는 오염물질의 종류

공정	오염물질의 종류	발생화학물질의 예
연마	먼지	산화알루미늄, 실리카(무수규산), 금강사
	가스/증기	일산화탄소, 접착제에서 나오는 증기용제, 증기화된 수지
접착제 (제조와 사용)	증기	증기 용제, 수지
아스팔트 포장	먼지	무수규산, 규산염, 탄산염
	증기	다환방향족탄화수소(PAHs), 방향족· 지방족 탄화수소 용제
자동차 (정비 및 유지관리)	먼지/섬유	석면, 연삭에 의한 금속 및 수지먼지
	흄	산화금속(용접)
	가스/증기	석유화학용제, 가솔린, 일산화탄소, 수소, 질소산화물, 스티렌, 아세톤, 이소시안화물, 유기과산화물
제빵	먼지	가루먼지, 이스트, 곡물먼지, 곰팡이
축전지제조	먼지/흄	납, 칼슘
	가스	수소, 포름알데히드, 염화비닐
	미스트	황산, 염산, 알칼리 미스트
음료수 제조	가스	암모니아, 이산화탄소
	미스트	부식성 미스트
블라스팅 연마	먼지	무수규산(silica), 규산염, 탄산염, 납, 카드뮴, 아연
보일러 제조	먼지	규산염, 불소화염, 탄산염
	흄	용접 흄, 금속 흄
양조	가스	냉매가스, 이산화탄소
	미스트	부식성 미스트
부록 및 타일 제조	먼지	규산, 규산염, 불소화염, 탄산염
	가스(kilns)	일산화탄소
사업용기기 (복사기)	가스	암모니아, 오존
	증기	메틸알코올, 염화계 탄화수소 및 석유계 용제
캔 제조	흄	금속 흄
	증기	증기 용제
시멘트 제조	먼지	규산, 규산염, 불소화염, 탄산염, 크롬염
목탄(charcoal) 제조	가스	일산화탄소, 질소산화물

공정	오염물질의 종류	발생화학물질의 예
화학물질 제조: 산 플랜트	가스	아황산가스, 질소산화물
	미스트	산 미스트
염산-알칼리 플랜트	가스/증기	염소, 수은
	미스트	수산화나트륨
	먼지	불소화염, 인산염, 규산염, 탄산염
비료	가스	암모니아, 불화수소
	미스트	인산
용제	증기	증기-알코올 용제, 케톤, 에스테르, 지방족·방향족·염화계 탄화수소
석탄 취급	먼지	석탄먼지, 규산
	가스	아황산가스, 일산화탄소
코크스(coke)	먼지	코크스 먼지
요리	가스	일산화탄소, 암모니아, 황화수소, 아황산가스, 페놀, 시안화합물, 나프탈렌과 기타 다환방향족탄화수소, 벤젠, 피리딘, 이황화탄소
낙농제품 제조 산업	미스트	알칼리 미스트
치과 산업	증기	수은
세제 제조와 사용	먼지	단백질분해 효소, 과붕산나트륨, 인산염
	미스트	알칼리 미스트
증류산업	증기	알코올(에틸알코올)
암반 드릴	먼지	규산, 규산염, 탄산염, 불소화염
드라이크리닝	증기	퍼클로로에틸렌(PCE), 트리클로로에틸렌(TCE), 석유계용제
전자제품 제조업	흄	금속 흄(은, 납, 카드뮴, 주석)
	증기	증기 용제, 프레온 가스류
전기도금 및 아연도금	가스	수소
	미스트	크롬산, 황산, 시안화합물, 술팜산염(sulfamate), 염산
알칼리 건전지	가스	암모니아
	미스트	주석산나트륨(주석염)
무전기 도금	가스	포름알데히드, 암모니아
전기광택(polishing)	가스	불화수소, 염화수소
	미스트	염산, 황산, 불화수소산, 인산, 크롬산, 과염소산
아연도금	먼지	산화금속
	흄	납, 아연
	가스	암모니아, 염화수소
	미스트	알칼리, 염산, 황산
폭발	가스	질소산화물, 일산화탄소, 아황산가스
유리섬유화 작업	먼지	석면, 목먼지, 유리섬유, 수지, 글리콜, 과산화물

공정	오염물질의 종류	발생화학물질의 예
	증기	스티렌, 아세톤, 아민류, 알코올류, 프탈레이트, MEK, 톨루엔, 페놀, 이소시안화물
주조 용광로: 기초 산소 용광로	먼지	산화철, 흑연, 석회석, 금속광석
단조	가스	일산화탄소, 이산화탄소, 아황산가스
	증기	아크롤레인
주물 작업	먼지	규산, 규산염, 탄산염, 불소화염, 시안화합물
	흄	금속
	가스	암모니아, 일산화탄소, 아황산가스, 포스겐, 질소화합물
	증기	아크롤레인, 알데히드, 페놀, 이소시안화물, 다환방향족탄화수소
용광로작업 (모든 형태)	먼지/흄	산화철, 기타 금속산화물, 용해물 흄
	가스	일산화탄소, 아황산가스, 기타 연소화합물
가스 압축작업	가스	질식·부식·독성·폭발·인화가스
유리산업: 식각	가스	불화수소
산세척: 침지(dipping)	가스	질소산화물, 수소, 염화수소
	미스트	질산, 황산, 염산, 크롬산
침지(pickling)	가스	질소산화물, 불화수소, 염화수소, 시안화수소, 수소, 아르신
알칼리세척: 식각	미스트	알칼리미스트
	가스	일산화탄소, 선소결핍, 시안화물
탈지	가스	TCE, PCE, 석유계 및 염소계 탄화수소 용제
스트립핑 작업 (stripping)	가스	염화수소, 질소화합물
	미스트	염산, 크롬산, 초산, 질산, 불화수소산, 시안화물, 알칼리 미스트
금속 스프레이	먼지/흄	금속 및 금속산화물(니켈, 크롬 코발트)
페인트 제조	흄	산화납, 산화수은, 수지
	증기	용제, 이소시안화물, 폴리우레탄, 살충제류
종이/용기(container) 산업	흄	용접 흄
	가스	포름알데히드, 일산화탄소
	증기	가솔린, 아세톤, 락카, 신나, 케로신, 연료
해충구제(살서제, 살충제, 살진균제, 제초제)	먼지/증기	유기인계·염소계 살충제, 비소계, 카바메이트, 치오탄산염, 용제
정유	가스	황화수소, 메갑탄류, 액화석유가스
	증기	증기 용제
사진 산업	먼지	유기염료
	증기	아미노페놀류, 하이드로퀴논, 초산
플라스틱과 수지류	가스	열분해산물(일산화탄소, 이산화탄소, 질소산화물), 분출물류
	증기	이소시안화물, 단량체(예, 스티렌, 염화비닐)

공정	오염물질의 종류	발생화학물질의 예
배관, 열 및 공기조절 작업	섬유	석면, 유리섬유
	흄	용접
	가스	일산화탄소, 냉매가스
	미스트	산성 미스트, 부식성 미스트
	증기	용제
도자기 산업	먼지	점토, 규산, 규산염
	흄	납
화력발전소	먼지	산화바나듐, 니켈
	가스	아황산가스
	미스트	오일
프린트	먼지/흄	납, 크롬화합물, 아티몬, 니켈염
	미스트	크롬산, 알칼리류
	증기	용제(테레빈(turpentine), 벤젠, 톨루엔, 크실렌, 알코올류)
펄프 및 종이 표백산업	가스	염소, 이산화염소, 이산화황
침지(digesting)	가스	메틸메캅탄, 아황산디메틸, 황화수소, 디메틸디설파이드
석회로	먼지	산화칼슘, 탄산칼슘염, 산화나트륨
	가스	이산화탄소
	미스트	알칼리 미스트
회수로	먼지	황산나트륨
	가스	이산화탄소, 아황산가스, 황화수소, 메캅탄류
냉동 산업	가스	암모니아, 염화수소, 에탄, 염소, 염화메틸, 포스겐, 아환산가스, 염화에틸, 프로판, 부탄, 에틸렌, 프레온
암반파쇄 및 드릴	먼지	규산, 규산염, 탄산염, 불소화염
	가스	내염기관에 의한 연소물(질소산화물, 아황산가스, 일산화탄소, 알데히드)
지붕재료 산업	먼지/섬유	석면, 시멘트 먼지
	흄	산화 금속
	증기	용제, 아스팔트
합성고무산업	먼지/흄	초산, 황산
	섬유	아크릴로니트릴, 벤젠, 부타디엔, 염화부타디엔, 이소시안네이트, 스티렌, 에틸벤젠, 이소프렌, 디클로에탄
밀링과 줄질 작업	먼지/흄	카드륨, 금속류, 산화 금속, 미네날 먼지, 용접 흄
	섬유	석면
목재 작업	먼지	목 먼지
	미스트	오일 미스트
하수오물처리	가스	메탄, 이산화탄소, 황화수소, 메캅탄류
하수공사	가스	산소결핍, 메탄, 일산화탄소, 황화수소, 이산화탄소, 액화석유가스

공정	오염물질의 종류	발생화학물질의 예
	증기	가솔린, 석유계 용제
조선	먼지/섬유	석면, 금속산화물
	흄	납, 유기 및 유기수은 해조방지(anti-fouling) 페인트, 용접 흄
	가스	연소 산화물(일산화탄소, 질소산화물)
광고 및 간판 산업	섬유	석면
	흄	용접 흄
	증기	메틸렌클로라이드, MEK, 메탄올, 크실렌, 수은
사일로(silos)	가스	산소결핍, 질소산화물
도살 산업 (소화기기 및 정제산업)	먼지	수산화나트륨, 탄산나트륨염
	가스	염소, 냉매가스
	미스트	황산, 인산, 초산
	증기	포름알데히드, 페놀 혹은 크레졸 계통 청소제
제련 및 정련	먼지/흄	금속산화물, 셀레늄, 텔루르, 카드뮴, 비소, 납, 비스무스, 인디움, 은, 금, 불소, 금속 흄과 먼지
	가스	아르신, 아황산가스, 일산화탄소, 아세레늄수소, 불화수소
	미스트	황산
땜질 작업	흄	금속 흄(은, 카드뮴, 납, 주석)
	증기	포름알데히드, 아크롤레인, 알데히드
멸균 공정	가스	오존, 에틸렌옥사이드, 할로겐화탄화수소
지하 터널작업	먼지	규산, 규산염, 불소화염, 탄산염
	가스	내연기관에 의한 연소산화물, 산소결핍, 일산화탄소, 질소산화물, 일산화탄소, 천연가스(메탄), 아황산가스, 알데히드류, 폭발로 인한 산물
상수 처리	가스	염소, 암모니아, 염화수소, 오존
	미스트	염산, 수산화나트륨, 수산화칼슘
용접 및 열절단	먼지/흄	금속산화물, 용접 흄, 규산염, 탄산염, 금속 흄
	가스	질소산화물, 오존, 포스겐, 일산화탄소, 불화수소
포도주 양조	가스	이산화탄소, 냉동가스, 아황산가스
	증기	에틸알코올
목재처리 공정	먼지	비소 및 구리 화합물
	증기	펜타클로로페놀, 테트라클로르페놀
페인트 및 염색작업	증기	유기용제, 염료(티타늄·철·납·카드뮴·크롬 화합물)
합판 건조·접착·붙이기 작업	먼지	수지, 촉매제
	가스	암모니아, 포름알데히드
	증기	이소시안네이트류, 메틸렌클로라이드, 우레아, 페놀, 테르펜, 알코올류, 알데히드류, 에스테르류, 케톤류

제 2 장 호흡보호구 종류

작업장에서 근로자들의 건강을 보호하는 첫 번째 수단은 공학적인 관리(Engineering Control)이어야 하고 당연히 호흡보호구는 최후의 수단이어야 한다. 공학적인 관리(대체, 밀폐, 환기 등 작업환경개선)없이 호흡보호구를 우선적으로 고려하는 것은 절대 바람직한 관리방법이 아니다. 전형적으로 호흡보호구는 다음과 같이 다섯 가지 조건인 경우 필요하다.

1. 공학적 관리가 필요한 시점에 노출을 줄이기 위한 수단
2. 위해도를 노출기준이나 허용기준 이하로 완벽하게 낮추기 어려울 때 보조수단으로 사용하는 경우
3. 공학적 관리가 현실적으로 어려운 유지·보수작업
4. 응급상황
5. 노출에 대한 관리조치방법이 없거나 이용할 수 없는 경우

호흡보호구 분류는 어느 나라나 동일하지만 사용하는 용어가 다르기 때문에 혼동하기 쉽다. 예를 들어, 미국에서는 호흡보호구를 Respirator라고 하고 여기에 모든 호흡보호구를 포함시킨다. 그러나 EN 등 영국에서 호흡보호구는 RPE(Respiratory Protective Equipment)라고 하고 RPE를 여과식 호흡보호구 Respirator와 호흡장치 BA(Breathing Apparatus)로 구분한다. 다시 말하면, 영국에서 말하는 Respirator는 미국에서는 공기정화식 호흡보호구인 APR(Air-Purifying Respirators)를 의미하기 때문에 잘못 이해할 수 있다. 본장에서는 혼동을 줄이기 위하여 편의상 미국식으로 분류하였다.

1. 호흡보호구의 종류

1) 형태별 분류

(1) 밀착형(Tight Fitting)

밀착형은 보호구가 착용자의 피부에 밀착되어 덮고 있는 형태를 말하며 보통 작업장에서 사용하고 있는 대부분이 여기에 속한다(그림 2-1). 몸체의 재질은 탄력성이 있는 고무, 실리콘, Neoprene, 기타 신소재들이다. 비전동식 호흡보호구(수동식, 폐력식이라고도 함)인 경우 호흡으로 인하여 보호구 안쪽은 음압이 만들어지기 때문에 밀착이 제대로 되지 않으면 유해물질의 누설이 쉽게 일어날 수 있다.

① **1/4형(Quarter):** 입, 코 그리고 턱의 일부 즉, 얼굴의 1/4 정도를 감싸며 보호계수(Protection Factor)가 가장 약하기 때문에 단순 먼지, 미스트 발생 작업장에서 사용된다. 정화통이나 교환용 방진필터가 하나인 것이 특징이며(단구형 마스크라고 부름) 시계의 제한이 별로 없고 가볍기 때문에 우리나라에서 가장 많은 사용하지만 선진 외국에서는 보호계수가 약하여 가능한 한 사용을 제한하고 있다. 현재 우리나라 호흡보호구 기준(고용노동부 고시 제2017 - 64호)에는 1/4형 마스크가 포함되어 있지 않으나 단구형 마스크의 상당수가 그 형태로 볼 때 반면형이 아닌 1/4형 마스크이다.

② **반면형(Half Mask):** 입, 코 그리고 턱 밑 부분까지 즉, 얼굴의 반 정도를 감싸며 정화통이나 교환용 방진필터가 1개 혹은 2개이다. 2개인 것을 통상적으로 양구형 마스크라고도 부른다. 1/4형보다 오염물질의 농도가 더 높은 작업장에서 사용된다.

③ **전면형(Full Facepiece, Full mask):** 머리카락 선에서부터 얼굴 전체와 턱 아래까지 모두 감싼다. 반면형보다 오염물질의 농도가 더 높거나 독성이 강한 작업장에서 사용한다. 특히, 유해물질이 눈이나 피부로 침투 가능한 경우에는 전면형 마스크가 필수적이다.

<table>
<tr><th rowspan="2"></th><th colspan="2">분 리 식</th><th rowspan="2">안면부여과식</th></tr>
<tr><th>격 리 식</th><th>직 결 식</th></tr>
<tr><td rowspan="2">형
태</td><td>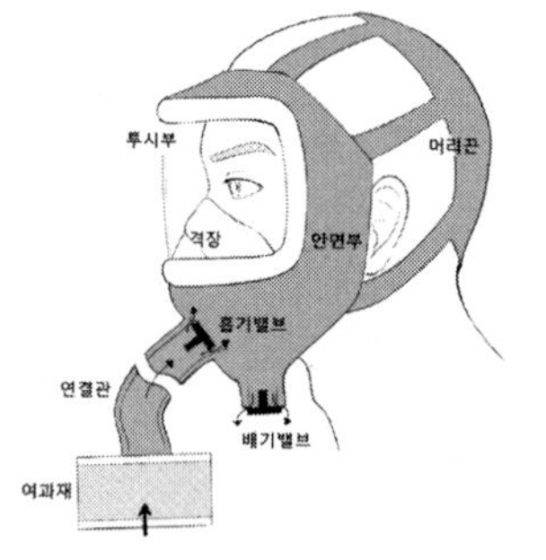

■ 전면형</td><td>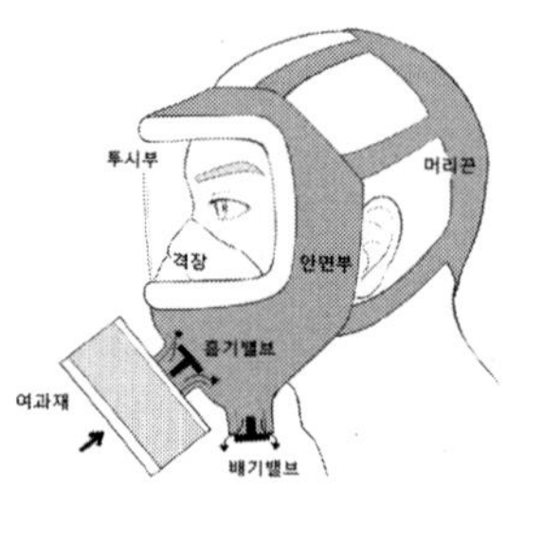

■ 전면형</td><td rowspan="2">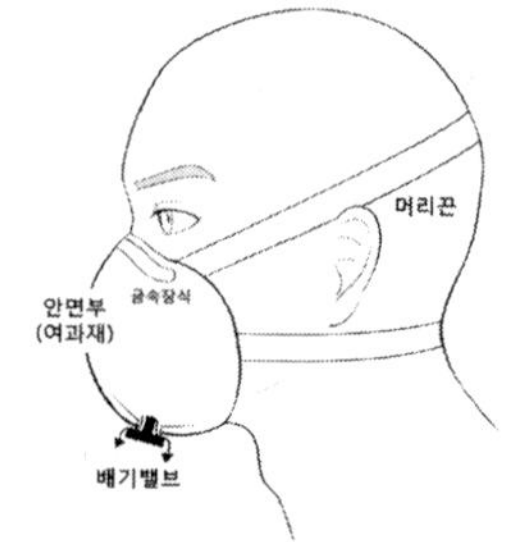

■ 반면형</td></tr>
<tr><td>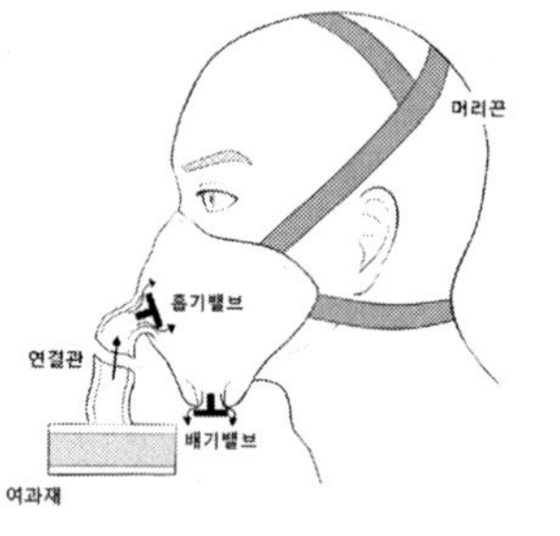

■ 반면형</td><td>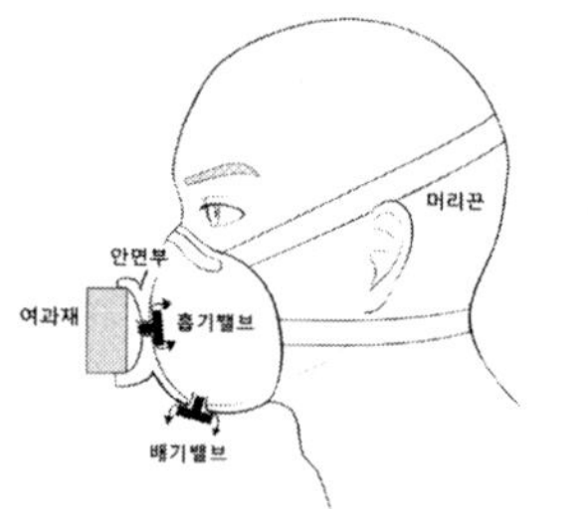

■ 반면형</td></tr>
</table>

[그림 2-1] 마스크 안면부(면체)의 분류 (보호구 안전인증 고시, 2017년)

④ **안면부여과식(Filtering Facepiece):** 안면부여과식이란 안면부 즉, 면체가 여과제(Media)의 역할을 하면서 흡입공기가 안면부를 통하여 들어오고 오염물질이 여과되는 형태 즉, 여과제와 안면부 일체형이다. 이런 형태는 오직 방진필터만 가능하기 때문에 안면부여과식 마스크는 방진마스크에만 해당한다.

⑤ **직결식과 격리식:** 안면부여과식과 달리 여과제를 교환할 수 있도록 분리하는 형태를 분리식이라고 한다. 분리식 중에서 정화통이나 교환용 방진필터를 갈아 끼우는 홀더가 보호구의 면체에 바로 붙어 있어 정화통이나 방진필터가 여기에 직접 연결되면 직결식이라고 하고 연결관(Tube)에 의해 연결되면 격리식이라고 한다(그림 2-1). 격리식의 정화통

을 캐니스터(Canister: 여과제의 성분은 동일하지만 단지 정화통의 용량을 크게 한 것)라고 하며 격리식의 용도는 고농도 혹은 독성이 매우 강한 작업장에서 사용한다. 그러나 현재 우리나라에서는 격리식을 제조하는 회사는 없으며 필요하면 수입해야 한다.

(2) 느슨형(Loose Fitting)

피부에 밀착되지 않는 보호구를 말하며 후드, 헬멧, 슈트(Suits), 블라우스형이 여기에 속한다(2-2). 일반적으로 느슨형은 적어도 머리 부분은 완전히 감싸야 한다. 보호구 안쪽의 호흡영역으로는 깨끗한 압축공기가 공급되어 양압이 형성되기 때문에 보호계수가 높을 것으로 예상되지만 미국 OSHA(2009)에서는 할당보호계수(APF)를 25라고 하여 보호 정도가 낮은 것으로 평가하였다. 유해물질의 노출이 심한 블라스팅(Blasting) 작업이나 2015년 MERS 사태처럼 인체에 치명적인 병원체의 감염이 우려되는 보건의료작업장에 필수적이다.

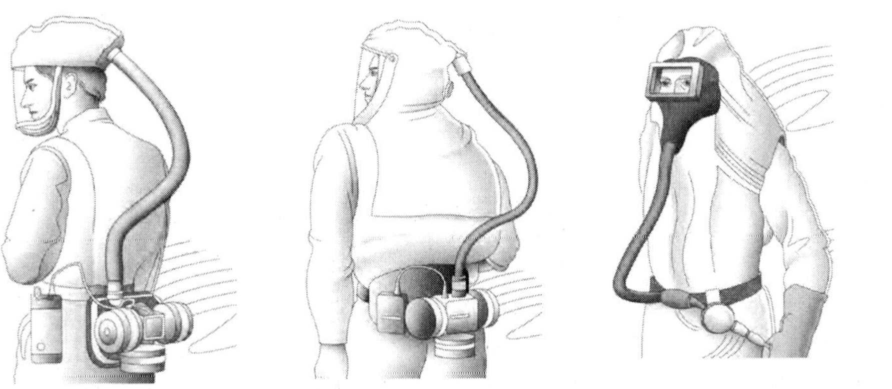

헬멧　　　　후드　　　　슈트(블래스팅 작업용)

[그림 2-2] 느슨형 호흡보호구

그림 출처: 미국 OSHA, Assigned protection factors for the revised respiratory protection standards, 2009

2) 기능별 분류

호흡보호구를 기능별로 분류하면 작업장의 공기를 마시되 공기 중 오염물질을 여과하는 공기정화식과 작업장의 공기를 마시지 않고 마시는 공기를 외부에서 공급하거나 휴대하는 공기공급식으로 나눌 수 있다(표 2-1). 이들 방식은 완전히 다르기 때문에 작업장에 따라 공기정화식과 공기공급식을 엄격히 구분하여 사용해야 한다. 예를 들어, 산소결핍장소에서 공기정화식 호흡보호구인 전동식 마스크를 착용한다면 수분 안에 사망에 이를 수 있다. 산소결핍장소와 IDLH 상황에서는 반드시 공기공급식 호흡보호구인 송기마스크나 자급식인 공기호흡기를 착용해야 한다.

기능별 분류는 [그림 2-3]을 보면 보다 쉽게 이해할 수 있다.

공기정화식을 유럽에서는 여과식이라고 한다. 이 호흡보호구는 수동식(혹은 폐력식)이라고도 하는 비전동식 방진·방독마스크, 전동기(모터)가 작동되는 전동식 방진·방독마스

〈표 2-1〉 호흡보호구의 기능별 분류

공기정화식 호흡보호구(Air-Purifying Respirators: APR) = 여과식 호흡보호구	
비전동식(Nonpowered) (수동식 또는 폐력식)	■ 입자상 물질 제거용: 방진마스크 ■ 가스/증기 제거용: 방독마스크 ■ 입자상 물질, 가스/증기 제거 겸용: 방진방독 겸용 마스크
전동식(PAPR: Powered Air Purifying Respirator)	■ 입자상 물질 제거용: 방진마스크 ■ 가스/증기 제거용: 방독마스크 ■ 입자상 물질, 가스/증기 제거 겸용: 방진방독 겸용 마스크
공기공급식 호흡보호구(Atmosphere-Supplying Respirators: ASR) = 호흡장치	
송기식 (SAR: Supplied Air Respirator)	■ 송기마스크(에어라인, Air-Line) -일정유량식(Continuous Flow) -디맨드식(Demand: 숨 쉴 때 공기가 들어옴) -압력식(Pressure Demand: 숨 안 쉴 때도 압력이 걸려 있음) ■ 호스마스크(Hose) -블로워식(Blower) -비블로워식(Non-blower)
자급식 (SCBA: Self Contained Breathing Apparatus)	■ 폐쇄형(Closed-Circuit SCBA) -압축산소실린더식(Compressed Oxygen System) -산소발생장치식(Oxygen Generating System) ■ 개방형(공기호흡기)(Open-Circuit SCBA) -일정유량식(Continuous Flow) -디맨드식(Demand: 숨 쉴 때 공기가 들어옴) -압력식(Pressure Demand: 숨 안 쉴 때도 압력이 걸려 있음)

크로 나눌 수 있다. 비전동식의 경우 호흡저항과 음압으로 인한 안면부 누설현상(Faceseal Leakage)이 발생하는데 이 같은 단점을 보완한 것이 전동식이다. 전동식은 전동기가 공기를 공급하기 때문에 양압이 형성되어 호흡저항과 누설현상을 동시에 줄일 수 있다. 그러나 전동식 호흡보호구는 산소를 따로 생산하여 공급하는 것이 아니기 때문에 산소결핍장소에서는 절대 사용해서는 안 된다.

공기공급식을 유럽에서는 호흡장치(Breathing Appratus, BA)라고 한다. 작업장 밖에서 압축기에 호스를 연결하여 공기를 공급하는 송기식과 자체적으로 호흡용 공기를 휴대하거나 산소를 생산하는 자급식으로 나눈다. 송기식으로 가장 많이 사용하는 호흡보호구는 송기마스크(에어라인)이며 자급식 중에 가장 많이 사용하는 것은 소방관들이 주로 사용하는 공기호흡기이다.

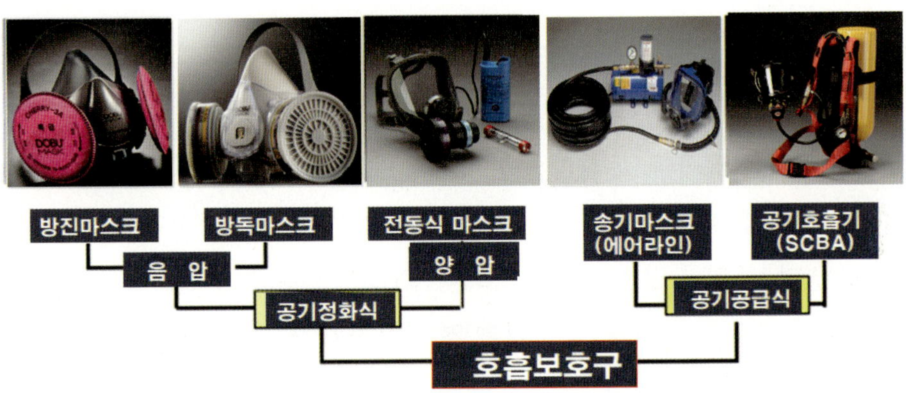

[그림 2-3] 호흡보호구의 기능별 분류

2. 공기정화식 호흡보호구(여과식 호흡보호구)

1) 입자상 물질 제거용: 방진마스크(Particulate respirator)

(1) 필터의 종류

입자상 물질 즉, 먼지, 미스트, 흄 등의 에어로졸을 제거하는 데 방진필터를 사용한다. 포집효율을 최대로 하고 호흡저항은 최소로 하는 것이 기술이다. 방진필터는 세 가지 종류가 있다.

현재 가장 일반적으로 사용하는 타입은 짜지 않은 섬유(Non-woven Fiber, 여기에는 미니섬유, 유리섬유, 카본섬유가 있음)를 공기나 물속에 무작위로 침전시킨 후 종이를 만드는 공정과 유사하게 기계적으로 Flat Disk로 만드는 것으로 보통 부직포(不織布, Non-woven Fabric)라고 한다.

두 번째는 자연 양모나 합성섬유 또는 둘을 섞은 것을 압축시킨 Flat Disk로 제작과정에서 수지 물질(Resin)을 입힌다거나 기계적으로 치거나(Beating) 바늘로 마찰을 가하여(Needling) 정전기를 입힌다. 손가락으로 비벼서 끈적거리는 느낌이 있으면 수지 물질이 입혀져 있는 것이다. 정전기를 띠면 포집효율을 높일 수 있는데 대부분 사업장 먼지는 정전기를 띠고 있다. 주의할 점은 오일 미스트나 습도가 높은 곳에서는 정전기를 상실한다. 그러므로 이 방진필터는 포장을 뜯지 않은 채 보관하고 오일 미스트나 상대습도 80% 이상 장소에 보관하지 말아야 하며 구입 후 가능한 한 빨리 사용해야 한다.

세 번째는 압축한 필터보다는 좀 두꺼운 것으로 느슨하게 포장된 타입이다. 유리섬유나 수지를 입힌 양모를 사용한다. 양모필터는 인류가 150 여 년 동안 만들어 사용해 오고 있는 전통 섬유제품으로, 천연섬유인 양모의 고유물성을 이용하여 적당한 온도, 압력, 습도와 함께 축융(縮絨: 물에 넣어 바래기, Fulling)하여 필요한 밀도, 두께, 규격의 제품으로 만든다. 어떤 제품은 표면적을 넓히기 위해서 주름을 잡는데 주름을 잡으면 호흡저항을 줄이면서 포집할 수 있는 먼지의 양을 많게 할 수 있다.

정전기 필터와 비교하기 위해 주름이 있는 비정전기 필터를 보통 기계식 필터(Mechanical Filter)라고 한다. 이것은 정전기 필터의 단점을 보완하지만 재료가 많이 드는 단점이 있다. 양모 필터와 주름(기계식) 필터는 용기(Cartridge)에 담아 직결식 방진마스크에 부착하여 교체하면서 사용하고 정전기필터는 안면부여과식과 직결식 방진마스크로 사용한다.

양모 필터 정전기 필터 주름(기계식) 필터

[그림 2-4] 방진필터의 종류와 방진마스크

(2) 포집(여과) 작동기전(Capture Mechanism)

한 작은 입자가 필터의 한 섬유 이상과 접촉하기란 쉬운 일이 아니다. 섬유 간 간격이 20 ㎛이고 이 사이를 2 ㎛인 입자가 지나간다면 일반적인 생각으로는 전혀 포집이 되지 않고 통과할 것이라 생각하지만 사실은 정반대이다. 간혹 이 간격보다 큰 입자가 걸릴 수 있는데 이를 절대포집(Absolute Filtration)이라고 한다. 그러나 이런 경우는 매우 드문 일이다. 보통 입자크기는 이들 간격보다 훨씬 작아서 입자가 이들 간격을 통과하는 동안 적어도

한 번을 섬유와 만나게 된다. 한 입자가 한 섬유와 만나면 한 가지 혹은 그 이상의 여러 가지 작동기전에 의해 입자가 포집되는데 이를 비절대포집(Non-absolute Filtration)이라고 하고 입자에 대한 필터의 포집과정은 대부분 여기에 해당된다. 한 섬유에 의해 포집된다고 하여 이것을 「One Fiber Filtration Theory」라고도 한다(그림 2-5).

① 차단(Interception)

공기 유선(Stream Line)이 한 섬유가 있는 곳으로 접근하면 섬유 주변에서 유선은 나누어지고 섬유를 지나면 다시 합쳐진다. 만약 이 유선의 중심부에 섬유반경 내 입자가 접근하면 섬유와 만나게 되고 결국 섬유에 잡히는데 이것을 차단이라고 한다. 입자의 크기가 클수록 차단에 의한 포집 가능성은 높아진다. 방충망을 자세히 보면 먼지가 망의 끝부분에 잡혀 있는 것을 볼 수 있는데 이것이 차단이다.

② 중력침강(Settling Sedimentation)

2 ㎛이상의 아주 큰 입자만이 중력침강에 의해 잡힌다. 이것은 중력에 의해 일어나는 것이므로 통과하는 공기 유량이 아주 적어야만 생길 수 있으므로 실제 방진마스크에는 잘 일어나지 않는다.

③ 관성충돌(Inertial Impaction)

입자가 이동할 때 입자는 공기와 함께 유선 즉, 궤적을 타고 이동한다. 입자가 크고 무거울수록 궤적을 따라 움직이다가 섬유질 앞에서 공기의 궤적이 바뀌는 순간 관성력에 의해 궤적을 이탈하여 그대로 섬유에 달라붙는 것을 관성충돌(Inertial Impaction)이라고 한다. 관성력은 입자의 크기, 밀도, 속도 및 모양이 관성력을 결정한다.

④ 확산(Diffusion)

더 작은 입자들의 운동은 공기분자와 충돌에 의해 영향을 받는다. 입자의 크기가 매우 작고 가벼우면 공기 흐름의 궤적과 관계없이 불규칙한 운동(Random Motion)인 브라운 운동(Brownian Motion)같은 움직임으로 움직이다가 잡히는데 이것을 확산(Diffusion)이라고 한다. 확산력은 입자가 작고 가벼울수록 그리고 공기의 온도가 높을수록 더 강하다. 통과 속도가 느릴수록 섬유와 만날 시간이 길기 때문에 포집효율은 높아진다. 일반적인 생각과는 달리 입자가 작아도 포집이 잘 된다.

⑤ 정전기 포집(Electrostatic Attraction)

입자가 전하를 띠고 필터 섬유가 반대 전하를 띠면 정전기 포집이 일어난다. 그래서 입자가 섬유에 달라붙는 것이다. 정전기 포집은 다른 포집기전 특히, 차단과 확산에 도움을 준다.

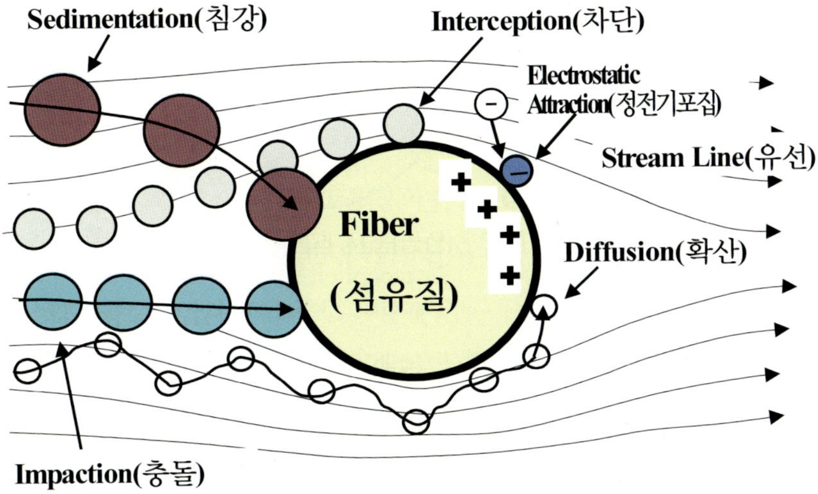

[그림 2-5] 필터에 의한 입자포집의 작동기전

정확한 포집 작동기전은 여러 가지 요인들에 의해 좌우된다. 그러나 어느 정도 일반화가 가능하다. 보통 크고 무거운 입자는 관성 충동과 차단에 의한다. 크고 가벼운 입자는 확산과 차단에 의해 제거된다. 확산은 매우 작은 입자들을 제거한다.

입자가 크고 무겁거나 입자가 작고 가벼워도 포집효율이 높아지는데 그 중간크기는 잘 포집되지 않는다. 이 중간 크기가 0.1-0.4 ㎛ 사이 입자이며 이상에서 언급한 작동기전을 잘 따르지 않아서 포집이 잘 되지 않는다(그림 2-6). 그래서 미국에서 포집이 가장 안 되는 즉, 투과가 가장 잘 되는 사이즈를 0.3 ㎛으로 잡고 이 크기의 입자를 검인증 실험에 사용한다.

필터의 겹(Layer)을 많이 할수록 포집효율이 높아지지만 겹이 많을수록 압력저항이 높아져 호흡이 어려워지는 딜레마에 빠진다. 이러한 딜레마를 없애기 위한 방법이 정전기를 이용하는 것이다. 즉, 정전기를 입히면 큰 압력저항 없이 포집효율을 높일 수 있다. 작업장에서 발생하는 대부분의 입자들은 전하를 띠고 있어 정전기를 이용하면 효과적으로 입자를 포집할 수 있다. 정전기 필터의 최대 단점을 오일미스트나 습기에 정전기력이 약해진

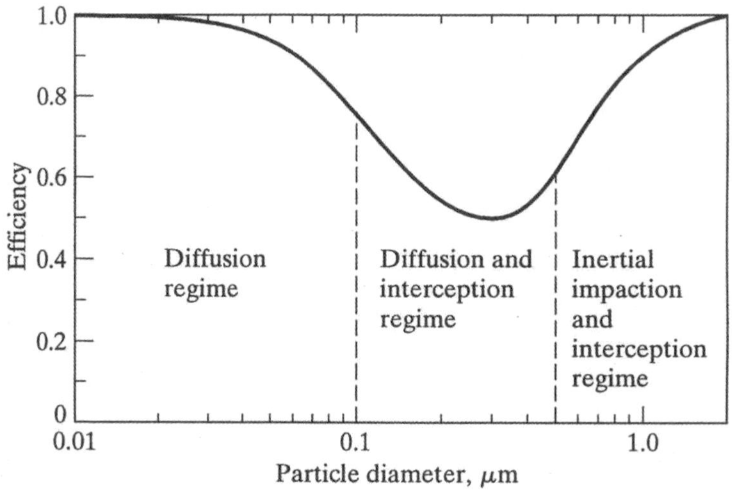

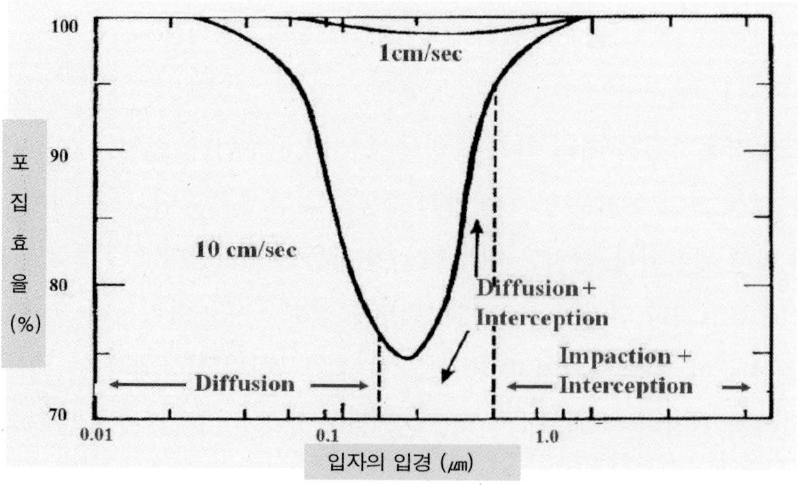

[그림 2-6] 포집효율, 입자속도와 입자크기

(자료출처: Lee KW & Liu YH, 1980)

다는데 있다. 이 같은 점을 고려하여 미국에서 1998년부터 방진 마스크 필터의 검정규격을 새로 개정하여 N(Not resistant to oil) 시리즈는 오일미스트가 있는 작업장에서는 사용하지 못하며 R(Resistant to oil)과 P(oil Proof)시리즈는 사용할 수 있다. 정전기 방진필터는 물에 약하기 때문에 물에 세척한 후 사용하거나 포장을 제거하고 공기 중에 방치하면 효과는 급격하게 저하된다.

[그림 2-7]는 실제 방진필터가 먼지 포집전후 전자현미경(SEM) 사진이다. 섬유 간 간격이 막혀 있지 않았어도 각 섬유에 먼지가 붙잡혀 있는 것을 볼 수 있다. 포집기전이 섬유간 공극에 잡히는 것이 아니라 섬유에 잡히기 때문에 공극 사이가 비어있어 100% 포집효율은 불가능하다.

[그림 2-7] 방진필터 구조와 먼지가 포집된 모습

(그림 출처: Dr. Giuseppe Falini)

(3) 호흡저항

호흡을 할수록 공기 중 먼지가 공극을 막아 소위 눈막힘 현상(Clogging)으로 호흡저항을 일으킨다. 결국 착용자는 불편을 호소하고 방진필터를 교체하거나 버리게 된다. 방진필터의 수명(Service-life)을 예측할 수 있는 정확한 방법은 없다. 수명에 가장 큰 영향을 주는 것은 작업장 먼지의 농도이며 공기 중 농도가 많을수록 필터에 많이 달라붙어 빠르게 저항이 높아진다. 착용자의 호흡율 역시 큰 영향을 주는데 호흡량이 많을수록 빠르게 저항은 높아진다. 작업자가 경작업(Light Work)을 할 경우 호흡율는 대략 20 LPM(Liter per Minute)이다. 작업량이 많아지면 60 LPM 이상까지 올라갈 수 있다. 이럴 경우 필터를 통과하는 공기량은 3배 이상일 것이고 포집량도 3배 이상이 되어 사용시간도 1/3로 줄어

든다.

(4) 사용상 주의사항

적합한 방진마스크 선정에는 단순먼지(Nuisance Dust), 독성먼지, 미스트, 흄, 혼합먼지 등이 영향을 줄 수 있으나 가장 중요한 사용상 주의사항은 다음과 같다.

① 방진마스크를 선정할 때는 방독마스크처럼 화학물질에 따라 다르게 선정하는 것은 아니며 입자의 크기가 중요하다. 물론 석면, 베릴륨과 같은 발암성 분진이 존재할 때는 특급을 선정해야 하지만 일반적으로 화학물질의 성분에 따라 구분하지는 않는다.

② 입자상물질 제거용으로만 사용해야 한다. 가스/증기는 방진필터로 제거할 수 없으므로 절대 사용하지 말아야 한다.

③ 산소결핍장소에서는 절대 사용하지 말아야 한다. 이런 장소에 사용할 경우 사망할 수도 있다.

④ IDLH(Immediately Dangerous to Life or Health)에서 사용해서는 안 된다.

⑤ 정전기부착 방진마스크를 사용할 때는 사용하는 순간 포장지를 제거하고 사용하지 않을 때에는 밀봉하여 습기로부터 보호하는 것이 바람직하다. 보통 보건용 마스크도 정전기 필터를 사용하기 때문에 물에 세척하여 사용하는 경우 포집효율이 급격하게 떨어질 수 있다.

(5) 장기간 사용으로 인한 문제

방진필터는 시간이 지나면 입자상 물질이 섬유질 사이에 눈막힘 현상을 일으켜 일반적인 생각과는 달리 오히려 포집효율은 증가한다. 그러나 포집효율이 증가할수록 압력저항(강하)가 증가하여 호흡할 때 신체적 부담을 안게 된다. 또 하나 중요한 문제는 막히면 막힐수록 공기가 방진필터를 통과하기 어려워 얼굴과 마스크 틈 사이로 누설현상(Faceseal Leakage)이 심해지므로 마스크를 빨리 교체해야 한다.

(6) 방진마스크의 종류

① 우리나라의 산업용 마스크와 보건용 마스크

우리나라 방진마스크 인증기준은 유럽기준을 그대로 적용하고 있다. <표 2-2,3>과 같이 사업장 작업자들이 주로 사용하는'산업용 방진마스크'의 등급과 인증기준은 2002년부터 유럽의 기준인 EN 143:2000 (BS EN, 2000, 2008)과 EN 149:2001(BS EN, 2001)을 준용하므로 동일하다(고용노동부 고시, 2017). 마스크 등급은 3개로 나누며 분리식 방진마스크의 특급, 1급, 2급은 유럽의 P3, P2, P1과 같으며 안면부여과식의 경우 FFP3, FFP2, FFP1에 해당한다. 분리식 방진마스크의 최소 여과효율(포집효율)은 특급 99.95%, 1급 94%, 2급 80%이며 안면부여과식의 최소 여과효율은 특급 99%, 1급 94%, 2급 80%이다.

〈표 2-2〉 우리나라 방진마스크 등급

등급		특 급	1 급	2 급
사용장소		· 베릴륨등과 같이 독성이 강한 물질들을 함유한 분진 등 발생장소 · 석면 취급 장소	· 특급마스크 착용장소를 제외한 분진 등 발생 장소 · 금속흄 등과 같이 열적으로 생기는 분진 등 발생 장소 · 기계적으로 생기는 분진 등 발생장소(규소 등과 같이 2급 방진마스크를 착용하여도 무방한 경우는 제외한다)	· 특급 및 1급 마스크 착용장소를 제외한 분진 등 발생장소
		* 배기밸브가 없는 안면부여과식 마스크는 특급 및 1급 장소에 사용해서는 안 된다.		
포집효율	분리식	99.95% 이상	94.0% 이상	80.0% 이상
	안면부 여과식	99.0% 이상	94.0% 이상	80.0% 이상

〈표 2-3〉 고용노동부, 식품의약품안전처 및 유럽의 방진마스크 인증기준

마스크 형태	인증정부부서		여과효율 (%)	테스트물질	EN 기준
	고용노동부	식품의약품 안전처			
분리식	특급		99.95	NaCl & Paraffin	P3
	1급		94	NaCl & Paraffin	P2
	2급		80	NaCl & Paraffin	P1
안면부여과식	특급	KF99	99	NaCl & Paraffin	FFP3
	1급	KF94	94	NaCl & Paraffin	FFP2
	2급	KF80	80	NaCl	FFP1

방진필터의 여과(포집)효율과 달리 마스크 착용 후 모든 경로(필터 Media, Faceseal Leakage, 흡·배기밸브)를 통하여 테스트 에어로졸이 들어오는 양을 측정하는 안면부 누설률은 분리식 전면형 0.05% 이하, 분리식 반면형 5% 이하이며 안면부여과식의 경우 2급 25.0% 이하, 1급 11.0% 이하, 특급 5.0% 이하이다. 방진필터의 여과(포집)효율과 안면부 누설율을 혼동해서는 안 된다.

사용용도는 특급의 경우 석면, 베릴륨 등 발암성 먼지, 1급은 흄 같은 산업용 미세먼지, 2급은 단순 먼지라고 할 수 있다.

식품의약품안전처에서는 2014년 사업장 근로자가 아닌 일반 다중 및 보건의료종사자들이 착용하는 마스크에 대한 등급과 인증기준을 재정비하고 '보건용 마스크'라고 명명하였다. 등급은 여과(포집)효율을 기준으로 산업용 마스크와 동일하게 KF99(특급에 해당), KF94(1급에 해당) 그리고 KF80(2급에 해당)이다. 보건용 마스크의 실험항목은 산업용 마스크와 대동소이하다. 사용용도는 KF99와 KF94는 감염성 질병으로부터 보호, 방역 목적으로 주로 사용하며 KF80은 일반 다중이 황사 혹은 미세먼지로부터 보호할 목적으로 사용한다.

② 미국 산업용 마스크와 보건용 마스크

미국은 방진마스크 등급이 아니라 방진필터를 기준으로 9개 등급으로 나누며 포집효율 즉, 여과효율과 사용하는 장소에 따라 구분한다. 인증기준은 <표 2-4>와 같이 N-, R-, P-시리즈 각 3개씩 총 9개이며 뒤에 붙은 숫자는 여과가 가장 잘 안 되는 입경 0.3 ㎛ 입자의 여과효율을 나타낸 것이다. 포집효율이 99.97%인 필터를 100시리즈로 부르며 이것이 과거 고효율 필터 즉, HEPA(High Efficiency Particulate Air)를 말하는 것으로 입경 0.3 ㎛인 입자상 물질을 99.97% 이상 포집할 수 있는 필터를 말한다. N95 마스크는 9개 등급 중 가장 낮은 등급이며 반드시 오일 미스트가 없는 곳에서 사용해야 한다. 그 이유는 안면부 여과식 마스크는 여과효율을 높이기 위하여 정전기력이 첨가되어 있는데 오일 미스트에 정전기력이 쉽게 약화되기 때문이다.

과거 병원에서 MERS, SARS, 폐결핵 환자가 입원한 병동에서 사용할 것을 권유한 N95 마스크는 우리나라 기준이 아니며 미국기준으로 가장 등급이 낮은 마스크이다. 당연히 우리나라 기준인 보건용 마스크 KF94라고 해야 하며 연구결과 KF94(FFP2에 해당)나 N95

의 포집효율은 대동소이한 것으로 밝혀졌다(Rengasamy 등, 2009).

미국의 보건의료종사자가 사용하는 마스크는 N95와 Surgical N95가 있다. 이 둘 간의 차이는 거의 없으며 단지 Surgical N95 마스크에 대해서 환자의 혈액이나 유래물이 묻을 수 있어 미국 FDA가 수술복처럼 유체저항 및 방염시험(Fluid and Flame Resistance)을 통과한 마스크이다.

〈표 2-4〉 미국의 방진마스크 인증기준(42 CFR 84)

방진필터 등급		여과효율(%)	테스트 물질	적용 오염물질	서비스수명
N-시리즈 (Not resistant to oil)	N95	95	NaCl	고체 및 수성 입자 (비 유성 에어로졸)	정해진 것 없음 (Nonspecific)
	N99	99			
	N100	99.97			
R-시리즈 (Resistant to oil)	R95	95	DOP oil*	어떤 물질	일 작업 교대 (One work shift)
	R99	99			
	R100	99.97			
P-시리즈 (oil Proof)	P95	95	DOP oil*	어떤 물질	정해진 것 없음 (Nonspecific)
	P99	99			
	P100	99.97			

*DOP oil = dioctyl phthalate

2) 가스/증기 제거: 방독마스크(Chemical Cartridge Respirator)

가스/증기를 제거하는 방독마스크는 흡착제가 들어있는 정화통나 캐니스터를 사용해야 한다. 가스/증기 분자는 에어로졸 입자보다 훨씬 작기 때문에 섬유필터인 방진필터로 제거할 수 없다. 분자가 흡착제와 접하면 화학결합(KOH + HCl)이나 물리화학적 힘(유기증기와 Charcoal)에 의해 결합이 이루어진다. 화학반응은 그것이 흡수든 흡착이든 오염물질을 여과할 수 있는 능력이 떨어질 때까지는 100% 효과를 발휘한다. 그때가 되면 오염물질 흡착제를 완전히 통과하게 되는데 이것을 파과(Breakthrough)라고 하며 착용자는 사용시간이 다 되었다는 것을 알게 된다. 그러므로 방독마스크는 좋은 경고특성(Warning Property: 무독성의 농도에서 맛이나 냄새)을 가진 오염물질에만 사용 가능하다.

(1) 가스/증기 제거기전

정화통의 흡착제 혹은 흡수제(모두 Sorbent라고 함)는 과립(Granular)이나 공극물질(Porous Material)로 구성되어 있으며 이들이 분자와 반응함으로 가스/증기를 제거한다. 분자가 제거되는 일반적인 방식은 수착(收着: Sorption, 흡수와 흡착에 의한 물질의 결합 상태)이다. 여기에 추가적인 기전으로는 일부 정화통의 경우 촉매반응(Catalysis)을 일으켜 독성이 덜한 가스/증기로 변화시키기도 한다.

흡수(Absorption)는 투과(Penetration)이고 흡착(Absorption)은 점착(Adherence)이다. [그림 2-8]는 흡수와 흡착의 차이를 잘 보여준다. 흡수는 흡수제 내부로 분자나 입자물질이 투과하여 들어가는 것으로 화학반응에 의한 것이고 흡착은 흡착제 표면에 분자나 입자물질이 물리적으로 달라붙는 것(Physical Attraction)을 말한다. 이 모두를 수착이라고 말한다.

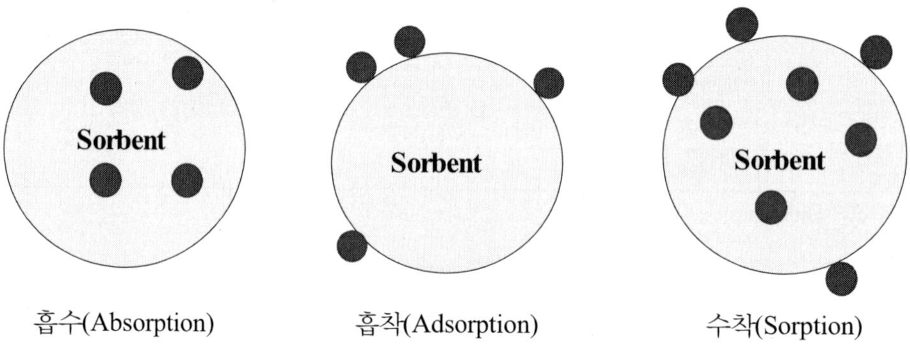

[그림 2-8] 흡수와 흡착의 차이

① 흡착(Adsorption)

흡착의 강도는 흡착제와 오염물질의 종류에 따라 다르다. 물리적 당김에 의한 흡착 즉, 물리적 흡착(Physical Adsorption)만으로는 강도가 약하지만 화학적 흡착(Chemisorption)이 합해지면 강도가 매우 강해져서 탈착이 어려워진다. 흡착은 흡착제와 가스/증기 분자간 반데르발스 힘(van der Waals force)에 의해 이루어진다.

비록 산 가스를 포집하는데 한계가 있기는 하지만 보통 흡착제로는 비극성 유기증기에는 활성탄(Activated Charcoal), 극성물질에는 실리카겔을 사용한다. 일반적으로 끓는점(BP)이 높고(70 ℃이상) 휘발성이 약한 것일수록 또 분자량이 50이상인 유기증기에 효과적이다. 반대로 분자량이 작아 공기보다 가볍거나 끓는점이 낮아 휘발성이 높은 시안화수소 같은 가스물질들은 일반 활성탄만으로 흡착이 이루어지지 않아 활성탄 표면에 금속염이나 화학물질 등을 입혀 가스물질을 고정시킨다. 예를 들어, 수은 흡착을 위해서는 요오드(Iodine), 산 가스는 금속산화물, 암모니아에는 황산 혹은 질산, 시안화수소(HCN)에는 산화구리(CuO)를 첨가한 첨착활성탄(Impregnated Activated Carbon)을 사용한다.

흡착력을 높이기 위해서는 흡착제의 표면적이 넓어야 하며 그러기 위해서는 흡착제의

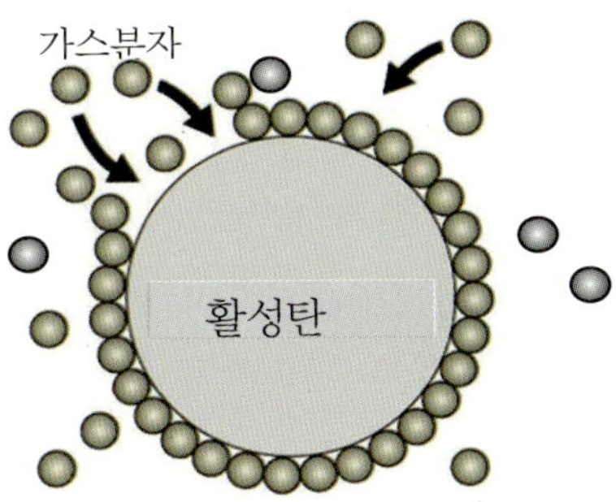

ⓐ 흡착

ⓑ 야자껍질과 활성탄
(그림 출처: Ajinkya Ghule, 2017)

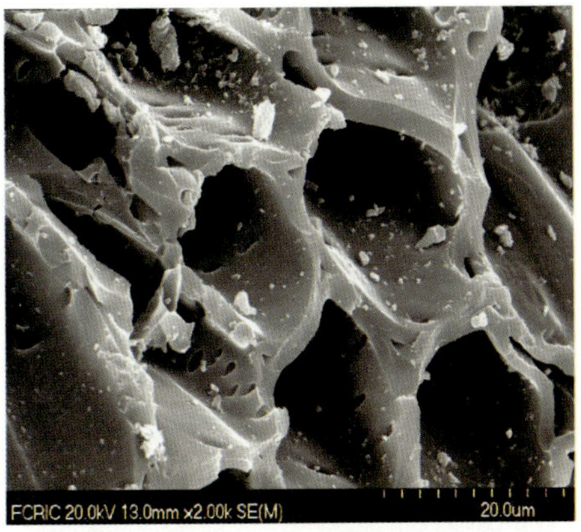

ⓒ 전자현미경으로 본 활성탄
(그림 출처: Lee et al., Metals 2017, 7(7), 248)

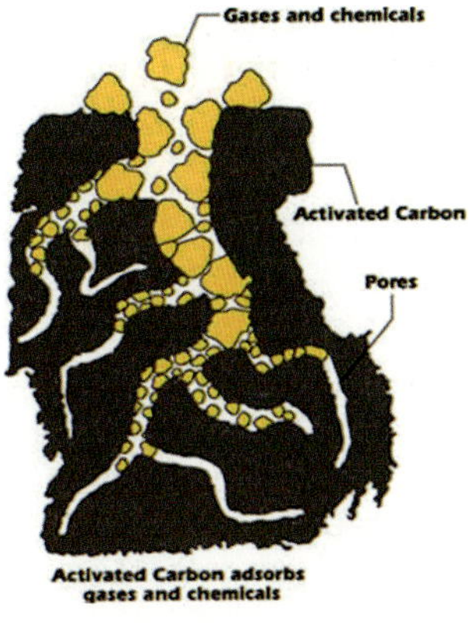

ⓓ 가스/증기 포집기전
(그림 출처: Chemistry learning, free online edu.)

[그림 2-9] 방독마스크 흡착제인 활성탄

입경이 작아야 한다(그림 2-9 ⓒ). 최근 고급 활성탄의 표면적은 1000-2000 m^2/g에 이르기도 한다. 가장 많이 사용되고 있는 활성탄은 코코낫 껍질을 태운 뒤 흡착력을 높이기 위해 화학물질을 첨가한 것이다(그림 2-9 ⓑ).

[그림 2-9 ⓓ]에서처럼 가스 분자가 흡착제의 표면에 달라붙는데 이때 수증기도 흡착이 이루어져 유기증기와 경쟁적으로 작용한다. 흡착이 이루지지 않고 통과가 이루어지는 것을 파과(Breakthrough)라고 한다. 따라서 유기화합물용 흡착제는 습도가 높으면 파과시간이 빨라짐으로 교체시기를 앞당겨야 한다.

② 흡수(Absorption)

흡수제는 단위질량 당 넓은 표면적을 갖고 있는 흡착제와는 다르게 넓은 표면적을 갖고 있지 않다. 흡수는 가스/증기 분자가 흡수제 깊이 투과되어 화학반응을 일으킨다. 아마도 입자표면에 흡착이 일어나기 전에는 흡수는 일어날 수 없다. 흡착은 순간적으로 일어나지만 흡수는 서서히 일어난다. 대부분의 흡수제는 산 가스 제거용으로 사용된다. 흡수제는 부식성 규산염, 석회와 수산화나트륨, 수산화칼륨의 혼합물(Mixture)이다.

③ 촉매(Catalysis)

촉매는 물질 간 반응 속도에 영향을 주는 것을 말한다. 정화통에 사용되는 촉매제로는 홉칼라이트 (Hopcalite)가 있다. 이것은 일산화탄소를 공기 중 산소와 반응시켜 빠르게 이산화탄소로 변화시켜주는 것으로 망간, 구리, 은, 코발트 등의 산화물의 혼합물을 입자상으로 굳혀 건조시킨 것이다. Hopcalite II는 MnO_2 60%+CuO 40%이며, Hopcalite I은 MnO_2 50%+CuO 30%+Co_2O_3 15%+Ag_2O 5%이며 다른 조성비의 혼합물도 있다.
Hopcalite의 겉모습은 일반 활성탄과 동일하며 분말이나 과립(Granule)의 형태로 되어 있다. Hopcalite는 일산화탄소 제거가 목적이므로 긴급대피용 특히, 화재대피용(Fire Escape Mask)의 정화통에 주로 사용된다(2-12 참조).

(2) 일반 방독마스크와 격리식 방독마스크(가스마스크)

일반방독면은 정화통(카트리지, Cartridge)이라는 용기에 흡착제를 채워 사용하는 마스크를 말하며 격리식 방독마스크(일명 가스마스크)는 캐니스터(Canister)라는 용기에 흡착제를 채워 사용하는 마스크를 말한다(그림 2-10). 캐니스터란 정화통과 모든 기능이 동일

일반 방독면

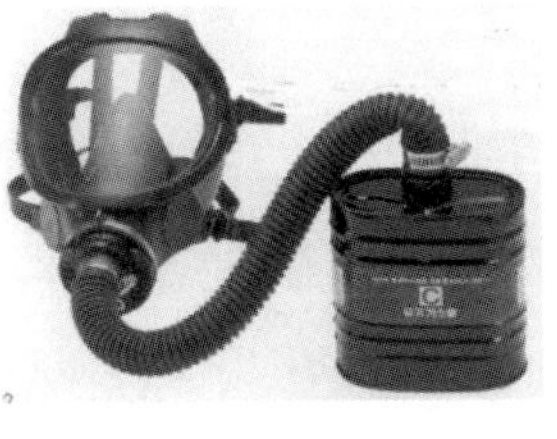

격리식 방독마스크
(캐니스터)

가스마스크
(캐니스터)

[그림 2-10] 일반 방독마스크와 격리식 방독마스크(가스마스크)

하지만 다른 점은 흡착제의 용량을 정화통 보다 2-10배 많으며 용량은 1000-2000 cm^3에 이른다.

격리식 마스크는 일반방독면보다 오염물질의 농도가 높거나 독성이 강한 장소에서 보다 장시간 사용할 목적으로 제작한 것이다. 그렇다고 하더라도 가스마스크가 사용되어지는 농도는 우리나라 방독마스크 고농도 등급인 오염물질의 농도가 2%(20,000 ppm)가 넘

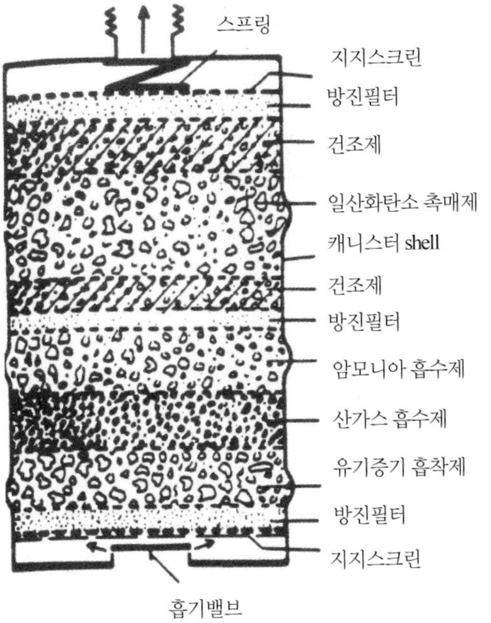

[그림 2-11] 전형적인 복합가스 제거 캐니스터(그림출처: NIOSH)

지 않는 작업장에서 사용하도록 설계된다. 이 이상에서는 공기공급식 호흡보호구를 사용한다.

많은 캐니스터는 여러 가지 오염물질을 한꺼번에 제거할 수 있도록 여러 가지 여과제를 충전시킨 일명 복합가스 제거 정화통을 사용한다. 복합가스 정화통은 여러 가지 여과제를 한꺼번에 섞는 것이 아니라 [그림 2-11]처럼 각 여과제를 층별(Layer)로 구분하여 제작한다. 격리식 방독마스크의 안면부는 거의 모두 전면형을 채용한다.

❑ 대피용 마스크 (For Escape)

IDLH에서 대피용 마스크는 가스마스크가 사용된다. 대피용으로는 안면부 면체형, 후드, 마우스피스(Mouthpiece), 캐니스터 그리고 이들의 조합형으로 구성된다. 눈에 대한 자극이 있는 경우에는 전면형 면체가 필요하다. [그림 2-12]는 광산이나 비상상황에서 일산화탄소와 여러 가지 오염물질부터 탈출할 수 있는 대피용 마스크이다.

ⓐ 마우스피스 (미국 MSA) ⓑ 후드타입 (미국 MSA) ⓒ 후드타입 (영국 Survitec)

[그림 2-12] 대피용 가스마스크

(3) 정화통의 수명(Service–life)

흡착제의 포집능력이 떨어지기 전까지는 가스/증기의 제거는 100%에 이르지만 이 시점을 지나고 나면 포집되지 않은 채 파과가 일어난다. 파과시간을 파악하는 것은 매우 중요한 일이지만 착용자의 신체조건, 작업강도, 유해물질의 종류·농도·혼합정도, 작업장의 환경적인 조건 등 수많은 변수가 영향을 미치기 때문에 현실적으로 대단히 어려운 일이다. 정화통이나 캐니스터의 수명은 다음 요소들에 의해 영향을 받는다.

- 흡착제의 질과 양
- 포장의 균일성과 밀도
- 착용자의 호흡률을 포함한 노출조건
- 상대습도
- 온도
- 오염물질의 농도
- 다른 가스/증기와 혼합 여부

이중에서 서비스 수명에 영향을 주는 4개의 주요 인자로는 유기물질의 종류, 높은 호흡률, 작업장 오염물질의 농도, 높은 상대습도 조건하에서 수명이 짧아진다.

① 일반적으로 증발력이 높을수록 탄소에 흡착력이 떨어져 파과시간은 짧아진다. 유기화합물용 흡착제는 현재 대표물질로 사이클로헥산((C_6H_{12} : 84.16 g/mol)을 이용하여 검증실험을 한다. 때문에 유기화합물이라고 해도 다른 물질 예를 들어, 부탄올($C_4H_{10}O$, 74.12 g/mol)에 대해서는 길어지지만 메탄올(CH_3OH, 32.04 g/mol)에 대해서는 더 짧아진다. 그래서 모두 유기증기로 분류되지만 메탄올과 같이 분자량이 50미만이고 끓는점이 70℃ 미만인 물질에 대해서는 파과시간이 매우 짧아진다. 이는 너무 가볍고 끓는점이 낮은 화학물질은 탈착현상이 쉽게 일어나기 때문이다. 실제 메탄올의 경우 파과시간이 약 5-6분에 불과하여 메탄올 작업장에서는 송기마스크를 착용해야 한다. 특히, 아주 휘발성이 강하고 끓는점 65 ℃ 미만의 산소함유 화합물, 불소 및 프레온 가스류에는 파과시간에 특별히 주의해야 한다.

② 이용할 수 있는 탄소량이 많을수록 서비스 수명은 길어진다. 탄소량이 두 배면 일반적으로 수명은 두 배로 길어진다.

③ 파과시간은 호흡량에 대해 역의 비례관계이다. 호흡량이 반으로 줄면 서비스 수명은 두 배로 증가한다.

④ 서비스 수명은 오염물질 농도의 로그(log) 값에 역비례 한다.

⑤ 유기증기의 경우 상대습도가 65%보다 높으면 서비스 수명은 짧아진다. 상대습도가

50%미만이면 서비스 수명은 크게 영향을 받지 않는다. 이는 유기증기와 수증기가 탄소에 경쟁적으로 작용하여 흡착이 이루어져 습도가 높으면 파과가 잘 일어나기 때문이다.

그러나 산과 알칼리는 유기증기의 경우와는 반대이다. 유기증기의 흡착은 물리적 흡착(Physical Adsorption)이지만 산과 알카리의 흡착은 화학적 흡착(Chemical Adsorption)이다. 화학적 흡착이란 화학반응이기 때문에 습도가 높으면 오히려 화학반응에 의한 흡착이 활발하여 파과시간은 길어진다.

정화통 수명에 관한 데이터는 대부분 단일 화학물질에 대한 것이다. 혼합물질로 존재할 경우에는 단일물질인 경우보다 훨씬 수명이 짧아질 수 있음을 명심해야 한다. 또 정화통을 잠깐 사용한 후 다음 날 다시 사용할 경우에는 밤새 유기증기의 이동이 일어나기 때문에 수명은 짧아진다.

작업현장에서 실제 서비스 시간을 정확하게 예측하기란 불가능하다. 매번 많은 착용자, 현장 보건관리자 등이 서비스 시간 즉, 정화통 교체시간을 묻지만 서비스 시간을 정확하게 예측하기란 불가능한 일이다. 여기에는 앞에서 언급한 수많은 변수들이 관여하기 때문이다. 현실적으로 정화통 교체시간을 알 수 있는 가장 좋은 방법은

① 냄새나 맛이 감지되는 경우

② 숨쉬기 어려운 경우

③ 정화통이나 마스크가 손상된 경우이다.

안전계수(Safety Factor)를 고려해야 한다. 정화통의 서비스수명이 예측되는 시간의 50%를 안전계수로 적용할 것을 추천한다. 즉, 서비스수명이 두 시간이라고 예측되면 안전을 고려하여 1시간만 착용하는 것이다. 서비스 수명의 최종 결정은 결국 착용자가 해야 한다.

(4) 냄새역치를 이용한 정화통 교체방법

화학물질의 냄새나 맛을 감지하였을 때 정화통을 교체하는 것으로 가장 현실적이며 실제 많이 활용하고 있는 방법이다. 일단 냄새가 나기 시작하면 노출기준치 초과여부와 관계없이 작업자는 견딜 수 없기 때문에 정화통을 교체할 수밖에 없다.

❏냄새 역치(Odor Threshold)

냄새 역치란 평균적인 사람에 의해 공기 중의 냄새를 맡을 수 있는 가장 낮은 농도로 정의된다(AIHA, 1997). 냄새 역치는 정확한 값을 가질 수는 없다. 후각은 사람마다 다르고 측정 변수가 많아 동일한 화학물질에 대해서도 최대 수 만 배의 차이가 있는 경우도 있다. 일부 사람들은 어떤 냄새를 수십억 분의 몇 정도(0.1 ppb 수준)에서 맡을 수 있는 반면 다른 사람들은 이보다 수 천 배 높은 농도에서조차 맡을 수 없다. 인간 후각이 광범위한 것에 덧붙여 일부 매우 강력한 독성을 가지고 있는 화학물질은 냄새가 없는 반면 황화수소와 같은 일부 화학물질은 높은 농도에서는 후각 기능을 마비시켜 냄새를 맡지 못하기도 한다. 또 일부 화학물질은 아주 안전한 농도 수준에서 감지할 수 있다.

건강상 문제가 되지 않는 낮은 농도에서 냄새를 감지할 수 있는 화학물질인 경우에는 그다지 문제가 되지 않는다. 그러나 독성을 가지고 있는 화학물질이 냄새가 없다거나 냄새를 감지하였을 경우에 이미 노출기준보다 훨씬 많은 양을 흡입하게 되는 화학물질에 대해서는 근로자의 안전과 보건을 보장하기가 매우 어렵게 된다. 예를 들어, 프로판가스가 처음 새어 나올 때는 냄새가 나지 않기 때문에 냄새를 맡았을 때에는 상당량의 가스가 새어 나와 폭발한다거나 사람이 질식하여 사망에 이르게 된다. 이 같은 문제를 해결하기 위해서 매우 낮은 냄새 역치의 부취제(附臭劑)인 메갑탄류(Mercaptans: 황을 포함한 화합물)를 프로판 가스에 첨가한다.

냄새의 감지는 결코 정량적이 아니라는 것이다. 냄새 하나만을 가지고 지금 얼마만큼의 화학물질에 노출되었는지 알 수 없다. 그러므로 정확한 정화통 주기를 알기 위해서는 냄새에만 의존하지 말고 작업장마다 작업환경을 측정하고 이 작업장에서 정화통의 대략적인 수명주기가 어떻게 되는지를 판단할 수 있는 실험을 실시해야 한다. 다음은 저자가 연구한 2007년 안전보건공단 연구보고서를 인용한 것이다(안전보건공단, 2007).

❏냄새가 나면 정화통을 갈아 주어도 문제가 되지 않는 물질 (제I그룹)

<표 2-5>는 냄새 역치가 노출기준의 0.5배 이하로서 냄새를 맡고 정화통을 교체하면 노출기준 이하로 노출되었다고 할 수 있다. 진한 회색으로 표시된 11가지 물질은 페인트와 도장 작업장에서 가장 많이 나오는 물질이다. 옅은 회색으로 표시된 5가지 물질은 유기용제로 도료와 신나에서 자주 검출되는 물질들이다.

〈표 2-5〉 냄새 역치가 노출기준의 0.5배 이하인 물질

유해물질의 명칭		화학식	노출기준 (2018) TWA(ppm)	냄새[주1] 역치 (ppm)	IDLH[주2] (1995 개정)
국문표기	영문표기				
1,1,2-트리클로로-1,2,2-트리플루오로에탄	1,1,2-Trichloro-1,2,2-trifluoroethane	$CCl_2F{\cdot}CClF_2$	1,000	487	2000
1,2-디클로로프로판	1,2-Dichloropropane	$CH_3CHClCH_2Cl$	10	0.26	-
1,3-부타디엔	1,3-Butadiene	$CH_2CHCHCH_2$	2	0.45	2000 (LEL)
2-니트로프로판	2-Nitropropane	$NO_2C_6H_4CH_3$	10	4.85	100
2-디에틸아미노 에탄올	2-Diethylamino ethanol	$(C_2H_5)_2NC_2H_4OH$	2	0.011	100
2-메톡시에탄올	2-Methoxyethanol	$CH_3OCH_2CH_2OH$	5	2.4	-
2-부타논(MEK)	2-Butanone	$CH_3COC_2H_5$	200	16	3000
2-부톡시에탄올	2-Butoxyethanol	$C_4H_9OCH_2CH_2OH$	20	0.10	700
2-에톡시에틸 아세테이트	2-Ethoxyethyl acetate	$C_2H_5OCH_2CH_5OCOCH_3$	5	0.060	500
n-발레알데히드	n-Valeraldehyde	$CH_3(CH_2)_3CHO$	50	0.006	-
n-부틸아크릴레이트	n-Butyl acrylate	$C_7H_{12}O_2$	2	0.003	-
n-부틸알코올	n-Butyl alcohol (1-Butanol)	$CH_3CH_2CH_2CH_2OH$	20	1.2	1400
n-에틸모르폴린	n-Ethylmorpholine	$C_6H_{13}ON$	5	0.275	100
n-초산 부틸	n-Butyl acetate	$CH_3COO(CH_2)_3CH_3$	150	0.31	1700
n-초산 아밀	n-Amyl acetate	$CH_3COOC_5H_{11}$	50	0.052	1000
n-프로필 아세테이트	n-Propyl acetate	$CH_3COOCH_2CH_2CH_3$	200	0.18	1700
n-프로필 알콜	n- propyl alcohol	$CH_3CH_2CH_2OH$	200	5.3	800
n-헥산	n-Hexane	$CH_3(CH_2)_4CH_3$	50	21.9	1100 (LEL)
o-디클로로벤젠	o-Dichlorobenzene	$C_6H_4Cl_2$	25	0.70	200
o-클로로톨루엔	o-Chlorotoluene	$C_6H_4CH_3Cl$	50	0.219	-
p-디클로로벤젠	p-Dichlorobenzene	$C_6H_4Cl_2$	10	0.12	150
가솔린	Gasoline	-	300	0.3	-
나프탈렌	Naphthalene	$C_{10}H_8$	10	0.038	250
노난	Nonane	$CH_3(CH_2)_7CH_3$	200	1.26	-
니트로메탄	Nitromethane	CH_3NO_2	20	3.5	750
니트로벤젠	Nitrobenzene	$C_6H_5NO_2$	1	0.37	200
니트로에탄	Nitroethane	$C_2H_5NO_2$	100	2.11	1000
니트로톨루엔(오르토,메타,파라-이성체)	Nitrotoluene (o,m,p -isomers)	$CH_3C_6H_4NO_2$	2	0.017	200
디메틸아닐린	Dimethy1aniline(N,N-Dimethylaniline)	$C_6H_4N(CH_3)_2$	5	0.219	100
디메틸아민	Dimethy1amine	$(CH_3)_2NH$	5	0.081	500
디시클로펜타디엔	Dicyclopentadiene	$C_{10}H_{12}$	5	0.011	-
디아세톤알콜	Diaceton alcohol	$C_6H_{12}O_2$	50	0.27	1800 (LEL)
디에탄올아민	Diethanolamine	$(HOCH_2CH_2)_2NH$	2 mg/m^3	0.025	-
디에틸케톤	Diethyl ketone	$C_2H_5COC_2H_5$	200	9.3	-
디에틸아민	Diethylamine	$(C_2H_5)_2NH$	5	0.053	200
디이소부틸케톤	Diisobutyl ketone	$[(CH_3)_2CHCH_2]_2CO$	25	0.339	500

유해물질의 명칭		화학식	노출기준 (2018) TWA(ppm)	냄새[주1] 역치 (ppm)	IDLH[주2] (1995 개정)
국문표기	영문표기				
디이소프로필아민	Diisopropylamine	$(CH_3)_2CHNHCH, (CH_3)_2$	5	0.13	200
디클로로에틸에테르	Dichloroethylether	$(ClCH_2CH_2)_2O$	5	0.049	100
디페닐 (비페닐)	Diphenyl(biphenyl)	$C_{12}H_{10}$	0.2	0.0093	47.6
메탄에티올	Methanethiol	CH_3SH	0.5	0.00054	-
메틸 아밀알콜	Methyl amylalcohol	$(CH_3)_2CHCH_2CHOHCH_3$	25	1.1	-
메틸 아크릴레이트	Methyl acrylate	$CH_2CHCOOCH_3$	2	0.263	250
메틸 이소아밀케톤	Methyl isoamyl ketone	$CH_3COCH(C_2H_5)_2$	50	0.013	-
메틸 이소프로필 케톤	Methyl isopropyl ketone	$(CH_3)_2CHCOCH$	200	4.47	-
메틸 클로라이드	Methyl chloride	CH_3Cl	50	10.2	2000
메틸 메타크릴레이트	Methyl methacrylate	$CH_2C(CH_3)COOCH_3$	50	0.049	1000
메틸아세테이트	Methyl acetate	CH_3COOCH_3	200	6.17	3100 (LEL)
메틸아세틸렌 프로 파디엔 혼합물	Methyl acetylene propadiene mixture (MAPP)	-	1,000	100	3400 (LEL)
메틸프로필케톤	Methyl propyl ketone	$CH_3COC_3H_7$	200	1.55	-
모르폴린	Morpholine	C_4H_9ON	20	0.011	1400 (LEL)
무수초산	Acetic anhydride	$(CH_3CO)_2O$	1	<0.14	200
무수프탈산	Phthalic anhydride	$C_6H_4(CO)_2O$	1	0.052	60 mg/m^3
부탄	Butane	$CH_3(CH)_2CH_3$	800	204	-
부탄에티올	Butanethiol	$CH_3CH_2CH_2CH_2CH$	0.5	0.001	-
부틸아민	Butylamine	$C_4H_9NH_2$	C 5	0.08 ~ 1.8	0.080
부틸알코올 (제2)	sec-Butyl alcohol (2-Butanol)	$CH_3CHOHCH_2CH_3$	100	3.2	2000
불화수소	Hydrogen fluoride, as F	HF	0.5	0.036	30
브이엠 및 피 나프타	VM & P Naphtha	-	300	1~40	-
비닐 아세테이트	Vinyl acetate	$CH_3COOHCH_2$	10	0.12	-
비닐 톨루엔	Vinyl toluene	$CH_3C_6H_4CHCH_2$	50	10	400
비페닐	Biphenyl	$C_{12}H_{10}$	0.2	0.0093	-
산화 메시틸	Mesityl oxide	$CH_3COCHC(CH_3)_2$	15	0.017	1400 (LEL)
설퍼모노클로라이드	Sulfur monochloride	S_2Cl_2	C 1	0.001	5
스토다드 용제	Stoddard solvent	C_9~C_{11} para- ffn(85%) + aromatics(15%)	100	1 ~ 30	20000 mg/m^3
시안화수소	Hydrogen cyanide	HCN	C 4.7	0.603	50
시클로펜타디엔	Cyclopentadiene	C_5H_6	75	3.8	750
시클로헥사논	Cyclohexanone	$C_6H_{11}O$	25	3.5	700
시클로헥사놀	Cyclohexanol	$C_6H_{11}OH$	50	0.16	400
시클로헥센	Cyclohexene	C_6H_{10}	300	0.363	2000
시클로헥실아민	Cyclohexylamine	$C_6H_{11}NH_2$	10	2.66	-
아세톤	Acetone	CH_3COCH_3	500	62	2,500

유해물질의 명칭		화학식	노출기준 (2018) TWA(ppm)	냄새[주1] 역치 (ppm)	IDLH[주2] (1995 개정)
국문표기	영문표기				
					(LEL)
아세트알데히드	Acetaldehyde	CH_3CHO	50	0.067	2000
아크릴 산	Acrylic acid	$CH_2CHCOOH$	2	0.092	-
암모니아	Ammonia	NH_3	25	17	300
에탄 에티올	Ethanethiol	C_2H_5SH	0.5	0.00035	-
에탄올	Ethanol	C_2H_5OH	1,000	180	-
에틸 실리케이트	Ethyl silicate	$(C_2H_5O)Si/(CH_2H_5)_4SiO_4$	10	3.6	700
에틸 부틸케톤	Ethyl butyl ketone	$C_2H_5COC_4H_9$	50	0.1~10	1000
에틸 아크릴레이트	Ethyl acrylate	$CH_2CHCOOC_2H_5$	5	0.00024	300
에틸 벤젠	Ethyl benzene	$C_2H_5C_6H_5$	100	2.3	800 (LEL)
에틸 아민	Ethyl amine	$C_2H_5NH_2$	5	0.27	600
에틸 아밀 케톤	Ethyl amyl ketone	$C_8H_{16}O$	25	6	-
에틸렌글리콜모노부틸에테르아세테이트	Ethyleneglycol monobutyl ether acetate	$C_4H_9OCH_2OO\text{-}CH_3$	20	0.060	-
에틸리덴 노보르닌	Ethylidene norbornene	C_9H_{12}	C 5	0.074	-
에틸아세테이트	Ethyl acetate	$CH_3COOC_2H_5$	400	18	2000 (LEL)
염소	Chlorine	Cl_2	0.5	0.080	10
염화 벤질	Benzyl chloride	$C_6H_5CH_2Cl$	1	0.041	10
염화 알릴	Allyl chloride	CH_2CHCH_2Cl	1	0.489	250
염화 에틸	Ethyl chloride	C_2H_5Cl	1,000	4.07	3800 (LEL)
옥탄	Octane	C_8H_{18}	300	150	1000 (LEL)
이산화질소	Nitrogen dioxide	NO_2/N_2O_4	3	0.186	20
이소부틸알코올	Isobutyl alcohol	$(CH_3)_2CHCH_2OH$	50	3.6	1600
이소부틸 아세테이트	Isobutyl acetate	$CH_3COOCH_2CH(CH_3)_2$	150	1.1	1300 (LEL)
이소아밀알코올	Isoamyl alcohol	$(CH_3)_2CHCH_2OH$	100	0.045	500
이소아밀아세테이트	Isoamyl acetate	$CH_3COOCH_2CH_2CH$ $(CH_3)_2$	50	0.22	1000
이소포론	Isophorone	$C_9H_{14}O$	C 5	0.19	200
이소프로폭시에탄올	Isopropoxyethanol	$(CH_3)_2CHOCH_2CH_2OH$	25	0.738	-
이소프로필아세테이트	Isopropyl acetate	$CH_3COOCH(CH_3)_2$	100	4.1	1800
이소프로필알코올	Isopropyl alcohol	$CH_3CHOHCH_3$	200	43	2000 (LEL)
이소프로필 에테르	Isopropyl ether	$[(CH_3)_2CH]_2O$	250	0.017	1400 (LEL)
이소프로필아민	Isopropylamine	$(CH_3)_2CHNH_3$	5	0.21	750
이황화탄소	Carbon disulfide	CS_2	1	0.096	500
인덴	Indene	C_9H_8	10	0.009	-
질산	Nitric acid	HNO_3	2	0.267	25
초산 제2부틸	sec-Butyl acetate	$CH_3COOCH(CH_3)C_2F$	200	3~7	1700

유해물질의 명칭		화학식	노출기준 (2018) TWA(ppm)	냄새[주1] 역치 (ppm)	IDLH[주2] (1995 개정)
국문표기	영문표기				
초산 제3부틸	tert-Butyl acetate	$CH_3COOC(CH_3)_3$	200	4~47	1500
초산	Acetic acid	CH_3COOH	10	0.074	50
카프로락탐 (증기)	Caprolactum(vapor)	C_4H_4CONH	20 mg/m³	0.064	-
캄파(인조)	Camphor(synthetic)	$C_{10}H_{16}O$	2	0.079	200 mg/m³
큐멘	Cumene	$C_6H_5C_3H_7$	50	0.032	900 (LEL)
크레졸	Cresol	$CH_3C_6H_4OH$	22 mg/m³	0.00005 ~0.0079	250
크로톤알데히드	Crotonaldehyde	$CH_3CHCHCHO$	2	0.11	50
크실렌(오르토,메타, 파라 이성체)	Xylene (o,m,p-isomers)	$C_6H_4(CH_3)_2$	100	20	900
클로로벤젠	Chlorobenzene	C_6H_5Cl	10	1.3	1000
톨루엔	Toluene	$C_6H_5CH_3$	50	1.6	500
트리메틸 벤젠	Trimethyl benzene	$(CH_3)_3C_6H_3$	25	2.4	-
트리에틸아민	Triethylamine	$(C_2H_5)_3N$	2	0.25	200
트리클로로 아세트산	Trichloroacetic acid	CCl_3COOH	1	0.295	-
트리플루오로 브로모메탄	Trifluorobromo-methane	$CBrF_3$	C 1,000	16.3	40000
페놀	Phenol	C_6H_5OH	5	0.060	250
페닐메캅탄	Phenyl mercaptan	C_6H_5SH	0.1	0.00030	-
페닐에테르(증기)	Phenyl ether(Vapor)	$(C_6H_5)_2O$	1	0.03	100
페닐에틸렌(스틸렌)	Phenyl ethylene	$C_6H_5CHCH_2$	20	0.14	-
펜탄	Pentane	C_5H_{12}	600	31.6	1500 (LEL)
포름산 에틸	Ethyl formate	$HCOOC_2H_5$	100	18.6	1500
포스핀	Phosphine	PH_3	0.3	0.14	50
푸르푸랄	Furfural	C_4H_3OCHO	2	0.058	100
프로파르길 알콜	Propargyl alcohol	$HCCCH_2OH$	1	0.015	-
프로피온산	Propionic acid	CH_3CH_2COOH	10	0.066	-
피리딘	Pyridine	C_5H_5N	2	0.66	1000
헥사클로로에탄	Hexachloroethane	CCl_3CCl_3	1	0.15	300
헥산 (다른 이성체)	Hexane (other isomer)	$(CH_3)_3C_3H_5/n(CH_3)_4$ C_2H_2	500	65~248	-
헥손(MIBK)	Hexone	$CH_3COCH_2CH(CH_3)_2$	50	0.88	500
헥실아세테이트(제2)	sec-Hexyl acetate	CH_3COOCH $(CH_3)CH_2CH(CH_3)_2$	50	0.219	500
황화수소	Hydrogen sulfide	H_2S	10	0.0094	100
α -메틸스티렌	α -Methyl styrene	$C_6H_5C(CH_3)CH/C_9H_{10}$	50	0.003	700

주1) 냄새 역치(Odor threshold)는 1차적으로 AIHA(1997)의 공기 중 냄새 역치의 기하평균치를 기재하였다. 만약 AIHA의 자료가 없을 경우에는 2차적으로 3M Respirator Section Guide(2004)의 값을 기재하였다. 두개의 자료가 없는 경우에는 자료가 없는 것으로 취급하였다.

주2) IDLH 자료는 NIOSH(1995)가 개정한 1995년 자료를 기록한 것이다.

❑냄새가 나서 정화통을 갈아 주면 건강상 위험할 수 있는 물질 (제II그룹)

<표 2-6>은 냄새 역치가 노출기준의 0.5-2배로서 냄새를 맡았을 때 이미 노출기준 이상으로 노출되었을 가능성이 있는 물질들이다. 도장 및 페인트, 침지 등 제조 작업장에서 많이 사용하는 물질로는 짙은 회색으로 표시된 퍼클로로에틸렌(PCE) 한 가지이다.

〈표 2-6〉 냄새 역치가 노출기준의 0.5-2배인 물질(제II그룹)

유해물질의 명칭		화학식	노출기준 (2018) TWA (ppm)	TLV (2018) TWA (ppm)	냄새[주1] 역치 (ppm)	IDLH[주2] (1995 개정)
국문표기	영문표기					
1,2,4-트리클로로벤젠	1,2,4-Trichloro benzene	$C_6H_3Cl_3$	C 5	C 5	2.91	-
2-에톡시에탄올	2-Ethoxyethanol	$C_2H_5OCH_2CH_2OH$	5	5	2.7	500
n-부틸 락테이트	n-Butyl lactate	$CH_3CH(OH)COO(CH_2)_3CH_3$	5	5	7.06	-
p-톨루이딘	p-Toluidine	$CH_3C_6H_3NH_2$	2	2	0.027 ~ 3.2	-
글루타르알데히드	Glutaraldehyde	$OCH(CH_2)_3CHO$	C 0.05	C0.05	0.038	-
데카보란	Decaborane	$B_{10}H_{14}$	0.05	0.05	0.06	15 mg/m^3
디옥산	Dioxane (Diethyl dioxide)	$OCH_2CH_2OCH_2CH_2$	20	20	12	500
메탄올	Methanol	CH_3OH	200	200	160	-
메틸 아민	Methyl amine	CH_3NH_2	5	5	4.7	100
메틸시클로헥산	Methylcyclohexane	$CH_3C_6H_{11}$	400	400	500 ~ 600	1200 (LEL)
메틸클로로포름	Methyl chloroform	CH_3CCl_3	350	350	390	700
무수 말레인	Maleic anhydride	$(CHCO)_2O$	0.4 mg/m^3	0.1	0.318 mg/m^3	10 mg/m^3
불소	Fluorine	F_2	0.1	1	0.13	25
브로모포름	Bromoform	$CHBr_3$	0.5	0.5	0.447	850
브롬	Bromine	Br_2	0.1	0.1	0.066	3
브롬화 수소	Hydrogen bromide	HBr	C 2	C 2	1.99	30
브롬화 에틸	Ethyl bromide	C_2H_5Br	5	5	3.09	2000
삼불화붕소	Boron trifluoride	BF_3	C 1	C 1	1.5	25
아닐린과 아닐린 동족체	Aniline & homologues	$C_6H_5NH_2$	2	2	2.4	100
아크릴로니트릴	Acrylonitrile	CH_2CHCN	2	2	1.6	85
암모니아	Ammonia	NH_3	25	25	17	300
에틸렌 글리콜 (증기 및 미스트)	Ethylene glycol (vapor and mist)	CH_2OHCH_2OH	C 100 mg/m^3	C 100 mg/m^3	60.3 mg/m^3	-
염화수소	Hydrogen chloride	HCl	1	C 2		50
오존	Ozon	O_3	0.08	(0.08)	0.051	5
요오드포름	Iodoform	CHI_3	0.6	0.6	0.00019 ~ 1.1	-
이불화산소	Oxygen difluoride	OF_2	C 0.05	C0.05	0.098	0.5

유해물질의 명칭		화학식	노출기준 (2018) TWA (ppm)	TLV (2018) TWA (ppm)	냄새[주1) 역치 (ppm)	IDLH[주2) (1995 개정)
국문표기	영문표기					
이산화염소	Chlorine dioxide	ClO_2	0.1	0.1	0.1	5
이산화황(아황산가스)	Sulfur dioxide	SO_2	2	2	2.7	100
클로로아세트 알데히드	Chloroacetaldehyde	$ClCH_2CHO$	C 1	C 1	0.917	45
테트라하이드로퓨란	Tetrahydrofuran	C_4H_8O	50	50	31	2000 (LEL)
퍼클로로메틸 메캅탄	Perchloromethyl mercaptan	CCl_3SCl	0.1	0.1	0.097	10
퍼클로로에틸렌	Perchloroethylene	CCl_2CCl_2	25	-	47	-
포름알데히드	Formaldehyde	HCHO	0.3	C0.3	0.87	20
푸르푸릴알콜	Furfuryl alcohol	$C_4H_3OCH_2OH$	10	10	8.0	75
헥실렌글리콜	Hexylene glycol	$(CH_3)_2COHCH_2CHOHCH_3$	C 25	C 25	49.9	-
헵탄	Heptane	$CH_3(CH_2)_5CH_3$	400	400	230	750
α -클로로아세토페논	a-Chloroacetophenone	$C_6H_5COCH_2C$	0.05	0.05	0.026	15 mg/m^3

❑냄새가 나서 정화통을 갈아 주면 건강상 매우 위험한 물질 (제III그룹)

여기에 해당하는 물질들은 우선적으로 독성이 강하여 노출기준이 낮은 것들이다. 이미 냄새를 맡았을 때에는 노출기준을 몇 십에서 몇 백 배 초과한 경우도 있다. 예를 들어, 사염화탄소는 냄새를 맡았다면 이미 노출기준을 50배 초과한 것이고 산화에틸렌은 냄새를 맡는 즉시 노출기준을 420배나 초과한 것이다. 따라서 이들 물질들이 발생하는 작업장에서 정화통을 교체하는 방법은 절대로 냄새에 의존해서는 안 된다. 이들 물질들이 발생하는 작업장에서는 정교한 정화통 서비스 수명 예측 프로그램을 실시하여야 한다.

한편, 침지 등 제조 작업장에서 많이 사용하는 물질로는 짙은 회색으로 표시된 트리클로로에틸렌(TCE) 한 가지이다.

〈표 2-7〉 냄새 역치가 노출기준의 2배 이상인 물질(제III그룹)

유해물질의 명칭		화학식	노출기준 (2018) TWA (ppm)	TLV (2018) TWA (ppm)	냄새[주1) 역치 (ppm)	IDLH[주2) (1995 개정)
국문표기	영문표기					
1,1,2,2-테트라클로로 에탄	1,1,2,2-Tetrachloro ethane	$CHCl_2CHCl_2$	1	1	7.3	100
1,1-디메틸히드라진	1,1-Dimethyl hydrazine	$(CH_3)_2NNH_2$	0.01	0.01	9.2	15
1,1-디클로로에탄	1,1-Dichloroethane	CH_3CHCl_2	100	100	255	3000
1,2,3-트리클로로 프로판	1,2,3-Trichloro propane	$CH_2ClCHClCH_2Cl$	10	10	100	100

유해물질의 명칭		화학식	노출기준 (2018) TWA (ppm)	TLV (2018) TWA (ppm)	냄새[주1] 역치 (ppm)	IDLH[주2] (1995 개정)
국문표기	영문표기					
1,2-디클로로에탄	1,2-Dichloro ethane	ClCHCHCl	10	-	26	-
1-니트로프로판	1-Nitropropane	$CH_3CH_2CH_2NO_3$	25	25	140	1000
m-톨루이딘	m-Toluidine	$CH_3C_6H_4NH_2$	2	2	0.46 ~ 5.9	-
n-메틸 아닐린	n-Methyl aniline	$C_6H_5NHCH_3$	0.5	0.5	1.74	-
n-프로필 니트레이트	n-Propyl nitrate	$C_3H_8NO_3$	25	25	50	500
o-톨루이딘	o-Toluidine	$CH_3C_6H_4NH_2$	2	2	0.025 ~ 6.6	50
개미산	Formic acid	HCOOH	5	5	28.2	30
니켈 카르보닐	Nickel carbonyl, as Ni	$Ni(CO_4)$	0.001	0.05	0.5 ~ 3.0	2
디메틸아세트아미드	Dimethyl acetamide	$CH_3CON(CH_3)_2$	10	10	47.9	300
디메틸포름아미드	Dimethylformamide	$HCON(CH_3)_2$	10	10	100	500
디보란	Diborane	B_2H_6	0.1	0.1	1.8~3.5	15
디에틸렌트리아민	Diethylene triamine	$(NH_2CH_2CH_2)_2NH$	1	1	9.3	-
디클로로메탄	Dichloromethane	CH_2Cl_2	50	50	160	-
디프로필렌 글리콜메틸 에테르	Dipropylene glycol methyl ether	$CH_3CH(OCH_3)CH_2OCH_2CH(OH)CH_3$	100	-	1000	600
메틸 2-시아노아크릴레이트	Methyl 2-cyanoacrylate	$CH_2C(CN)COOCH_3$	2	0.2	2.16	-
메틸 아크릴로니트릴	Methyl acrylonitrile	CH_2CCH_3CN	1	1	6.8	-
메틸 이소시아네이트	Methyl isocyanate	CH_3NCO	0.02	0.02	2.1	3
메틸 포메이트	Methyl formate	$HCOOCH_3$	100	100	2000	4500
메틸 하이드라진	Methyl hydrazine	CH_3NHNH_2	0.01	0.01	1.71	20
메틸시클로헥사놀	Methyl cyclohexanol	$C_7H_{14}O$	50	50	490	500
벤젠	Benzene	C_6H_6	0.5	0.5	61	500
부틸알코올(제3)	tert-Butyl alcohol	$(CH_3)_3COH$	100	100	960	1600
사산화오스뮴	Osmium tetroxide, as Os	OsO_4	0.0002	0.0002	0.002	1mg Os/m³
사염화탄소	Carbon tetrachloride	CCl_4	5	5	252	200
산화에틸렌	Ethylene oxide	$(CH_2)_2O$	1	1	420	800
시아노겐	Cyanogen	$(CN)_2$	10	10	231	-
시클로헥산	Cyclohexane	C_6H_{12}	200	100	780	1300 (LEL)
아르신 (삼수소화 비소)	Arsine	AsH_3	0.005	0.005	<1.0	3
아세토니트릴	Acetonitrile	CH_3CN	20	20	1160	500
아크로레인	Acrolein	CH_2CHCHO	0.1	C0.1	1.8	2
알릴 알코올	Allyl alcohol	CH_2CHCH_2OH	0.5	0.5	1.7	20
에틸렌이민	Ethylenimine	$(CH_2)_2NH$	0.5	0.5	1.5	100
염화 시아노겐	Cyanogen chloride	CClN	C 0.3	C 0.3		-
이산화탄소	Carbon dioxide	CO_2	5,000	5000	74000	40000
이소프로필 글리시딜 에테르	Isopropyl glycidyl ether (IGE)	$C_6H_{12}O_2$	50	50	297	400
클로로포름	Chloroform	$CHCl_3$	10	10	192	500

유해물질의 명칭		화학식	노출기준 (2018) TWA (ppm)	TLV (2018) TWA (ppm)	냄새[주1] 역치 (ppm)	IDLH[주2] (1995 개정)
국문표기	영문표기					
(틀리클로로메탄)						
클로로피크린	Chloropicrin	CCl_3NO_2	0.1	0.1	1.08	2
터펜틴(테레빈유)	Turpentine	$C_{10}H_{16}$	20	20	100~200	800
톨루엔-2,4-디이소시아네이트	Toluene-2,4-diisocyanate(TDI)	$CH_3C_6H_3(NCO)_2$	0.005	0.005	2.14	2.5
톨루엔-2,6-디이소시아네이트	Toluene-2,6-diisocyanate(TDI)	$CH_3C_6H_3(NCO)_2$	0.005	0.005	2.14	2.5
트리클로로에틸렌	Trichloroethylene	CCl_2CHCl	10	10	82	1000
퍼클로릴 플루오라이드	Perchloryl fluoride	ClO_3F	3	3	11	100
펜타보레인	Pentaborane	B_5H_9	0.005	0.005	0.97	1
포름 아미드	Formamide	$HCONH_2$	10	10	80	-
포스겐	Phosgene	$COCl_2$	0.1	0.1	0.55	2
프로필렌 글리콜디니트레이트	Propylene glycol dinitrate	$C_3H_6N_2O_6$	0.05	0.05	0.24	-
하이드라진	Hydrazine	$(NH_2)_2$	0.05	0.01	3.7	50
하이드로겐 셀레늄	Hydrogen selenide, as Se	H_2Se	0.05	0.05	0.3	1
헥사메틸렌디이소시아네이트	Hexamethylene Diisocyanate	$C_{15}H_{22}N_2O_2$	0.005	0.005	0.01	-
헥사클로로시클로펜타디엔	Hexachlorocyclo pentadiene	C_5Cl_6	0.01	0.01	0.03	-

❑ 냄새가 없거나 냄새 역치 자료가 없는 물질 (제IV그룹)

이들 물질들에 대해서는 냄새에 의존할 수 있는 물질들이 아니다. 따라서 앞서 언급한 이미 냄새를 맡았을 때 심각한 건강상 문제를 야기할 수 있는 물질과 동일한 방법을 취해야 할 것이다.

〈표 2-8〉 냄새가 없거나 냄새 역치 자료가 없는 물질 (제IV그룹)

유해물질의 명칭		화학식	노출기준 (2018) TWA (ppm)	TLV (2018) TWA (ppm)	냄새[주1] 역치 (ppm)	IDLH[주2] (1995 개정)
국문표기	영문표기					
1,1,1,2-테트라클로로-2,2-디플로로에탄	1,1,1,2-Tetrachloro-2,2-difluoroethane	$CCl_3{\cdot}CClF_2$	500	500		2000
1,1,2,2-테트라클로로-1,2-디플로로에탄	1,1,2,2-Tetrachloro-1,2-difluoroethane	$CCl_2F{\cdot}CCl_2F$	500	500		2000
1,1,2-트리클로로에탄	1,1,2-Trichloroethane	$CHCl_2CH_2Cl$	10	10		100
1,1-디클로로-1-니트로에탄	1,1-Dichloro-1-nitroethane	$CH_3CCl_2NO_2$	2	2		25
1,1-디클로로-1-플루오로에탄	1,1-Dichloro-1-fluoro ethane	$C_2Cl_2FH_3$	500	-		-

유해물질의 명칭		화학식	노출기준 (2018) TWA (ppm)	TLV (2018) TWA (ppm)	냄새[주1) 역치 (ppm)	IDLH[주2) (1995 개정)
국문표기	영문표기					
1,1-디클로로에틸렌	1,1-Dichloroethylene	CH_2CCl_2	5	-		-
1,2-디아미노에탄	1,2-Diaminoethane	CH_2BrCH_2Br	10	-		-
1,2-에폭시프로판	1,2-Epoxypropane	CH_3CHOCH_2	2	-		-
1-브로모프로판	1-Bromopropane	CH3CH2CH2Br	25	10		-
1-클로로-1-니트로프로판	1-Chloro-1-nitropropane	$C_2H_5ClNO_2$	2	2		100
1-클로로-2,3-에폭시 프로판	1-Chloro-2,3-epoxy propane	C_3H_5OCl	0.5	-		-
2,2-디크로로프로피온산	2,2-Dichloropropionic acid	CH_3CCl_2COOH	6 mg/m^3	5mg/m^3		-
2,3-에폭시-1- 프로판올	2,3-Epoxy-1-propanol	$C_3H_6O_2$	2	-		-
2-브로모프로판	2-Bromopropane	$(CH_3)_2CHBr$	1	-		-
2-아미노에탄올	2-Aminoethanol	$HOCH_2CH_2NH_2$	3	-		-
2-아미노피리딘	2-Aminopyridine	$NH_2C_5H_4N$	0.5	0.5		5
2-클로로-1,3-부타디엔	2-Chloro-1,3-butadiene	$CH_2CClCHCH_2$	10	-		-
2-클로로에탄올	2-Chloroethanol	CH_2ClCH_2OH	C 1	-		-
2-하이드록시 프로필 아크릴레이트	2-Hydroxypropyl acrylate	$CH_2CHCOOCH_2CHOHCH_3$	0.5	0.5		-
2-헥사논(메틸 노말 부틸 케톤)	2-Hexanone	$CH_3COCH_2CH_2CH_2CH_3$	5	-		1600
2-헵타논(메틸 노말 아밀케톤	2-Heptanone	$CH_3CO_5CH_{11}$	50	-		-
2-N-디부틸아미노에탄올	2-N-Dibutylaminoethanol	$(C_4H_9)_2NCH_2CH_2OH$	2	0.5		-
4,4´ -메틸렌디아닐린	4,4´ -Methylene dianiline	$H_2NC_6H_4CH_2C_6H_4NH_2$	0.1	0.1		-
4,4´ -메틸렌비스 (2-클로로아닐린)	4,4´ -Methylene bis(2-chloroaniline)	$CH_2(C_6H_4ClNH_2)_2$	0.01	0.01		-
bis-(클로로메틸)에테르	bis-(Chloromethyl)ether	$O(CH_2Cl)_2$	0.001	0.001		-
n-부틸 글리시딜에테르	n-Butyl glycidyl ether(BGE)	$C_4H_9OCH_2CHOCH_2$	25	3		250
n-이소프로필아닐린	n-Isopropyl aniline	$C_6H_5NHCH(CH_3)_2$	2	2		-
o-메틸시클로헥사논	o-Methylcyclohexanone	$C_7H_{12}O$	50	50		600
o-부틸페놀(제2)	o-sec-Butylphenol	$C_2H_5(CH_3)CHC_6H_4OH$	5	5		-
o-클로로벤질리덴	o-Chlorobenzylidene	$ClC_6H_4CHC(CN)_2$	C 0.05	C 0.05		2mg/m^3
o-클로로스티렌	o-Chlorostyrene	C_8H_7Cl	50	50		-
p-니트로클로로벤젠	p-Nitrochlorobenzene	$ClC_6H_4NO_2$	0.1	0.1		100 mg/m^3
p-벤조퀴논	p-Benzoquinone	OC_6H_4O	0.1	-		-
p-부틸톨루엔(제3)	p-tert-Butyltoluene	$CH_3C_6H_4C_4H_3$	10	1		100
게르마늄 테트라하이드라이드	Germaniun tetrahydride	GeH_4	0.2	0.2		-
과산화수소	Hydrogen peroxide	H_2O_2	1	1		75
니트로 글리세린	Nitroglycerin(NG)	$CH_2NO_3CHNO_3CH_2NO_3$	0.05	0.05		75

유해물질의 명칭		화학식	노출기준 (2018) TWA (ppm)	TLV (2018) TWA (ppm)	냄새[주1] 역치 (ppm)	IDLH[주2] (1995 개정)
국문표기	영문표기					
니트로글리콜	Nitroglycol	$(CH_2ONO_2)_2$	0.2	0.2		-
데미톤	Demeton	$(C_2H_5O)_2PSOC_2H_4SC_2H_5$	0.01	0.01		10 mg/m³
디글리시딜에테르	Diglycidyl ether (DGE)	$C_6H_{10}O_3$	0.1	0.01		10
디니트로벤젠 (모든 이성체)	Dinitrobenzene (all isomers)	$C_6H_4(NO_2)_2$	0.15	0.15		50 mg/m³
디메톡시메탄	Dimethoxymethane	$CH_3OCH_2OCH_3$	1,000	-		-
디메틸 설페이트	Dimethy1 sulfate	$(CH_3)_2SO_4$	0.1	0.1		7
디메틸벤젠(오르토,메타, 파라-이성체)	Dimethylbenzene (o,m,p-isomers)	$C_6H_4(CH_3)_2$	100	-		-
디메틸아미노벤젠	Dimethy1aminobenzene	$(CH_3)_2C_6H_3NH_2$	0.5	-		500
디부틸포스페이트	Dibutyl phosphate	$(C_4H_9O)_2(OH)PO$	1	1		30
디비닐 벤젠	Divinyl benzene	$C_6H_5CHCH_2$	10	10		-
디아조메탄	Diazomethane	CH_2N_2	0.2	0.2		2
디에틸 에테르	Diethyl ether	$C_2H_5OC_2H_5$	400	-		-
디클로로디플루오로메탄	Dichlorodifluoromethane	CCl_2F_2	1,000	1000		15000
디클로로아세틸렌	Dichloroacetylene	ClCCCl	C 0. 1	C 0. 1		-
디클로로테트라플루오로에탄	Dichlorotetrafluoroethane	$F_2ClCCClF_2$	1,000	1000		15000
디클로로프로펜	Dichloropropene	$CHClCHCH_2Cl$	1	1		-
디클로로플루오로메탄	Dichlorofluoromethane	$CHCl_2F$	10	10		-
디클로르보스	Dichlorvos	$(CH_3O)_2POOCHCCl_2/C_4H_7Cl_2O_4P$	0.01	0.1 mg/m³		100
디페닐메탄 디이소시아네이트	Diphenylmethane diisocyanate	$NCOC_6H_4CH_2C_6H_4NCO$	0.005	-		-
디프로필 케톤	Dipropyl ketone	$(CH_3CH_2CH_2)CO$	50	50		-
디플루오로디브로모메탄	Difluorodibromomethane	CBr_2F_2	100	100		2000
러버 솔벤트	Rubber solvent(Naphtha)	-	400	400		-
레조시놀	Resorcinol	$C_6H_4(OH)_2$	10	10		-
메빈포스	Mevinphos	$(CH_3O)_2PO_2C(CH_3)=CHCOOCH$	0.01	0.01 mg/m³		-
메타크릴 산	Methacrylic acid	CH_2CCH_3COOH	20	20		-
메틸 아세틸렌	Methyl acetylene	C_3H_4	1,000	1000		1700 (LEL)
메틸 에틸 케톤 퍼옥사이드	Methyl ethyl ketone peroxide	$C_8H_{16}O_4/C_8H_{18}O_6$	C 0.2	C 0.2		-
메틸 요오드	Methyl iodide	CH_3I	2	2		100
메틸 이소프로필 케톤	Methyl isopropyl ketone	$(CH_3)_2CHCOCH$	200	200		-
메틸 클로라이드	Methyl chloride	CH_3Cl	50	50		2000
메틸실리케이트	Methyl silicate	$(CH_3O)_4Si$	1	1		-

유해물질의 명칭		화학식	노출기준 (2018) TWA (ppm)	TLV (2018) TWA (ppm)	냄새[주1] 역치 (ppm)	IDLH[주2] (1995 개정)
국문표기	영문표기					
배노밀	Benomyl	$C_{14}H_{18}N_4O_3$	0.8	10mg/㎥		-
브로마실	Bromacil	$CaH_{13}BrN_2O_2$	1	10mg/㎥		-
브로모클로로메탄	Bromochloromethane	CH_2BrCl	200	-		-
브롬화 메틸	Methyl bromide	CH_3Br	1	1		250
브롬화 비닐	Vinyl bromide	C_2H_3Br	5	0.5		
비닐 시클로 헥센디옥사이드	Vinyl cyclohexene dioxide	$C_8H_{12}O_2$	10	0.1		-
사브롬화 아세틸렌	Acetylene tetrabromide	$CHBr_2CHBr_2$	1	-		8
사브롬화 탄소	Carbon tetrabromide	CBr_4	0.1	0.1		-
삼불화염소	Chlorine trifluoride	ClF_3	C 0.1	C 0.1		20
삼불화질소	Nitrogen trifluoride	NF_3	10	10		1000
삼브롬화붕소	Boron tribromide	BBr_3	C 1	C 1		-
설퍼릴 플루오라이드	Sulfuryl fluoride	SO_2F_2	5	5		200
설퍼테트라플루오라이드	Sulfur tetrafluoride	SF_4	C 0.1	C 0.1		-
설퍼펜타플루오라이드	Sulfur pentafluoride	S_2F_{10}	C 0.01	C 0.01		1
소디움 아지이드	Sodium azide	NaN_3	C 0.1	C 0.1		-
스티빈	Stibine	SbH_3	0.1	-		5
시클로펜탄	Cyclopentane	C_5H_{10}	600	600		-
실레인	Silane	SiH_4	5	-		-
알릴글리시딜에테르	Allyl glycidyl ether(AGE)	$CH_2CHCH_2 OC_3H_5O$	1	1		50
알릴프로필 디설파이드	Allylpropyl disulfide	$CH_2CHCH_2S_2C_3H_7$	2	0.5		-
액화 석유가스	L.P.G(Liquified petroleum gas)	$C_3H_6/C_3H_8/C_4H_8/C_4H_{10}$	1,000	1000		2000 (LEL)
에틸렌 글리콜메틸에테르 아세테이트	Ethylene glycol methyl ether acetate	$CH_3COOCH_2CH_2OCH_3$	5	-		-
염화티오닐	Thionyl chloride	$SOCl_2$	C 1	C 1		-
오불화 브롬	Bromine pentafluoride	BrF_5	0.1	0.1		-
오카르보닐 철 (펜타카르 보닐철)	Iron pentacarbonyl, as Fe	$Fe(CO)_5$	0.1	0.1		-
요오드	Iodine	I_2	C 0.1	C 0.1		2
육불화 셀레늄	Selenium hexafluoride, as Se	SeF_6	0.05	0.05		2
육불화 텔레늄	Tellurium hexafluoride, as Te	TeF_6	0.02	0.02		1
육불화 황	Sulfur hexafluoride	SF_6	1,000	1000		-
이소옥틸 알콜	Isooctyl alcohol	$C_7H_{15}CH_2OH$	50	50		-
이소포론 디이소시아네이트	Isophorone diisocyanate	$C_{12}H_{18}N_2O_2$	0.005	0.005		-
이염화아세틸렌	Acetylene dichloride	$CHClCHCl$	200	200		-
일산화질소	Nitric monoxide	NO	25	-		-
일산화탄소	Carbon monoxide	CO	30	25		1200
초산 제2아밀	sec-Amyl acetate	$CH_3COOCH(CH_3)(CH_2)CH_3$	125	-		1000

유해물질의 명칭		화학식	노출기준 (2018) TWA (ppm)	TLV (2018) TWA (ppm)	냄새[주1) 역치 (ppm)	IDLH[주2) (1995 개정)
국문표기	영문표기					
카르보닐 클로라이드	Carbonyl chloride	$COCl_2$	0.1	-		-
카보닐 플루오라이드	Carbonyl fluoride	COF_2	2	2		-
카테콜	Catechol	$C_6H_4(OH)_2$	5	5		-
케텐	Ketene	CH_2CO	0.5	0.5		5
크로밀클로라이드	Chromyl chloride	CrO_2Cl	0.025	0.025		-
클로로디플루오로메탄	Chlorodifluoromethane	$CHClF_2$	1,000	1000		-
클로로아세틸클로라이드	Chloroacetyl chloride	$ClCH_2COCl$	0.05	0.05		-
클로로에틸렌	Chloroethylene	CH_2CHCl	1	-		-
클로로펜타플루오로에탄	Chloropentafluoro ethane	$ClCF_2CF_3$	1,000	1000		-
터페닐	Terphenyls	$C_{18}H_{14}$	C 0.5	C 5		500 mg/m³
테트라니트로메탄	Tetranitromethane	$C(NO_2)_4$	1	0.005		4
테트라메틸 숙시노니트릴	Tetramethyl succinonitrile	$C_8H_{12}N_2$	0.5	0.5		5
톨루엔-2,6-디이소시아네이트	Toluene-2,6-diisocyanate (TDI)	$CH_3C_6H_3(NCO)_2$	0.005	0.005		-
트리메틸 포스파이트	Trimethyl phosphite	$(CH_3O)_3P$	2	2		-
트리메틸아민	Trimethylamine	$(CH_3)_3N$	5	5		-
트리멜리틱 안하이드리드	Trimellitic anhydride	$C_9H_4O_5$	0.005	C 0.04		-
트리부틸 포스페이트	Tributyl phosphate	$(C_4H_9O)_3PO$	0.2	0.2		30
티오글리콜산	Thioglicolic acid	$C_2H_4O_2S$	1	1		-
티이피피	TEPP	$(C_2H_5)_4P_2O_7$	0.004	-		5mg/m³
페닐 글리시딜 에테르	Phenyl glycidyl ether(PGE)	$C_6H_5OCH_2CHOCH_2$	1	0.1		100
페닐 포스핀	Phenyl phosphine	$C_6H_5PH_2$	C 0.05	C 0.05		-
페닐 하이드라진	Phenyl hydrazine	$C_6H_5NHNH_2$	5	0.1		15
포스포러스 트리클로라이드	Phosphorus trichloride	PCl_3	0.2	0.2		25
포스포러스 펜타클로라이드	Phosphorus pentachloride	PCl_5	0.1	0.1		-
포스포러스옥시클로라이드	Phosphorus oxychloride	$POCl_3$	0.1	0.1		-
프로필렌 이민	Propylene imine	C_6H_7N	2	2		100
프로필렌 클리콜모노메틸 에테르	Propylene glycol monomethyl ether	$CH_3OCH_2CHOHCH_3$	100	-		-
플루오로트리클로로메탄	Fluorotrichloromethane	CCl_3F	C 1,000	-		-
하이드로게네이티드 터페닐	Hydrogenated terphenyls	$C_6H_5C_6H_4C_6H_5$	0.5	-		-
헥사클로로부타디엔	Hexachlorobutadiene	$CCl_2CClCClCCl_2$	0.02	0.02		-
헥사플루오로아세톤	Hexafluoroacetone	F_3CCOCF_3	0.1	0.1		-
β -프로피오락톤	β -Propiolactone	$C_3H_4O_2$	0.5	0.5		-

❑ 작업 현장에서 효과적인 정화통 교체주기 방법

작업현장에서 정화통 교체주기를 알 수 있는 현실적인 방법은 [그림 2-13]이다.

작업 현장에서 효과적인 정화통 교체주기 방법

① 작업현장에서 발생하는 오염물질에 대해 작업환경을 측정하고 이 물질들의 냄새역치와 노출기준과 비교한다.

② 제1그룹 물질: 냄새역치가 노출기준의 0.5배보다 낮아서 냄새를 처음 맡았어도 인체에 크게 위험하지 않을 것으로 예상되는 물질들이다.

이 물질들에 대해서는 냄새가 나는 즉시 정화통을 교체하면 노출기준보다 훨씬 낮은 농도에서 교체하는 것이기 때문에 근로자에게 크게 문제가 되지 않는다. 이 같은 물질들은 대부분이 독성이 그다지 크지 않은 물질들이다.

이 물질들에 대해서는 냄새가 나는 즉시 교체하는 것으로 정화통 주기를 맞추면 된다. 그러나 후각이 근로자들마다 다르기 때문에 보다 정확한 교체주기를 알기 위해서는 필요 시 『정화통 서비스 수명예측 프로그램』을 수행하여 확인하는 것이 바람직하다. 정화통 서비스 수명예측 프로그램은 2007년 안전보건공단 연구보고서를 참고한다(안전보건공단, 2007).

③ 제II그룹 물질: 여기에 속하는 물질들은 냄새역치가 노출기준의 0.5내지 2.0배에 속하는 물질들이다. 이 물질들은 냄새를 처음 맡았을 때 정화통을 교체하면 위험할 수도 있는 물질들이다. 이 물질들에 대해서는 냄새나는 즉시 정화통을 교체해야하며 반드시 『정화통 서비스 수명예측 프로그램』을 수행하여 정화통의 실질적인 수명을 찾아야 한다.

④ 제III과 제IV그룹 물질: 여기에 속한 물질들은 대부분이 독성이 강한 물질들이다. 즉, 냄새를 맡았을 때는 이미 노출기준의 2배가 넘었거나 냄새가 없거나 아직까지 냄새역치에 대한 자료가 없어서 냄새와 노출기준과의 관계가 명확하지 않은 것들이다.

이들 물질들은 냄새를 맡았을 때 매우 위험할 수 있기 때문에 정화통 교체주기를 알기 위해서는 우선적으로 통제된 실험실에서 정화통 교체시기를 정확히 알고 교체주기를 결정해야 한다.

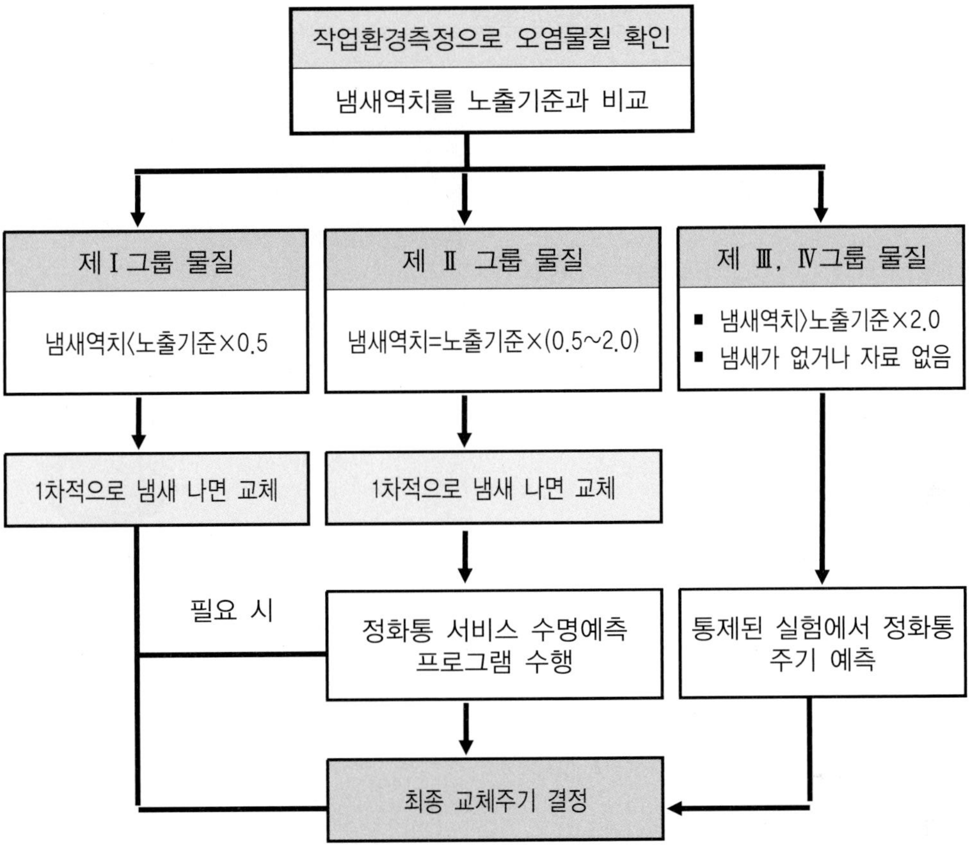

[그림 2-13] 작업 현장에서 정화통 교체주기를 알 수 있는 현실적인 방법

(5) 정화통의 종류와 등급

고용노동부 고시(2017)에서 정한 방독마스크 정화통의 종류는 <표 2-9>이며 등급은 <2-10>이다.

단일 물질에 대한 방독마스크 정화통의 종류는 유기화합물용 등 6개이며 정화통의 종류에 따라 정해진 색깔이 있다. 복합가스용은 해당 가스에 대해 층별로 따로 분리하도록 하였다.

등급은 고, 중, 저농도 및 최저농도로 3개 등급으로 나눈다. 일반적으로 현재 제조사에서는 저농도 및 최저농도 등급을 만들며 중농도는 일부 제품만, 고농도는 거의 제조하고 있지 않다.

〈표 2-9〉 우리나라 방독마스크 정화통의 종류

종류	시험물질	표시 색	제품의 예
유기화합물용 정화통	•시클로헥산(C_6H_{12}) •디메틸에테르(CH_3OCH_3) •이소부탄(C_4H_{10})	갈 색	
할로겐용 정화통	염소가스 또는 증기(Cl_2)	회 색	
황화수소용 정화통	황화수소가스(H_2S)		
시안화수소용 정화통	시안화수소가스(HCN)		
아황산용 정화통	아황산가스(SO_2)	노랑색	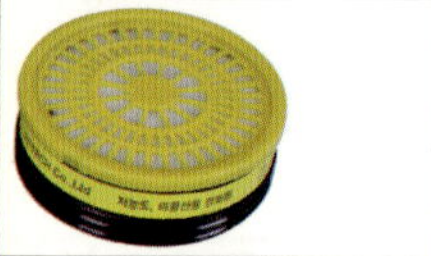
암모니아용 정화통	암모니아가스(NH_3)	녹 색	
복합용 및 겸용의 정화통	해당 시험가스에 대하여 각각 측정	• 복합용의 경우 해당가스 모두 표시 (2층 분리) • 겸용의 경우 백색 과 해당가스 모두 표시(2층 분리)	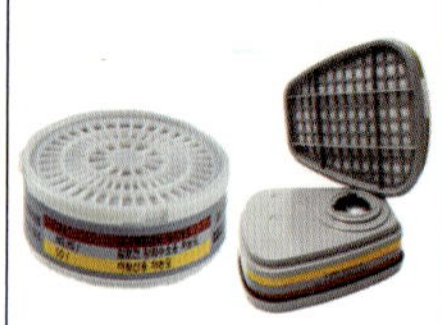

〈2-10〉 방독마스크의 등급

등 급	사 용 장 소
고농도	가스 또는 증기의 농도가 100분의 2(암모니아에 있어서는 100분의 3) 이하의 대기 중에서 사용하는 것
중농도	가스 또는 증기의 농도가 100분의 1(암모니아에 있어서는 100분의 1.5) 이하의 대기 중에서 사용하는 것
저농도 및 최저농도	가스 또는 증기의 농도가 100분의 0.1 이하의 대기 중에서 사용하는 것으로서 긴급용이 아닌 것
비고 : 방독마스크는 산소농도가 18% 이상인 장소에서 사용하여야 하고, 고농도와 중농도에서 사용하는 방독마스크는 전면형(격리식, 직결식)을 사용해야 한다.	

(6) 사용 시 주의사항

① 방진마스크와 마찬가지로 방독마스크는 산소결핍장소에서는 절대 사용해서는 안 된다. 산소결핍이란 우리나라에서는 산소농도 18% 미만, 미국에서는 19.5 % 미만을 의미한다.

② 방독마스크 정화통은 정해진 가스/증기에 대해 보호할 수 있다. 예를 들어, 산가스용 정화통을 유기증기용으로 사용한다면 충분한 보호 효과를 볼 수 없다.

③ 경고특성이 확실한 물질에만 사용 가능하다. 경고특성이 확실하지 않은 물질 예를 들어, 무색·무취·무미인 일산화탄소는 파과가 일어나도 착용자는 전혀 알 수가 없다. 이런 경우에는 파과가 일어나고 있음을 알리는 지시계가 필요하다.

④ 탈출 목적 이외에는 IDLH에서 사용해서는 안 된다. IDLH는 인터넷을 통하여 쉽게 그 정보를 얻을 수 있다. 산소결핍과 IDLH에서는 반드시 공기공급식 호흡보호구인 송기마스크나 공기호흡기를 착용해야 한다.

⑤ 정화통은 보관할 때 공기 중 수증기를 흡수하기 때문에 보호조치가 필요하다. 수증기를 빨아들이면 유기화합물용 정화통은 포집효과가 떨어질 것이지만 반대로 산이나 알카리용 정화통은 포집효과가 더 좋아진다. 착용하지 않은 채 작업환경에 그대로 방치하면 오염물질을 계속적으로 흡착하게 서비스 수명이 짧아진다. 따라서 사용 직전에 포장을 해체한다.

3) 입자상 물질 및 가스/증기 제거: 방진방독겸용 마스크 (Combination Particulate/Vapor Respirator)

이것은 입자상 물질과 가스/증기가 동시에 발생하는 작업장 예를 들어, 페인트 스프레이 도장작업, 농약살포 작업 등에서 사용된다. 심지어 용접작업도 흄만 나오는 것이 아니라 오존, 일산화탄소, 질소산화물 등이 발생하기 때문에 방진방독겸용 마스크를 착용해야 한다(그림 2-15).

이 정화통은 겉으로 보기에는 방독정화통인 카트리지나 캐니스터와 동일하지만 방진필터와 방독 여과제가 같이 들어 있다. A 타입은 정화통 안에 방진필터가 들어있는 일체형이고 B 타입은 정화통 밖에 방진필터를 넣고 탈부착(Snap-on) 커버가 겉에 부착된 분

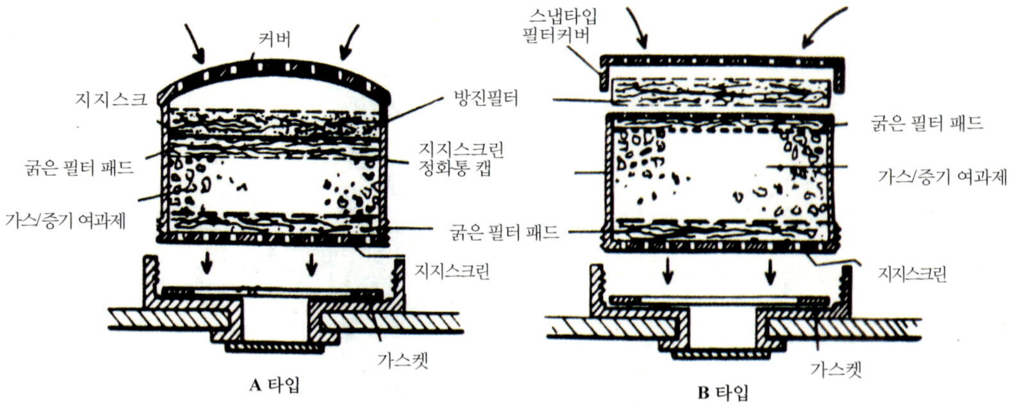

[그림 2-14] 방진방독겸용 마스크의 두 타입 (자료 출처: NIOSH)

리형이다(그림 2-14). 방진필터가 정화통과 결합해서 사용해야 하는 장소에서는 방진필터가 정화통 안쪽에 항상 부착되어 있어야 하기 때문에 A 타입인 일체형이 바람직하다. 농약살포나 페인트 스프레이 도장작업에서는 반드시 방진방독 겸용마스크를 착용해야

[그림 2-15] 방진방독겸용마스크와 겸용정화통

한다.

실제 연구에 의하면 제조업장의 60-70%에서 입자상물질과 가스/증기상 물질이 동시에 노출되기 때문에 방진방독겸용 마스크가 필요함에도 불구하고 대부분의 작업장에서는 이를 무시하고 방진 혹은 방독마스크만 착용하고 있다(안전보건공단, 2007).

4) 전동식 호흡보호구(Powered Air Purifying Respirator, PAPR)

호흡보호구를 착용했을 때 가장 큰 문제점은 압력강하로 인한 호흡의 어려움과 보호구 안에 음압이 형성되면 안면부와 피부접촉면 사이로 오염물질이 새어들어 오는 것이다. 이러한 문제점을 해결한 호흡보호구가 전동식 호흡보호구인데 이것은 블로워(Blower)를 이용하여 작업장의 오염된 공기를 호흡보호구 안으로 넣어주되 오염물질이 마스크 안으로 들어오기 전에 방진필터나 방독정화통 혹은 방진방독겸용 정화통을 통하여 공기를 정화하는 호흡보호구이다. 당연히 보호구 안은 양압이 만들어져 숨쉬기가 매우 용이하고 얼굴과 보호구 안면부 사이에 약간의 틈이 있어도 외부의 오염물질이 쉽게 들어오지 않는다. 그러나 전동기와 건전지 팩의 무게 때문에 약간의 신체적 부담이 있다.

우리나라 '보호구 안전인증 고시(2017)'에서는 전동식 호흡보호구를 전동식 방진마스크, 전동식 방독마스크, 전동식 후드 및 전동식 보안면으로 이 세 가지로 분류하고 있다.

형태는 여러 가지가 있으며 기본적으로 공기를 정화시킬 수 있는 여과제(방진필터, 방독정화통 혹은 겸용정화통), 블로워, 블로워를 돌릴 수 있는 모터와 전원, 안면부 면체, 연결튜브, 유량계로 구성된다(그림 2-16). 블로워 타입이나 블로워 전원공급 장치에 따라 형태는 달라진다. 고정된 블로워를 사용하기도 하는데 이 블로워는 보통 차량에 부착하여 긴 호스로 안면부와 연결된다. 블로워와 모터 일체형인 경우는 휴대용 건전지를 벨트에 착용하여 사용한다.

안면부는 머리와 얼굴을 감싸는 형태에 따라서 후드, 헬멧, 브라우스, 반면형·전면형 면체 타입으로 나눌 수 있다. 반면형·전면형의 밀착형 안면부 면체를 사용하는 경우 전동기 용량은 우리나라의 경우 사용시간이 최소 240분 이상일 것과 안면부로 공급되는 공기유량을 30분 동안 최소설계유량 이상일 것이라고 정하고 있다. 전동식 후드 및 전동식 보안면의 경우 이 외에도 공기유량은 정한 평균값이 120 L/min 이상이라고 규정하였다. 그러나 미국 NIOSH에서는 밀착형 안면부는 115 L/min 이상, 후드나 헬멧형은 170 L/min으로 규정하고 있다.

전동식 호흡보호구를 착용하는 작업장은 오염물질의 농도가 높거나 독성이 강한 물질이 존재하거나 감염성질환 감염이 우려되는 작업장이기 때문에 성능기준이 매우 엄격하다. 예를 들어, 여과제의 분진 등 포집효율은 전동식 특급 99.95%, 전동식 1급 99.5%, 전동식 2급 95.0% 이상이어야 한다. 비전동식 방진마스크 필터보다 훨씬 엄격하다는 것을 알 수 있다. 안면부 누설율도 전원을 켠 상태에서 특급 0.05%, 1급 0.5%, 2급 5% 이하이어야 한다. 특급 0.05%란 밖의 에어로졸 농도가 2,000 mg/m^{3}일 때 안으로 들어오는 에어로

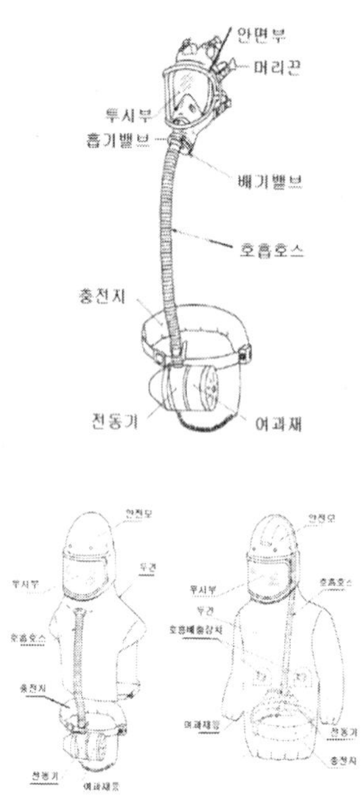

ⓐ 구조
(그림출처: 보호구 안전인증고시)

ⓑ 헬멧(3M)

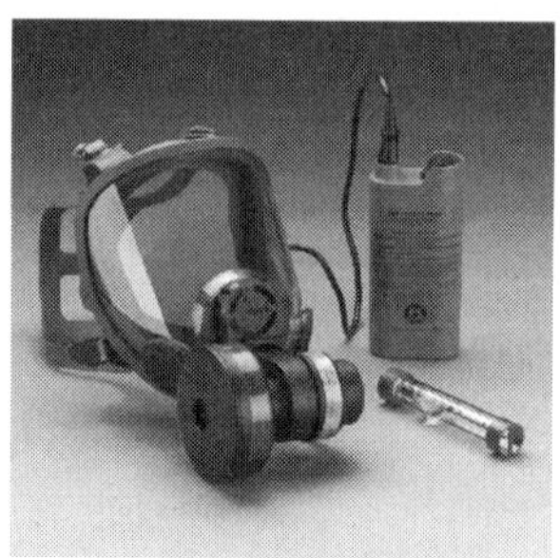

ⓒ 전면형(3M)

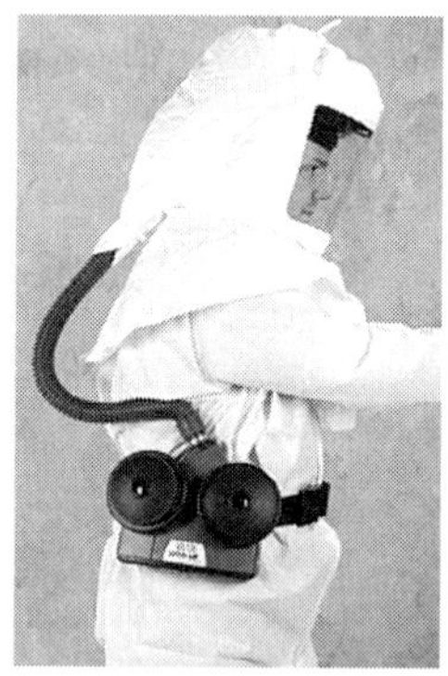

ⓓ 후드+블라우스 타입 (MSA)

ⓓ 후드+블라우스 타입
(오토스)

[그림 2-16] 전동식 호흡보호구(PAPR)

졸 농도는 1 mg/m^3이라는 의미이기 때문에 거의 오염물질이 호흡보호구 안으로 유입되지 않아야 한다는 의미이다.

최근 석면 해체·제거작업에서는 전면형 특급 전동식 방진마스크가 많이 사용되었고 MERS, SARS, 에볼라와 같이 치명적인 감염성 질환 감염이 우려되는 병원이나 의료시설에서는 후드+브라우스 타입 전동식 방진마스크가 많이 사용되었다.

전동식 호흡보호구는 공기공급식이 아니다. 이것은 호흡용 공기를 생산하지 못하며 단지 숨쉬기 편하도록 공기를 이송하는 장치이기 때문에 산소결핍장소나 IDLH에서 절대로 착용해서는 안 된다. 또 하나의 단점은 계속해서 일정량의 공기를 공급하기 때문에 정화통의 수명이 비전동식보다 훨씬 짧다는 것이다.

3. 공기공급식 호흡보호구(호흡장치, BA)

공기공급식 호흡보호구는 공기정화식 호흡보호구와는 달리 작업장 공기를 마시는 것이 아니다. 호흡보호구 안 공기는 밖의 공기와는 무관하게 외부에서 호스를 통하여 공급하거나 휴대하거나 만들어야 한다. 따라서 공기의 질이 매우 중요하다. 특히, 압축기에 의해 공기를 실린더에 압축시켜 저장한 후 사용하는 '공기호흡기'의 공기 질은 압축기가 오염물질을 발생시키지 말아야하기 때문에 더욱 중요하다.

1) 송기마스크(에어라인: Air Line)

송기마스크란 일정장소에 설치되어 있는 압축기(Compressor)나 압축공기실린더에서 호흡할 수 있는 공기를 보호구 안면부에 연결된 관을 통하여 공급하는 호흡보호구를 말한다.

고용노동부 '보호구 안전인증 고시(2017)'에 따르면 송기마스크의 종류와 등급은 <표 2-11>과 같이 종류로는 호스마스크, 에어라인 마스크, 복합식 에어라인 마스크로 나누고 등급은 일정유량형, 디맨드형, 압력디맨드형 등으로 나눈다. <표 2-11>의 구분에서'안면부'란 밀착형 반면형 혹은 전면형 마스크 면체를 말하며 페이스실드란 용접면과 같이 헬

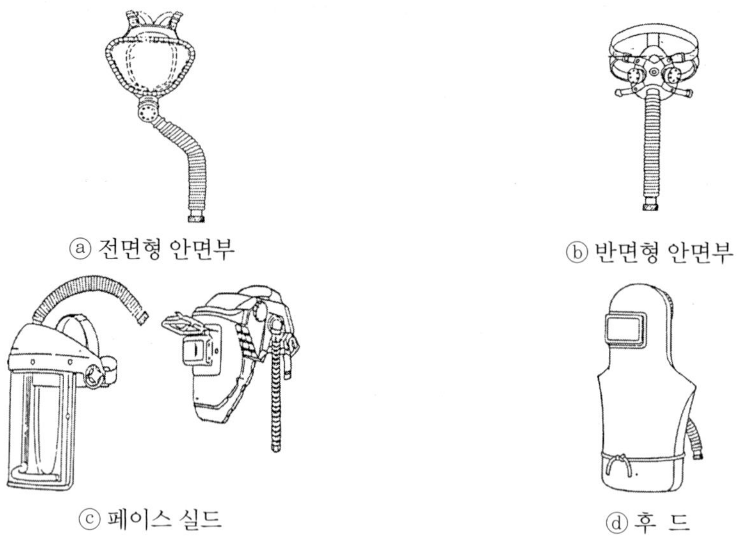

[그림 2-17] 에어라인 마스크의 여러 가지 면체 구분
(그림 출처: 고용노동부 고시 '보호구 안전인증 고시', 2017)

멧에 보안면이 붙은 것을 말한다(그림 2-17).

현재 작업장에서 호스 마스크는 거의 사용하고 있지 않고 대부분 에어라인마스크를 사용하고 있기 때문에 보통 송기마스크라고 하면 에어라인마스크를 의미한다. 에어라인 마스크는 다시 일정유량형(Continuous-flow Air-line)과 디맨드형(Demand)으로 나눈다. 일정유량형이란 압축공기를 착용자에게 송기하는 구조로서, 중간에 송기 풍량을 조절하기

〈표 2-11〉 송기마스크의 종류 및 등급

<table>
<tr><th>종 류</th><th colspan="2">등 급</th><th>구 분</th></tr>
<tr><td rowspan="3">호스 마스크</td><td colspan="2">폐력흡인형</td><td>안 면 부</td></tr>
<tr><td rowspan="2">송풍기형</td><td>전 동</td><td>안면부, 페이스실드, 후드</td></tr>
<tr><td>수 동</td><td>안 면 부</td></tr>
<tr><td rowspan="3">에어라인마스크</td><td colspan="2">일정유량형</td><td>안면부, 페이스실드, 후드</td></tr>
<tr><td colspan="2">디맨드형</td><td>안 면 부</td></tr>
<tr><td colspan="2">압력디맨드형</td><td>안 면 부</td></tr>
<tr><td rowspan="2">복합식
에어라인마스크</td><td colspan="2">디맨드형</td><td>안 면 부</td></tr>
<tr><td colspan="2">압력디맨드형</td><td>안 면 부</td></tr>
</table>

위한 유량조절장치를 갖추고 압축공기 중의 분진, 오일미스트 등을 여과하는 장치를 구비한 것이다(그림 2-18). 디맨드형은 착용자의 호흡량에 따라 안면부 면체 내로 송기하는 방식으로 호흡할 때 생기는 압력차이로 공기가 공급되는 방식이다. 다시 말해, 숨을 쉴 때 음압으로 인한 차압이 생기면 공기가 공급되는 것이다.

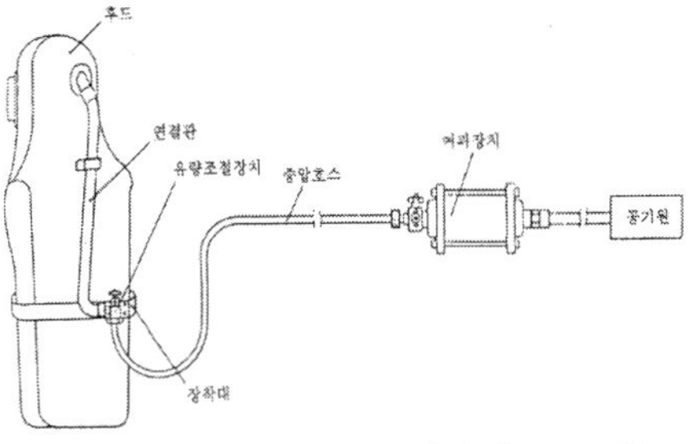

(그림출처: 보호구 안전인증 고시)

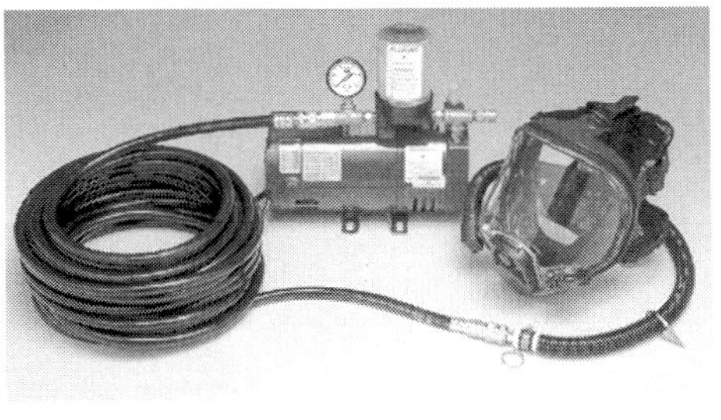

(제조사: Allegro Industries)

ⓐ 일정유량형 에어라인 마스크 구조

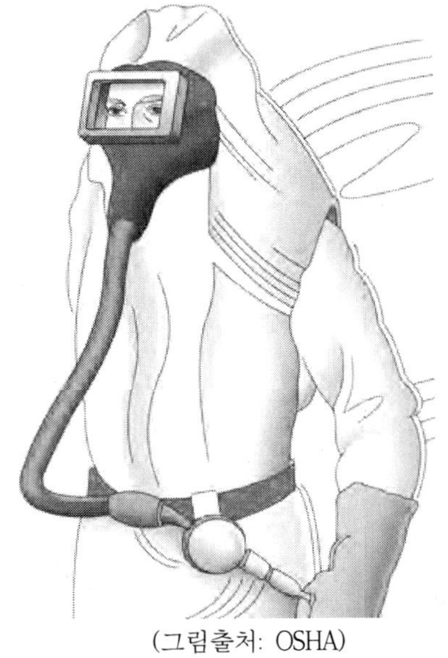

(그림출처: OSHA)

ⓑ 전면형 분사가공(Abrasive Blasting)용 일정유량형 에어라인 마스크

[그림 2-18] 일정유량형 에어라인 마스크

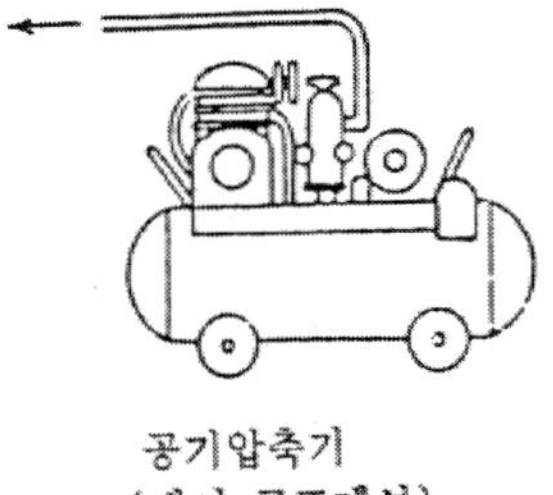

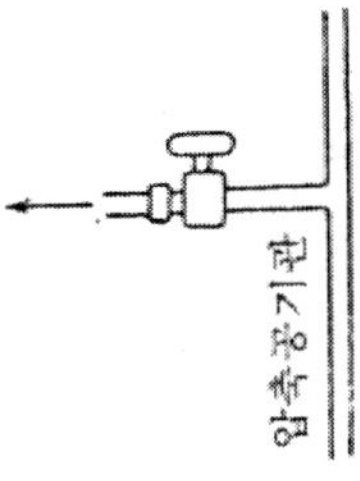

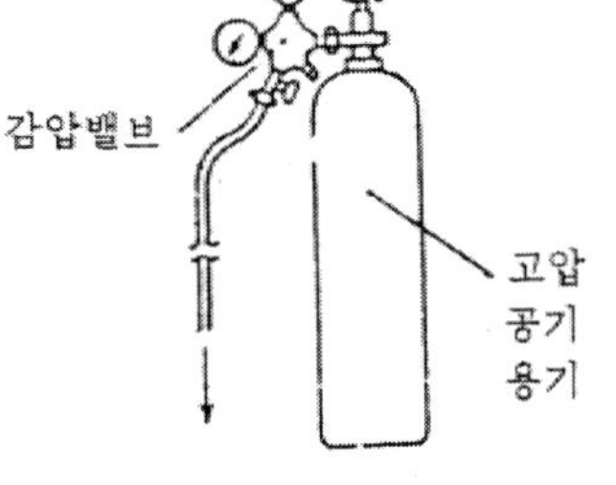

[그림 2-19] 에어라인 마스크의 공기공급원

에어라인 마스크는 안면부에 공기를 공급하여 양압을 유지함으로 안면부 누설율은 거의 없어야 하기 때문에 0.05% 이하로 매우 엄격하다(밖에 농도 2,000 mg/m^{3}이면 안으로 1 mg/m^{3}만 유입되어야 함).

에어라인 마스크의 공기공급원은 공기압축기(Compressor)나 고압공기용기(Cylinder)를 사용한다(그림 2-19). 공기압축기는 이동식이거나 고정식의 시설로 구축하기도 한다. 현재 국내의 에어라인은 고정식 공기압축기를 시설로 설치하는 경우가 대부분이고 일부 제조사에서 고압공기용기 4-5개를 함께 연결한 장치를 생산하고 있다.

[그림 2-18 ⓑ]에 나와 있는 분사가공(Abrasive Blasting)용 일정유량형 에어라인 마스크는 조선소에서 가장 많이 사용하고 있다. 분사 가공이란 숏 피닝, 그리드 블라스트, 샌드 블라스트 및 액체 포닝 등 수 ㎜에서 수 ㎛의 연마입자를 분사하여 도장이나 도금 전 녹 제거, 광택 제거, 표면 기름 제거하는 작업을 말한다. 조선소에서 시행하는 샌드블라스팅(Sand Blasting) 작업(지금은 모래가 금강사라는 금속알갱이를 사용)은 엄청난 소음과 먼지가 발생하기 때문에 에어라인 마스크가 아니면 작업을 할 수 없다. 대형 선박 건조작업 시 선박표면의 녹 제거 작업은 야외에서 행하여지지만 소형 구조물은 외부와 완전 차단된 대형 작업장에서 수행한다. 따라서 이런 작업장의 에어라인 마스크는 외부에 대형 블로워(Blower)나 공기압축기를 설치하고 여과장치에서 HEPA 필터로 에어로졸을 제거한 깨끗한 공기만 공급하도록 시설로 구축되어 있다. 사용할 때에는 중압호스 말단의 플러그(연결부)를 시설로 되어 있는 공기공급라인 접속구에 연결해야 한다. 이때 공기 접속구와 플러그가 바르게 연결되었는지 확인이 필요하다.

2) 자급식 호흡보호구(Self-Contained Breathing Apparatus, SCBA)

SCBA는 산소나 공기를 공급하는 장치나 용기(실린더)를 직접 착용자가 지니고 다니는 자가공기공급장치이다. 산소결핍이나 IDLH 상황을 포함한 어떤 작업상황에서도 사용이 가능하다. 보호구의 안면부는 반면형 마스크, 후드도 사용될 수 있으나 대부분이 전면형 마스크를 사용한다.

(1) 폐쇄식(Closed-circuit = Rebreather)

호기에서 나온 공기가 외부로 배출되지 않고 장치 내에서 재순환하는 장치로 재호흡장치(Rebreather)라고도 한다. 호흡 공기는 이산화탄소를 제거하고 압축산소나 액체산소 또는 고형 산소발생물질을 이용하여 산소량을 재충전하는 방식이다. 사용시간은 기본적으로 30분에서 4시간 정도로서 광산 대피용 또는 밀폐공간에서 접할 수 있는 산소결핍 또는 IDLH에서 사용 가능하다. 개방식보다 가벼운 것이 장점이지만 비싼 편이다. 발생한 이산화탄소는 NaOH같은 화학물질로 씻어지고 호흡용 산소는 압축산소통이나 산소발생장치에 의해 공급된다.

① 압축산소 SCBA

작은 실린더에 압축산소가 충전된 SCBA이다. 호흡 공기는 부풀려진 주머니(Bag)에서 공급되고 호기 중 이산화탄소는 고형 흡착알갱이에 의해 제거되고 호흡주머니로 다시 되돌아온다. 소진된 산소는 다시 보충해야 한다. 이 장치는 산소 공급만 이루어지고 사용시간은 1-4 시간이다. 단점은 크기가 크고 일부 SCBA는 숨을 쉴 때 음압이 발생할 수도 있다.

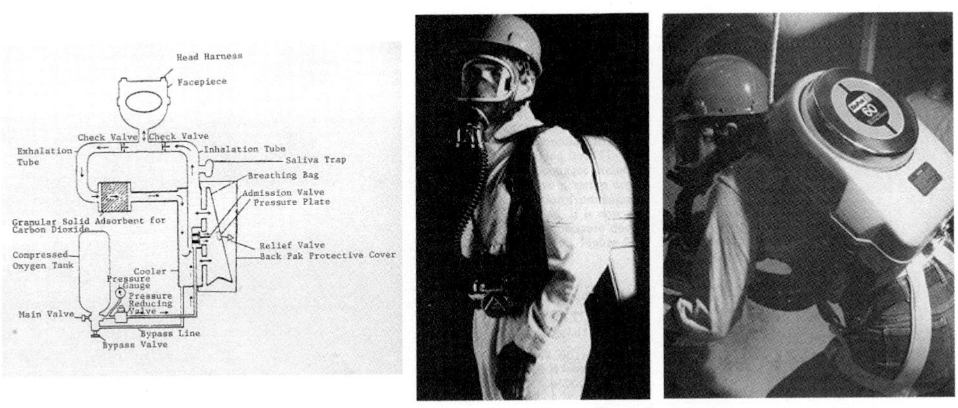

ⓐ 압축산소 SCBA 구조

ⓑ 압축산소 SCBA
(재호흡장치, Rebreather)

[그림 2-20] 압축산소 SCBA(그림 출처: 미국 NIOSH)

ⓑ 산소발생 SCBA

이 호흡보호구는 고형의 산소발생물질인 KO_2(Potassium Superoxide)를 이용하여 산소를 발생시키는 호흡장치이다. KO_2는 다음과 같이 호기 중 발생하는 이산화탄소와 수증기와 반응하여 산소를 만들어 낸다. 이 물질은 우주공간에서 호흡하는데 활용되기도 한다.

$$2KO_2 + CO_2 + H_2O \rightarrow K_2CO_3 + 1.5O_2 + H_2O$$

$$2KO_2 + 2CO_2 + H_2O \rightarrow 2KHCO_3 + 1.5O_2$$

외부와 완전 차단된 호흡보호구이기 때문에 착용 후 잠시 동안 착용자가 숨을 쉬지 못하여 당황할 수 있다. 그러나 숨을 내쉬면 마치 성냥에 불이 붙듯 순식간에 반응이 시작되어 산소가 호흡주머니에 채워지면서 공기주머니가 부풀어진다(그림 2-21). 빠른 반응을 위해 'Quick Start'물질로 염소산나트륨과 철 복합물을 캐니스터에 채우기도 한다. 착용자가 호흡하기에 충분한 양의 산소유량이 만들어져 공기주머니가 채워지며 산소와 질소에 의해 만들어진 과도한 압력과 타액은 배기밸브로 통하여 제거할 수 있다. 이산화탄소는 제거장치는 따로 부착되어 있다.

이 산소발생 SCBA는 압축산소 SCBA보다 가볍고 간단하다. 그러나 이 호흡보호구는 사용시간이 약 30분 정도이고 한 번 반응이 시작되면 산소발생물질이 소진될 때까지 반응을 멈출 수가 없기 때문에 일회용이라는 단점이 있다.

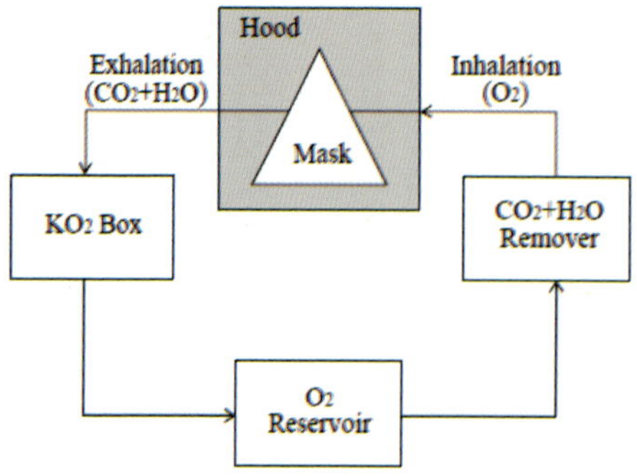

ⓐ 산소발생 SCBA 구조

ⓑ 산소발생 SCBA
(그림 출처: 선양테크)

[그림 2-21] 산소발생 SCBA

[그림 2-21]의 산소발생 SCBA는 국내 중소기업이 개발한 제품으로 개발 당시 저자가 기술지원을 하였다(한돈희 등, 2007). 이 제품은 화재발생시 생명의 위험에 노출될 지하상가, 광산 내부, 화학물질 취급 사업장, 산소결핍이 우려되는 밀폐 공간 등 다양한 장소에 비치하면 '대피용 마스크'로 비상상황에서 매우 유용하게 사용될 것이다.

(2) 개방식(Open-circuit SCBA, 공기호흡기)

「공기호흡기」 라고 하고 보통 소방작업에 주로 사용한다. 압축기를 이용하여 고압공기용기(Cylinder)에 공기를 집어넣고(대략 30-40분 소요) 이 실린더의 압축공기를 호흡에 사용한다. 사용된 공기는 호흡장치 밖으로 배출되기 때문에 개방식이라고 한다. 사용시간은 30-75분이다. 압축기를 이용할 때는 산소를 넣어서는 안 된다. 산소의 경우 미량의 오일이나 이물질(異物質) 입자가 침투하여도 폭발을 일으킬 수 있기 때문이다.

공기호흡기의 형식승인 및 제품검사의 기술기준은 소방청고시로 규정하고 있다(소방청 고시 제2017-1호, 2017). 고시의 주요내용은 다음과 같다.

① 공기호흡기는 안면부 면체, 고압공기용기, 공급밸브, 배기밸브, 감압밸브, 등지게, 압력지시계, 경보장치 및 급기호스 등으로 구성된다.

② 고압공기용기에 저장되어 있는 압축공기가 공급밸브를 통하여 안면부 면체 내에 방출되어 착용자에게 흡기시키는 구조이어야 한다.

③ 안면부 면체는 전면형이어야 한다.

④ 고압공기용기의 최고충전압력은 30 Mpa(300기압) 이상이야 한다(미국의 경우, 4500 psi(=306기압)임)

⑤ 공기유량은 40 L/min로 호흡하는 경우 사용시간이 30분 이상이어야 한다.

⑥ 공기 질은 다음을 만족시켜야 한다.

> **제35조(공기질분석)** 충전공기의 성분은 상대습도 40 % 이하, 상온에서 각각 다음 기준에 적합하여야 한다.
>
> 1. 산소는 (20 ~ 22) Vol % 이내일 것
> 2. 이산화탄소는 1,000 ppm 이하일 것
> 3. 일산화탄소는 10 ppm 이하일 것
> 4. 오일미스트는 5 mg/m^3 이내일 것

5. 냄새가 인지되지 않을 것
6. 수분은 25 mg/m^3 이내일 것
7. 총 탄화수소는 25 ppm 이하일 것
8. 총 휘발성 유기화합물은 500 ㎍/m^3 이하일 것

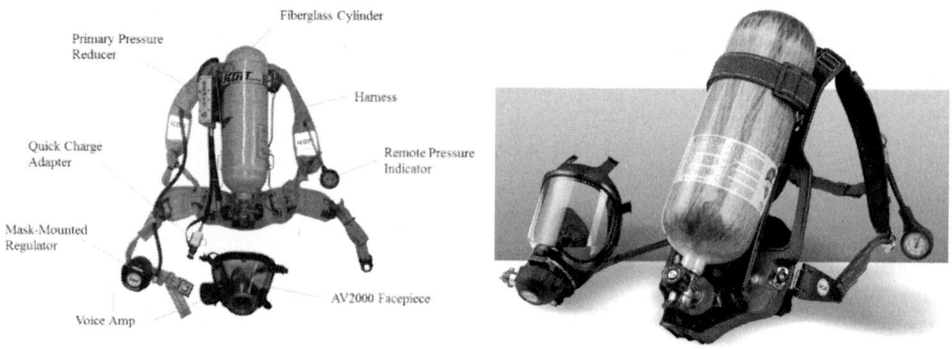

ⓐ 공기호흡기 구조
(그림 출처: NFPA 191, 1991 ED Compliant)

ⓑ 공기호흡기

[그림 2-22] 공기호흡기의 구조

한편, 공기호흡기는 용기에 공기를 충전시키는 공기충전기 즉, 공기압축기(Compressor)가 있어야 한다. 공기를 충전하는 동안 공기충전기로부터 오일, 수분 및 기타 오염물질이 유입하지 않아야 한다.

❑ 국내 공기호흡기의 현실적인 문제

우리나라 공기호흡기의 주요 수요기관은 소방서와 화학물질취급 사업장이다. 또 밀폐 공간작업이 필요한 사업장 예를 들어, 조선소 건조, 선박조사 업무, 정화조 청소작업 등 많은 곳에서 반드시 사용해야 하는 호흡보호구이다. 비상대응전담반(Emergency Response Personal, ERP)을 운영해야 하는 외국계 다국적기업 사업장, 지하상가, 지하철 등에서 공기호흡기를 비치해야 한다. 그런데 현재 국내 공기호흡기와 관련한 몇 가지 문제점이 있다.

• **제조업체의 문제:** 현재(2018년) 호흡보호구를 제조하는 국내 제조업체는 한 곳으로

거의 독과점 체제이다(외국 선진국에서는 많은 회사들이 제작하고 있음). 다른 산업용 마스크는 여러 업체가 경쟁적인 관계이기 때문에 기술개발 속도가 빠르지만 공기호흡기와 같이 독과점 체제 하에서는 기술개발 속도가 느릴 수밖에 없다. 그러나 2018년 제조업체에서는 블루투스를 이용하여 중앙통제센터에서 개별 착용자들의 위치 및 작업행동을 관찰할 수 있는 시스템을 선보이기도 하였다.

- **용기충전기의 문제**: 공기호흡기는 장비를 구입한 것으로 끝이 아니다. 용기(Cylinder)에 공기를 압축시켜 충전시켜야 하는 공기충전기 즉, 압축기(Compressor)가 있어야 한다. 그런데 용기에 공기를 압축하는 과정에서 300기압의 압력까지 올라감으로 안전문제 즉, 용기의 파열문제가 발생할 수 있다. 따라서 소방관서에는 '공기호흡기 안전충전함'을 설치해야 하는데 설치과정에서 많은 잡음이 발생하고 있다. 지금까지 어떤 지자체에서는 예산문제 때문에 한 곳의 소방서에서만 공기 충전을 하고 있다.
- **화학물질취급 사업장:** 화학물질을 생산하는 사업장은 대기업이기 때문에 공기호흡기와 공기충전기를 구비하고 있으나 화학물질을 사용하거나 취급하는 중소기업의 경우 공기호흡기만 구입하고 고가의 공기충전기를 구입하지 못한 경우가 많다. 지금까지는 용기에 공기에 충전을 소방서가 무료로 대행하였으나 안전상의 문제로 이를 거절하면서 현실적인 문제로 대두하였다.

4. 특수 목적용 호흡보호구: 방사성 폐기물 처리용

호흡기를 통해 체내로 들어오는 방사성 유해물질의 경우, 입자성 물질과 가스상 물질로 나눌 수 있는데, 세슘(^{137}Cs), 스트론튬(^{90}Sr) 같이 반응성이 좋은 금속입자들은 공기 중 여러 입자와 반응하여 입자상을 형성하는 경우가 많으며, 요오드와 같은 비금속 입자는 분진과 결합되어 입자상을 형성하거나 드물게는 요오드화 메틸의 형태로 가스상이 될 수 있다. 또한 방사성 유해물질이 피부에 접촉되어 누적된 피폭을 가져 올 수 있어 이에 따른 작업자의 보호구 착용이 의무화 된다. 일본 노동후생성의 가이드라인에 따르면 작업 지역의 공기가 연간 50 mSv의 노출농도를 가지는 경우 호흡보호구 착용이 의무화 된다.

여기서 mSv(밀리시버트)란 인체에 피폭되는 방사선량을 표현하기 위한 단위이다. 참고로 병원에서 진단용 방사선으로 사용되는 X선의 경우 1회 당 0.1 mSv 전후의 방사선에 노출된다고 알려져 있다. 이러한 측정을 통해 5년간 누적방사선양이 100 mSv를 초과하거나 최근 1년간 누적방사선량이 50 mSv를 초과하지 않도록 관리되어야 하며, 여성의 경우에는 최근 3개월의 누적방사선 피폭량이 5 mSv이하로 관리되어야 한다.

호흡보호구의 착용은 방사성물질 농도와 작업 현장의 분진농도에 따라 다르게 구분되는데 그 분류는 <표 2-12>와 같다.

드물게는 요오드의 경우 앞서 언급한 대로 요오드화 메틸의 가스 형태로 발생할 수 있어 이 경우에는 방독마스크를 사용해야 한다. 따라서 <표 2-12>의 방진필터에 방사성물질용 방독정화통이 부착된 방진방독 겸용 마스크를 착용해야 한다.

방사성 요오드-131(^{131}I, Iodine-131)이 결합된 방사성 요오드화메틸의 경우, 이로부터 작업자를 보호하기 위해서는 이 가스를 흡착할 수 있는 정화통을 사용해야 하는데, 이는 일반적인 유기가스용 정화통에는 흡착효율이 좋지 않아 특수한 기능이 있는 정화통을 사용한다. 요오드화메틸로부터 보호하기 위한 정화통에 포함된 활성탄은 TEDA(triethylene diamine) 처리를 하여 흡착력을 향상시키고, 기공의 크기를 최적화한 것이다(한국 3M, 2016).

한편, 방사성 동위원소인 요오드-131에 피폭되면, 아이오딘-131이 갑상선에 축적되어

〈표 2-12〉 방사성 물질 처리 시 호흡보호구 선정기준(일본 후생성, 한국 3M 제공)

호흡보호구 선정 기준	방사성물질 농도(Bq/Kg)		
	2,000,000이상	500,000~2,000,000 이상	500,000 이하
분진농도 10 mg/m^3 이상	1. 공기공급식 호흡보호구(송기마스크 또는 양압공기호흡기) 2. 특급 방진마스크 + 방독정화통 겸용마스크 (반드시 전면형)	1급 이상 방진마스크 + 방독정화통 겸용마스크	2급 이상 방진마스크 + 방독정화통 겸용마스크
분진농도 10 mg/m^3 미만	1급 이상 방진마스크 + 방독정화통 겸용마스크	2급 이상 방진마스크 + 방독정화통 겸용마스크	2급 이상 방진마스크 + 방독정화통 겸용마스크

질병을 일으킨다. 이것을 방지하기 위해, 자연상태의 김이나 다시마 등에 존재하는 요오드-127을 섭취하여 미리 갑상선에 아이오딘을 포화시킴으로써 방사성 요오드가 갑상선에 모이는 것을 방지할 수 있다. 의약품으로는 아이오딘제(요오드-127)가 있으며 아이오딘제 200-300 mg을 먹으면 갑상선에 요오드-131이 축적되는 것을 98% 이상 막을 수 있다. 요오드-131에 피폭된 후에 아이오딘제를 투입하더라도 빠르게 방어하는 효과가 있으며 6시간 이내에 투입하면 50% 효과를 볼 수 있다. 건조 다시마 40 g(24시간 피폭 예방이 가능한 아이오딘 100 mg 함유) 정도를 먹어도 된다.

5. 호흡보호구의 장단점

1) 공기정화식

공기정화식 호흡보호구는 일반적으로 작고 유지관리가 쉽다. 착용자의 움직임을 최소로 제한한다.

그러나 대피용 마스크를 제외하고는 산소농도 18%미만(미국의 경우 19.5%)이나 IDLH에서 사용할 수 없다. 또 경고특성이 확실한 가스/증기에서만 사용 가능하다.

정화통을 교체해야 하는 경우 가격이 상승할 수 있으며 전면형 마스크라고 하더라도 최대사용농도(Maximum Use Concentration, MUC)는 낮은 편이다.

(1) 방진마스크

장점은 작은 사이즈에 가볍고 가격이 싸다. 일반적으로 작업자의 움직임에 제한이 없으며 신체적 부담이 거의 없다. 입자물질이 많이 포집될수록 통과하는 공기저항이 많이 생기고 아울러 통과하는 공기유량이 저하한다. 뿐만 아니라 공기가 방진필터를 통과하기 어려우면 얼굴과 마스크 안면접촉면으로 공기가 유입되는 안면부누설현상 즉, Faceseal Leakage가 일어난다. 눈 막힘 현상(Plugging)으로 호흡저항이 심해지면 필터를 매일 또는 이보다 더 자주 교환해야 한다. 사용한 후 재사용하기 위해 보관할 때에는 습기에 의한 성능저하(Degradation)를 막기 반드시 밀봉 저장해야 한다.

일부 정전기 펠트제품(Electrostatic Felts)은 습한 공기에 보관하면 성능이 심각하게 떨어질 수 있다. 수증기와 오일 미스트에서도 심각하게 성능저하가 일어난다. 공기 중 액체상입자(수성 및 비수성 포함)와 극히 작은 고체상입자는 정전기 제품에 심각한 기능저하를 초래할 수 있다.

고체상 입자는 모든 방진필터에 눈 막힘 현상을 일으켜 압력강하와 Faceseal Leakage를 유발하므로 성능저하를 초래하지만 반대로 공기로부터 입자를 제거하는 여과효율은 높아진다.

(2) 방독 마스크 (격리식 즉, 가스마스크 포함)

일반적으로 방독마스크가 방진마스크보다 압력강하 즉, 호흡저항이 약간 심하다. 만약 노출기준이 넘는 수준에서도 충분한 경고특성(냄새, 맛, 자극성)이 부족하다면 서비스 수명을 알려주는 지시계가 없는 방독마스크는 사용할 수 없다. 이때는 당연히 공기공급식 호흡보호구를 착용해야 한다.

또 다른 단점은 가스/증기를 제거하거나 촉매작용으로 독성물질을 비독성물질로 변환시키는 용량에 한계가 있다는 것이다. 이론적으로 방독정화통 또는 캐니스터의 여과제는 흡착이나 촉매작용이 소진될 때까지 완전한 제거성능을 발휘한다. 만약 착용자가 흡입공기에서 냄새나 맛이 느껴지거나 눈이나 목구멍에 자극이 감지되면 즉시 유해지역을 벗어나 안전한 장소에 가서 신선한 공기를 마셔야 한다. 그리고 곧 바로 정화통을 교체해야 한다. 교환주기는 매일 혹은 매번 사용할 때 또는 냄새, 맛, 자극이 느껴지면 이보다 더 자주 교환해야 한다. 착용자가 냄새, 맛, 자극을 못 느꼈다고 하더라도 하루 일이 끝나면 정화통을 교환할 것을 권고한다. 그 이유는 보관하는 밤 동안 가스/증기의 탈착이 일어날 가능성 때문이다.

짧은 순간 냄새, 맛, 자극이 느껴졌다가 사라졌다고 하여 호흡보호구 안으로 오염물질의 투과가 더 이상 일어나지 않는다고 생각하면 안 된다. 왜냐하면 냄새, 맛, 자극의 감각기능은 자주 피로해져서 낮은 농도에서 둔감해 질 수 있다. 때문에 어떤 물질의 경우는 낮은 농도에서 감지하기가 어려워진다. 농도가 아주 서서히 증가하면 이렇게 될 수 있다.

앞서 설명되었듯이 냄새역치(Odor Threshold)를 이용하여 교환주기를 계획하는 것이 중요하다. 각 착용자들에게 냄새를 느끼는 농도를 정하고 냄새를 느끼면 정화통을 교환하는 프로그램을 작성하여 운영하는 것이다.

일부 여과제는 과한 습도에 손상되지만 또 일부에서는 반대로 너무 건조한 공기에서 해를 받을 수 있다. 그러므로 교환할 때 밀봉되지 않은 정화통은 사용하지 않는다. 매우 건조하거나 매우 습하다면 서비스 수명은 급격히 저하된다는 사실을 기억해야 한다.

(3) 비전동식(수동식, 폐력식이라고도 함)

비전동식 호흡보호구의 가장 큰 단점은 호흡으로 인하여 호흡보호구 안에 음압(Negative Pressure)이 생긴다는 것이다. 이럴 경우 착용자의 얼굴피부와 안면부 면체가 잘 밀착이 되지 않으면 그 틈 사이로 많은 양의 오염물질이 새어들어 온다는 것이다. 따라서 반드시 착용자에게 밀착성(Fit Performance)의 중요성을 강조하고 주의를 하도록 교육해야 한다. 밀착성을 높이는 가장 좋은 방법은 각 개인별로 밀착도 검사(Fit Test)를 실시해야 하는데 2018년 현재 우리나라는 밀착도 검사를 산업안전보건법으로 규정하기 위한 준비는 하고 있으나 아직까지는 안전보건공단의 KOSHA Guide(H-159-2014)(안전보건공단, 2014)로 권고 수준에 머물고 있다.

또 하나의 단점은 호흡저항이며 이 때문에 방진필터나 방독정화통을 자주 교환해야 한다.

(4) 전동식(PAPR)

PAPR은 공기를 공급함으로 갖는 장점인 호흡저항을 감소시켜 숨쉬기가 편리하다. 높은 온도조건 하에서는 시원한 공기를 공급하는 장점을 가진 반면 차가운 온도조건에서는 그 반대로 단점으로 작용한다. 만약 너무 뜨겁거나 차거운 공기가 공급되는 옥외작업장에서는 문제가 될 수 있다.

안면부 안이 양압(Positive Pressure)이 만들어져 음압으로 인해 생기는 누설현상의 문제를 상당부분 해소시켜준다. 그러나 NIOSH는 현장적용연구(Field Study)에서 PAPR은 양압형성이 잘 이루어지지 않아 할당보호계수(Assigned Protection Factor, APF)가 부적절하게 높게 정해졌다고 지적하기도 하였다.

후드나 헬멧타입은 얼굴에 상처나 털 문제로 밀착형 안면부 면체를 착용할 수 없는 사람들에게 유용하다.

PAPR은 기본적으로 움직임을 제한하지는 않는다.

PAPR은 산소가 아닌 착용자 주변 공기를 여과시켜 공급하는 것이기 때문에 방진, 방독 마스크가 갖는 한계를 동일하게 갖고 있다.

또 다른 단점은 무겁고 큰 부피, 복잡한 구조, 계속적인 관리 필요성, 매일매일 여과제 교체, 주기적인 건전지와 블로워 교체 등이다. 건전지는 수명이 정해져 있어 무한정 충전이 어려움으로 교체해야 하는데 교체 비용이 비싸다. 호흡보호구에 장착된 블루워는 대부분 고속력을 갖고 있는데 이는 결국 쉽게 소진되므로 주기적으로 교체가 필요하다. 만약 블로워가 멈추면 착용자는 즉시 안전한 곳으로 대피해야 한다.

2) 공기공급식

(1) 송기마스크(에어라인)

가장 큰 장점은 오랜 시간 동안 사용할 수 있다는 점이다. 또 다른 장점은 최소의 호흡저항과 불편함, 가벼운 무게, 작은 부피, 중간정도의 초기비용, 상대적으로 낮은 운영비이다.

가장 큰 단점은 공기공급원이 문제가 생기면 어떠한 보호도 제공하지 못한다는 것이다. 이런 경우는 공기를 공급하는 호스가 잘려지거나 타거나 꼬여 말리거나 쭈그러뜨려지면 생길 수 있고 압축기 고장 또는 저장탱크에 공기가 고갈되면 생긴다. 그래서 미국 NIOSH에서는 IDLH에서 에어라인 마스크의 사용을 권고하지 않고 있으며 단지 공기공급 보조용기가 부착된다면 IDLH에서도 사용이 가능하다고 하였다.

에어라인 마스크의 공기공급 호스를 끌고 다니는 것은 착용자의 움직임을 상당히 어렵게 만든다. 따라서 자주 먼 거리를 오가는 작업장소에서 일할 경우 에어라인 마스크는 부적합하다. 한 장소에서 또 다른 장소로 옮겨야 하는 곳에서는 공기공급량이 충분하다면 에어라인 마스크와 공기호흡기를 합친 겸용마스크가 적합하다. 최근에는 호스가 착용자의 움직임에 따라 힘을 들이지 않고 호스를 감기고 늘어나는 자동감김장치를 사용하기도 한다. 이런 장치는 박스로 감싸인 극독물인 포스겐 제조사업장에서 일상적인 점검을 수행할 때 사용하고 있다.

(2) 호스마스크

블로워가 없는 경우 이론적으로는 사용시간이 길고 단순한 구조, 작은 부피, 간편한 유지관리, 최소 비용이 장점이 된다. 블로워가 있으면 호흡저항을 최소화할 수 있다.

폐력식의 경우 안면부 면체가 얼굴에 제대로 밀착되지 않으면 오염물질이 새어 들어 올 수 있으므로 이런 마스크는 IDLH에서 사용할 수 없다.

호스를 끌고 다니는 문제는 움직임에 많은 제약으로 작용한다.

폐력식의 경우 '보호구 안전인증고시(2017년)'에서는 호스는 원칙적으로 안지름 19 ㎜ 이상, 길이 10m 이하이어야 한다고 규정하여 착용자의 호흡저항과 신체적 부담을 줄이고자 하였다.

이러한 여러 가지 문제점 때문에 현재 사업장에서 호스마스크는 거의 사용하지 않는다.

(3) 자급식 호흡보호구(SCBA, 자가공기공급장치)

가장 큰 장점은 아주 좁은 밀폐공간을 제외하고 자유스럽게 이동이 가능하다.

현재 국내에서 대부분 사용하고 있는 압력디맨드형 공기호흡기는 안면부 면체 안이 항상 압력이 걸려있고 착용자가 호흡할 때마다 공기가 공급된다. 따라서 양압으로 인하여 호흡이 간편하고 안면부 누설의 염려가 호흡보호구 중 가장 적다. 즉, 어느 나라이든 할당보호계수(APF)가 가장 크다.

큰 부피와 무게는 작업강도가 크거나 좁은 공간에서 작업하기 어렵게 만든다. 또 제한된 서비스시간은 연속적으로 오랜 시간 사용이 불가능하다. 공기호흡기의 짧은 서비스시간은 유해 작업환경에서 신속하게 빠져나와 안전한 곳에서 용기를 교체할 수 있는 곳에서만 사용이 가능하다.

제 3 장 호흡보호구 선정

1. 유해 작업환경 및 용어의 이해

1) 산소결핍

우리나라는 산소결핍을 산소농도 18.0% 미만으로 규정하고 있다(산업안전보건에 관한 규칙 제618조, 2017년). 미국에서는 산소결핍을 해수면상에서 산소농도 19.5% 미만이라고 하여 우리나라 보다 엄격하다. 산소결핍이 우려되는 작업장에서는 공기정화식 마스크를 사용해서는 안 되며 반드시 공기공급식 마스크를 착용해야 한다.

2) 산소과다

어떤 공정과 환경(예를 들어, 산소가스용접)에서는 산소가 20.8%를 넘는 경우도 있다. 이때에는 화재·폭발·화학반응 위험의 증가로 작업에 위험을 초래할 수 있다. 이 경우 작업의 안전을 위해서 적절한 조치가 필요하다. 예를 들어, 산소결핍을 바로잡기 유해가스나 원치 않는 냄새를 잡기 위해 순수한 산소를 공급하는 일을 절대 하지 말아야 한다.

3) 노출기준과 허용농도

자극이나 전신중독(Systemic Effect)을 일으키지만 발암성이 아닌 모든 물질에 대해서는 작업장의 거의 모든 근로자들(과민한 일부는 제외)에게 유해를 주지 않는 농도 값(Threshold Exposure)이 존재한다고 믿고 있다. 이 같은 논리에 의해서 만들어진 것이 화학물질의 노출기준(고용노동부고시 제2018-24호)이다. 노출기준은 사법적인 성격이 애매모호한 약간의 권고적인 성격을 지니고 있다. 그래서 2013년 그동안 우리나라에서 직업병으로 소위 악명이 높았던 13가지 물질에 대해서는 허용기준(산업안전보건법 시행령 제31조)으로 규정하였다. 허용기준이란 이 기준치를 벗어나면 사업주가 벌칙을 받으므로 사법적인 성격이 뚜렷하다. 이들 기준치에 대한 의미를 정확히 알아야 올바른 호흡보호구를 선정할 수 있다.

4) IDLH (Immediately Dangerous to Life or Health)

IDLH란 사망이나 즉각 혹은 연장된 영구적 건강장해 혹은 비가역적 건강장해 혹은 작업장에서 탈출할 수 없는 고농도를 말한다. IDLH 농도의 설정 목적은 호흡보호구 작동이 제대로 되지 않은 상황에서 위험지역에서 근로자의 탈출을 보장하기 위함이다. IDLH은 근로자에게 호흡보호구의 최대사용농도를 고려한 것이다.

IDLH 설정은 다음의 조건 하에서 만들어진다.

- 사망 혹은 즉각 또는 연장된 비가역적 건강장해 없이 탈출 가능 (탈출하는데 걸리는 시간은 안전계수를 고려하여 30분)해야 한다.
- 탈출을 방해하는 심각한 눈 혹은 호흡기 자극 혹은 기타 반응이 없어야 한다.
- 오염물질의 IDLH 농도를 알려면 다음 Website를 찾으면 된다.
  https://www.cdc.gov/niosh/idlh/intridl4.html

5) 눈 자극

눈의 각막이나 결막의 점막에 자극을 주어 눈물을 흘리게 하는 경우는 전면형 마스크, 후드 혹은 헬멧형 호흡보호구가 필요하다. 결막, 각막 상피세포의 손상이나 벗겨짐, 부종 혹은 궤양은 물론이고 미미한 주관적인 인체영향도 보호되어야 한다.

눈에 대한 자극을 일으키는 농도에 대한 값이 불충분할 때 만약 근로자가 눈에 대한 불편함을 느끼지 못하고 눈에 대한 병리적인 영향이 없다면 1/4형 혹은 반면형 마스크를 사용할 수 있다. 만약 근로자가 눈에 대한 불편함을 경험하였다면 전면형, 후드형, 헬멧형 호흡보호구가 지급되어야 한다.

대피용(Escape Only)인 경우에는 눈의 궤양이나 결막의 비가역적인 장해가 없다면 눈의 자극을 허용한다.

6) 호흡보호구 관련 용어

- **가스(Gas):** 표준상태의 온도와 압력에서 가스 상태로 되어 있는 에어로폼(aeroform)의 유체
- **고효율필터(High-Efficiency Particulate Air, HEPA Filter):** 입경이 0.3 ㎛인 단일 확산(Monodisperse) 입자의 제거가 99.97%인 필터. NIOSH 42 CFR 84 기준의 N100, R100 및 P100 필터와 동일함
- **공기공급식 호흡보호구(Atmosphere-Supplying Respirator, SAR):** 작업장 공기가 아닌 독립된 지역의 공기를 공급하는 호흡보호구로서 송기마스크와 자가공기호흡기(SCBA, 영국에서는 BA라고 표현)로 구분함
- **공기정화형 호흡보호구(Air-Purifying Respirator, APR):** 공기가 통과할 때 오염물질을 제거하는 방진필터, 방독정화통(카트리지 혹은 캐니스터)을 장착한 호흡보호구
- **구비 호흡보호구(Orinasal Respirator):** 코와 입을 덮는 호흡보호구. 일반적으로 1/4형과 반면형 호흡보호구를 말함
- **디맨드식 호흡보호구(Demand Respirator):** 들숨(흡기)일 때 필요한 공기량이 호흡보호구 안으로 유입되는 호흡보호구. 이 날숨(호기)일 때에는 양압, 들숨일 때에는 음압이 형성됨
- **디맨드압력식 호흡보호구(Pressure Demand Respirator):** 날숨과 들숨 동안 호흡보호구 안이 양압을 유지하는 호흡보호구
- **모사작업장보호계수(Simulated Workplace Protection Factor, SWPF):** 작업장 조건과 동일한 실험실을 만들어 놓고 여기서 작업장보호계수(WPF)를 측정한 값. WPF의 다른 대체 값으로 활용
- **미스트(Mist)**: 액체 상태의 응축 입자
- **밀착계수(Fit Factor):** 정량적인 밀착도검사(QNFT)를 실시하여 한 개인에게 주어지는

밀착의 값

- **밀착도 검사(Fit Test):** 한 개인에게 밀착(Fit)의 정도를 평가하기 위해 실시하는 정량(QNFT) 및 정성검사(QLFT)
- **밀착형 호흡보호구(Tight-Fitting Facepiece):** 호흡보호구 내부가 얼굴에 착 달라붙는 호흡보호구
- **보조공기호흡기(Auxiliary SCBA):** 에어라인이 손상을 입어 호흡이 곤란할 때 호흡할 수 있도록 별도의 공기 용기를 갖춘 SAR의 보조기기. 보조기기는 동일한 면체와 압력조절기(레귤레이터)가 있어야 하며 필요시 SAR은 SCBA와 같이 작동해야 함.
- **보호계수(Protection Factor):** 호흡보호구를 착용하였을 때 보호구 밖의 농도와 보호구 안의 농도 비(Ratio). 보호계수의 종류에는 할당보호계수(APF), 밀착계수(FF), 작업장보호계수(WPF), 모사작업장보호계수(SWPF)등이 있으며 이들은 서로 다른 개념이고 또 나라마다 부르는 이름이 다를 수 있음
- **서비스수명 지시계(End-Of-Service-Life Indicator, ESLI):** 호흡보호구가 더 이상 사용할 수 없는 상태가 되면 착용자에게 알려주는 시스템. 예를 들어, 흡착제의 수명이 다하여 사용이 어려운 경우 알려주는 지시계
- **송기마스크(Supplied-Air Respirator, SAR or Airline Respirator):** 착용자가 호흡용 공기를 휴대하지 않고 호스를 통하여 공급하도록 설계된 공기공급식 호흡보호구
- **수명(Service Life):** 공기정화 여과제가 사용할 수 없을 만큼의 농도가 잡히는 시간. 수명은 제거되는 물질 종류와 농도, 공기의 온도, 여과제 종류, 유량의 저항 및 파과에 의해 결정됨. 공기호흡기(SCBA)는 호흡공기가 충분히 공급되는 시간을 말함
- **안면부여과식 마스크 혹은 면체마스크(Filtering Facepiece):** 안면부 면체 전체 부분이 필터의 역할을 하거나 여과제가 전체 면체로 되어 있는 입자상물질 제거 호흡보호구.
- **유해도(Hazard Ratio):** 작업장 오염물질의 농도를 노출기준으로 나눈 수
- **음압 호흡보호구(Negative Pressure Respirator):** 들숨 때 호흡보호구 밖보다 안의 압력이 음압이 형성되는 호흡보호구.
- **일정유량식(Continuous Flow)**: 호흡할 때마다 공기가 들어가는 것이 아니라 항상 공기가 흘러가는 호흡보호구를 말함. 그러나 이 호흡보호구는 마스크 안이 항상 양압이

형성되는 것은 아님. 작업량이 많아서 호흡량이 많아지면 음압이 형성될 수도 있음.

- **일회용 호흡보호구(Disposable Respirator):** 사용 권고 기한의 종료, 과도한 저항이나 물리적인 손상 혹은 파과로 인한 냄새 투과, 기타 지시계의 경고로 더 이상 사용이 부적합하다고 판단되면 버리는 즉, 수리하거나 씻어서 재사용하지 않는 호흡보호구. 한 번만 사용하고 버린다는 의미는 아님
- **자가밀착도 체크(User's Seal Check or Fit Check):** 착용자가 호흡보호구가 밀착이 잘 되도록 착용했는지 확인하는 동작으로 착용할 때마다 수행해야 함. 밀착도 검사와는 다름.
- **자가호흡장치(Self-Contained Breathing Apparatus, SCBA):** 착용자가 호흡할 수 있는 공기를 호흡장치 자체에서 생산하거나 휴대하는 호흡보호구
- **작업장보호계수(Workplace Protection Factor, WPF):** 실제 작업장에서 호흡보호구를 적절하게 착용하고 사용하였을 때 제공되는 보호정도의 값
- **전동식 호흡보호구(Powered Air-Purifying Respirator, PAPR):** 공기정화식 호흡보호구 중 블로워(Blower)로 공기를 불어 넣어 주는 호흡보호구
- **정량적 밀착도 검사(Quantitative Fit Test, QNFT):** 호흡보호구의 안면부 누설정도(Faceseal Leakage)를 숫자적으로 나타내어 밀착의 정도를 알 수 있는 밀착도 검사
- **정성적 밀착도 검사(Qualitative Fit Test, QLFT):** 테스트 물질에 대한 주관적인 개인의 오감 반응에 따라 합격/불합격(Pass/Fail)를 평가하는 밀착도 검사
- **정화통(Cartridge)과 캔니스터(Canister):** 오염물질을 제거할 수 있는 방진필터, 흡착제 혹은 흡수제 혹은 촉매제를 담은 용기. 캐니스터는 카트리지보다 수 배 큰 것을 말함
- **증기(Vapor):** 통상적으로 상온과 상압에서 고체 혹은 액체인 물질이 증발하여 기체상으로 상태
- **최대사용농도(Maximum Use Concentration, MUC):** 근로자가 어떤 호흡보호구를 착용하였을 때 보호가 이루어지면서 사용할 수 있는 공기 중 최대 사용 농도. MUC는 호흡보호구 할당보호계수 (APF)와 유해오염물질의 노출기준에 의해 결정됨
- **대피용 가스마스크(Escape Gas Mask):** 유해한 환경에서 탈출만을 위해 설계된 전면

형/반면형 혹은 마우스피스, 캐니스터 및 그 부속 연결부로 만들어진 격리식 혹은 가스 마스크.

- **대피용 호흡보호구(Escape Only Respirator):** 유해 환경에서 오직 탈출 목적으로만 사용되는 호흡보호구.
- **파과(Breakthrough)**: 가스나 증기가 여과제를 투과하는 현상. 서비스 수명 테스트를 하는 동안 파과의 정도나 양은 들어가는 양(Input) 대비 나오는 양(Output)을 %로 나타냄
- **할당보호계수(Assigned Protection Factor, APF):** 교육훈련을 받은 착용자가 적절하게 밀착이 되는 호흡보호구를 착용하여 제대로 기능을 발휘할 때 그 호흡보호구 혹은 그 등급의 호흡보호구에게 제공되는 최소의 기대 보호정도를 수치로 나타낸 것
- **후드 혹은 헬멧형 호흡보호구(Hood or Helmet):** 착용자의 머리와 목 혹은 머리, 목 및 어깨를 감싸면서 호흡할 수 있는 공기가 착용자에게 공급되는 호흡보호구. 공기 튜브의 연결부와 멜빵이 포함됨.

7) 유해오염물질의 물리적인 성상 분류

(1) 고체의 입자상 물질

에어로졸, 분진(먼지), 섬유, 검댕(smoke) 및 흄이다. 분진과 섬유는 공기 중으로 비산된 작은 입자다. 흄은 고체가 증발되어 매우 작은 입자인 고체로 응결된 것이다. 검댕은 불완전연소에 의해 만들어진다. 고체 입자가 매우 작은 경우에는 공기 중에서 가스와 증기처럼 행동하는데 이 경우 발생지역에서 먼 지역까지 이동한다.

(2) 액체상 입자물질

액적 (液滴, droplet), 미세한 스프레이, 미스트 혹은 가스체로 존재한다.

(3) 가스/증기

가스/증기는 공기처럼 움직인다. 때때로 가스/증기를 흄으로 착각하는데 이것은 아주 잘못된 표현이다.

8) 유해오염물질의 인체독성별 분류

호흡보호구를 선정함에 있어 유해화학물질의 유해·위험성을 정확히 아는 것은 매우 중요하다. 화학물질의 유해·위험성을 MSDS의 그림문자로 분류하면 [그림 3-1]과 같다.

그 중에서도 인체에 독성작용, 급성독성작용, 피부·눈 자극성, 피부과민성, 피부부식성, 호흡기과민성, 발암성, 생식세포변이성, 생식독성, 특정표적장기독성, 흡인유해성인 물질에 대해 특별히 주의해야 한다.

- **돌연변이물질:** 유전자에 손상을 주어 다음 자손에게 피해를 입히는 물질
- **최기형성물질:** 태어나지 않은 아이에게 피해를 주는 물질

[그림 3-1] MSDS에 의한 유해화학물질의 유해 · 위험성 분류 그림문자
(KOSHA Guide p-51-2010)

- **발암물질:** 암을 유발하는 물질
- **과민성물질(감작물질):** 처음 노출 시에는 큰 영향이 없으나 면역기능에 변화를 일으킴으로 다음에 이 물질에 노출되었을 때는 알레르기 반응을 일으키는 물질
- **방사능물질:** 방사능에 의해 건강상 유해를 일으키는 물질
- **병원미생물체:** 감염, 알레르기, 독성 혹은 건강상 악영향을 주는 곰팡이, 바이러스, 세포배양 혹은 기생충

〈표 3-1〉 유해물질의 물리적인 성상 분류

고체	액체	가스/증기
석면분진 내연기관 배기입자 납분진 및 흄 규소분진 용접흄 블라스팅 분진 목분진 검댕 곰팡이 포자 박테리아 바이러스 기생충	(스프레이 알갱이) 페인트 농약 액체파우더 액체 제트 하수 (미스트) 크롬산 오일미스트 절삭유	암모니아 일산화탄소 이산화탄소 프레온 헬륨 질소 수은증기 유기증기 내연기관 배기가스

2. 선정방법

1) 호흡보호구가 갖추어야 할 조건

① 착용자를 충분히 보호해 주어야 한다(Adequate).

② 작업환경, 작업조건, 착용자에게 적합해야 한다(Suitable).

③ 안전보건공단의 KCs 인증을 받아야 한다.

④ 교육훈련을 받은 사람만이 호흡보호구를 선정하고 유지 관리하도록 한다.

⑤ 올바르게 유지관리 및 시험이 이루어져야 한다.

⑥ 올바르게 보관이 이루어져야 한다.

2) KCs마크

(1) 방호장치 · 보호구 안전인증 (KCs마크) 제도

안전인증 대상은 위험기계·기구의 방호장치와 유해·위험한 작업장에서 근로자가 착용하는 보호구이다. 1) 의무안전인증을 받아야 하는 품목과 2) 제조하는 자가 방호장치·보호구 안전인증기준에 의거하여 스스로 안전성을 확인하고 이를 산업안전보건공단(KOSHA) 산업안전보건인증원에 자율안전확인신고를 하는 품목으로 구분된다. 이를 통해 안전인증기준을 만족하는 제품에 KCs마크를 부착·판매토록 하여 근원적인 안전성과 신뢰성이 확보된 제품이 제조, 유통 및 사용 되도록 함으로써 산업재해를 예방하고자 추진하는 제도이다.

(2) 안전인증의 종류

- **의무안전인증:** 의무안전인증 대상 방호장치·보호구를 제조(외국에서 제조하여 대한민국으로 수출하는 경우 등을 포함)하는 자는 고용노동부장관이 실시하는 안전인증을 받아야한다. 위반 시 3년 이하의 징역 또는 2천만 원 이하의 벌금에 처한다.
- **자율안전확인신고:** 자율안전확인 대상 방호장치·보호구를 제조 또는 수입하는 자는 고용노동부장관이 정하여 고시하는 안전인증기준에 맞는 것임을 확인하여 고용노동부장관에게 신고해야 한다. 위반 시 1년 이하의 징역 또는 1천만 원 이하의 벌금에 처한다.

(3) 호흡보호구의 경우

보호구 자율안전확인 고시(고용노동부 고시 제2015-28호)에는 안전모, 보안경, 보안면, 잠수기 이 네 가지 품목만 해당된다. 따라서 호흡보호구는 반드시 안전보건공단 산업안전보건인증원에서 시행하는 테스트를 통과해야만 판매가 허가되는 의무안전인증 품목이다.

3) 호흡보호구가 마지막 수단인 이유

① 호흡보호구는 착용자를 보호할 뿐 근본적으로 오염물질을 제어할 수는 없다.

② 호흡보호구를 잘못 사용 혹은 관리하면 착용자를 충분히 보호할 수 없다. 잘못 사용하면 착용자가 비가역적인 건강장해나 사망에 이를 수 있다.

③ 호흡보호구는 불편을 초래하고 정상적인 활동을 방해한다.

④ 호흡보호구는 작업을 방해한다.

4) 언제 호흡보호구를 사용할 수 있는가?

호흡보호구는 법이 정한 위험성평가(Risk Assessment)를 마친 후에 선정되고 사용되어야 한다. 다음과 같은 상황에서 사용할 수 있다.

① 오염물질에 대한 관리가 이루어진 후에도 호흡으로 인한 오염물질의 흡입 가능성이 있는 장소

② 오염물질에 대한 실질적인 관리가 어려운 곳에서 단시간 혹은 가끔 있는 노출

③ 오염물질을 관리하기 유해 작업 장소에 출입해야 하는 동안

④ 비상탈출-제어장치의 고장으로 갑작스럽게 오염물질이 발생하여 안전한 곳으로 탈출해야 하는 경우

⑤ 응급상황 작업 혹은 일시적인 제어장치의 고장

⑥ 교육 훈련된 사람에 의한 응급 구조

5) 위험성 평가

작업장에서 호흡보호구를 착용하기 전에 유해물질의 노출을 최소화해야 한다. 사업주는 유해물질이 발생하는 장소나 발생 가능성이 있는 작업장에서 충분하고 적합한 위험성 평가를 실시해야 한다.

〈표 3-2〉 작업환경관리 조치 순서

1	유해성이 덜한 물질을 사용
2	주어진 물질을 유해성이 덜한 형태로 대체
3	유해물질의 공기 중 농도가 덜 나오는 공정으로 대체
4	전체 혹은 부분적으로 공정 및 시스템 밀폐
5	국소배기장치가 있으며 부분 밀폐
6	국소배기장치
7	전체환기
8	노출시간의 단축
9	적절한 작업 실제 및 시스템 구축(예를 들어, 사용하지 않을 때는 보관용기를 덮거나 안전하게 보관
10	공기 중 농도가 많을 경우 알릴 수 있는 감시 및 경고장치 사용
11	작업장 정리정돈
12	호흡보호구를 포함한 개인보호장구의 사용

위험성 평가는 적어도 노출의 유해도, 노출의 특성, 노출 관련 인자, 노출정도, 작업환경, 작업의 특성과 작업자의 특성, 작업장환경관리의 효과와 작업환경관리가 실패하였을 때 생길 수 있는 결과가 고려되어야 한다.

작업환경관리는 <표 3-2>에 나와 있는 순서대로 이루어져야 한다. 많은 작업장에서 노출을 최소화하기 유해서는 <표 3-2>에 나와 있는 단계별 조치들이 복합적으로 이루어진다. 이외에도 감독을 포함한 행정적인 관리가 동반되어야 한다.

위험성 평가는 적어도 일 년에 한번은 정기적으로 하여 기록이 보관되어야 한다.

6) 호흡보호구 사용을 위한 위험성 평가

(1) 호흡보호구 프로그램 요소

호흡보호구 프로그램이 갖추어야 할 요소는 다음과 같다.

① 유해도 확인

② 법에 맞도록 위험성 평가

③ 충분하고(Adequate) 적합한(Suitable) 호흡보호구 선정

④ 사용자와 프로그램 관련자에 대한 교육훈련

⑤ 제조사의 지시에 맞는 유지관리

⑥ 관련 기록의 보관(프로그램, 프로그램을 운영하는 관리 시스템, 평가의 적절성, 교육훈련 사항 및 유지관리 기록

⑦ 프로그램의 감시 평가

⑧ 프로그램을 운영하는 관리 시스템

(2) 위험성 평가 고려사항

위험성을 평가할 때에는 다음의 물음에 대할 수 있는 내용을 고려하고 평가가 이루어져야 한다.

① 전체 작업/노출시간에 산소결핍이 있는가?

② 질식제를 포함한 유해물질들이 존재하는가?

③ 유해물질들의 물리적/화학적 특성은 무엇인가?

④ 유해물질들의 물리적인 성상은?

- 분진, 섬유, 흄, 미생물, 가스, 증기 혹은 방사성의 입자물질 혹은 가스인가?

⑤ 이 물질들의 인체에 대한 영향은?

⑥ 공기 중 예상되는 최고의 농도는?

⑦ 이 물질의 노출기준은?

⑧ 호흡보호구 선정/사용에 영향을 줄 수 있는 작업/공정과 관련된 다른 위해도(Risk)는 무엇인가?(예를 들어, 튀김·스파크·화재·인화 가능성)

7) 충분성(Adequacy)과 적합성(Suitability)

적절한 위험성 평가과정을 거친 후 다음 단계로는 충분성 평가가 이루어지고 다음은 적합성 평가가 이루어져야 한다.

(1) 충분성(Adequacy)

① 의미

호흡보호구를 착용하면 착용자에게 받아들일 수 있는 수준(예를 들어, 노출기준)까지 오염물질의 농도를 낮추기에 충분(타당)한가에 대한 평가이다. 노출 수준이 법적기준만큼 충분히 낮출 수 있는가의 문제이다.

충분성(Adequacy)의 의미: 호흡보호구는 오염물질의 농도를 법이 정한 수준만큼 낮추기에 충분(타당)해야 함

② IDLH의 평가

만약 IDLH 상황이 되면 호흡보호구는 매우 높은 수준의 보호계수가 필요한 호흡보호구, 예를 들어, 양압의 전면형 공기호흡기, 전면형 양압의 송기마스크가 필요하다. IDLH에서는 작업자가 안전한 곳으로 이동하기 위해 비상호흡시설이나 장비, 예를 들어, 공기호흡기가 필요할 수 있다.

③ 최소필요보호계수 혹은 유해도비(HR: Hazardous Ratio)

충분성을 평가하기 위해서는 예상되는 최고농도를 알아야 한다. 최소필요보호계수는 다음과 같이 계산할 수 있다.

$$\text{최소필요보호계수} = \frac{\text{호흡보호구 밖에서 예상되는 오염물질의 농도}}{\text{호흡보호구 안에서 허용 가능한 농도}}$$

이 유해도비와 할당보호계수(Assigned Protection Factor, APF)를 비교하여 적어도 유해도비보다 큰 할당보호계수의 호흡보호구를 선택해야 한다. 선정절차에서 더 구체적으로 언급한다.

(2) 적합성(Suitability)

① 의미

호흡보호구는 착용하는 동안 충분한 보호정도를 제공하고 목적에 부합되어야 한다.

Suitability(적합성)의 의미: 호흡보호구는 착용자, 작업 및 작업환경에 적합하여야 하며 착용자에게는 최소한의 신체적 부담과 호흡보호구로 인한 추가적인 위험성이 없어야 함

② 적합성 평가의 고려사항

- KC(s)마크 획득
- 충분성
- 작업환경, 작업, 착용자 그리고 사용하고 있는 다른 개인장구들과 호환성
- 작업에 방해되지 않아야 됨

다음은 EN 529:2005에서 정한 호흡보호구 적합성 평가를 정리한 것이다.

호흡보호구 적합성 평가(EN 529)

1. 환경인자(Environmental factors)

(1) 산소결핍(Oxygen deficiency)

산소결핍이 우려되는 곳에서 여과식(공기정화식) 호흡보호구는 사용하지 말아야 한다. 모든 여과식 호흡보호구 즉, 안면부 여과식, 여과필터가 장착된 마스크(반면형, 전면형) 또는 이들이 장착된 전동식 호흡보호구는 사용해서는 안 된다.

이 경우에는 일정유량 에어라인 호흡장치(우리나라 송기마스크), 대피용 공기호흡기, 디맨드 밸브식 에어라인, 공기호스 호흡장치, 전면형의 공기호흡기가 필요하다.

(2) 산소과다(Oxygen enrichment)

산소과다인 곳에서는 화재나 폭발의 위험이 있다. 이때 호흡보호구를 선정하기 위해서는 정전기·스파크·인화 방지가 된 호흡보호구를 선정해야 한다. 또 이들 장치의 유지관리에 사용하는 윤활유의 선정도 주의가 필요하다.

(3) 질식제(Asphyxiants)

정상수준 이상의 질식제가 존재하는 경우에는 비교적 농도가 낮더라도 여과식 호흡보호구가 적절하지 않기 때문에 호흡장치(BA)를 선택해야 한다. 질식제는 여과필터(방독정화통)를 투과하면서 여과필터가 다른 오염물질을 효과적으로 잡아주지 못하게 된다. 질식제가 노출기준을 초과하여 존재할 수 있고 질식제의 존재가 산소를 대기 중으로 밀어내어 산소량을 줄일 수도 있다.

(4) 오염물질의 IDLH(Immediately dangerous to life or health)

IDLH 상황이 오면 호흡곤란, 혼수, 눈에 대한 극심한 자극 혹은 기타 독성작용으로 영구적이거나 장시간의 건강 장해나 순간적인 생명의 위험이 따른다.

다음의 호흡보호구는 적절하지 않다.

① 대피용으로 사용하는 것 이외의 모든 여과식 호흡보호구

② 비상호흡장치 이외의 후드나 헬멧형 에어라인 마스크

산소결핍에서 사용하는 호흡장치가 적절하며 이중에서도 전면형의 공기호흡기, 에어라인이 가장 적합하다.

(5) 부식 가능성(Potentially corrosive atmospheres)

이들 물질들은 피부나 눈에 접촉하거나 가스 혹은 에어로졸 형태로 호흡보호구에 접촉 또는 공정 중 액체가 튀겨 발생한다.

어떤 유기화합물은 호흡보호구의 플라스틱이나 고무 부품을 약화시킬 수 있다. 어떤 것은 시간이 지나면서 부품에 녹을 만들기도 한다. 이럴 경우 기기의 밸브를 손상시키거나 헬멧을 악화시키고 눈 보호 부품을 손상시켜 흐릿하게 만든다.

특수화학복과 연결되었거나 목과 머리를 감싸는 전면형 호흡보호구, 전동식 혹은 에어라인 후드, 헬멧 또는 슈트가 적절하다.

(6) 폭발 가능성(Potentially explosive atmospheres)

폭발 가능성이 있는 곳에서는 발화위험이 있는지를 평가해야 한다. 호흡보호구나 기타 개인 장구들이 금속 부품과 부딪히면서 스파크이나 정전기 발생으로 발화원이 될 수 있다. 정전기의 위험 평가가 내려지면 접지를 고려해야 한다. 호흡보호구를 세척 유지하는 과정에서 정전기가 더 발생하지 않도록 해야 하며 반대로 정전기방지 특성이 감소되지 않도록 조심해야 한다.

스파크의 염려 외에도 전동식 호흡보호구가 발화원이 될 수 있다. 이럴 경우 폭발환경에서 안전을 기하기 위한 방폭인증 획득이 필요하다.

(7) 오염물질의 투과 가능성(Potentially permeation contaminants)

어떤 물질, 대부분 유기화합물과 트리티움은 호흡보호구를 구성하고 있는 재질을 분자적으로 뚫고(Permeation) 들어 올 수 있다. 호흡보호구를 선정할 때에는 이 같은 투과현상을 고려해야 한다. 안면부 면체, 호흡호스, 압축공기의 연결부에 액체화합물이 접촉하여 투과현상이 발생할 수 있다.

(8) 입자상 오염물질(에어로졸)(Particulate contaminants = Aerosol)

입자물질에 대한 보호가 필요한 곳에서는 여과필터 즉, 방진필터가 문제의 입자오염물질에 효과가 있는지를 평가해야 한다. 어떤 필터는 금속 흄과 같은 입자들의 포집효과가 떨어져 상대적으로 성능이 빈약한 것도 있다. 제조사의 안내문을 잘 체크해 보아야 한다. 보호성능을 잘 유지하기 위해서는 규칙적인 필터 교환이 필요하며 올바른 교환 주기를 맞추려면 제조사의 정보에 따라 유해·위험성 평가를 실시해야 한다.

근로자들은 호흡보호구의 착용여부에 따라 입자물질을 정해진 지역 밖으로 쉽게 오염시킬 수 있다. 정해진 지역을 떠나기 전에 적절한 착용자와 호흡보호구에 대한 제독

(Decontamination) 계획이 수립되어야 한다. 박테리아, 바이러스, 방사성 물질, 효소, 석면 같은 발암물질 혹은 극독성 물질을 다루는 곳에서는 오염된 필터, 프리필터, 기타 부품을 어떻게 처리할 것인지에 대한 계획이 수립되어야 한다.

입자물질제거 필터는 가스/증기를 제거할 수 없다. 입자상물질과 가스/증기물질을 동시에 제거할 필요가 있을 경우에는 방진·방독겸용 마스크를 선택해야 한다.

(9) 가스/증기 오염물질(Gas/vapor contaminants)

여과식 호흡보호구를 선택할 경우 정화통이 오염물질과 그 농도에 적절한지 타입과 등급이 맞아야 한다. 정화통을 올바르게 선택하기 위해서는 제조사의 지시내용을 따르는 것이 좋다. 부적절한 등급의 정화통은 충분한 보호를 보장하지 못한다.

교환주기에 대한 계획 수립이 필요하다. 정화통은 가스/증기에 쉽게 포화되어 파과가 일어나는데 이때에는 아무런 효과가 없다. 제조사의 조언과 더불어 유해·위험성 평가가 병행되어야 한다. 농도를 정확하게 모르면 교환주기를 계산할 수 없기 때문에 적절한 호흡장치(BA)를 선택해야 한다. 만약 노출기준 이상에서 오염물질의 냄새나 맛을 알기 어렵고 농도를 정확하게 파악하지 못하여 파과가 일어나기 전에 정화통의 교환이 이루어지지 않는다면 여과식 호흡보호구는 적합하지 않을 것이다.

사고로 인해 오염된 지역에서 탈출 목적으로 여과식 호흡보호구를 사용해야 하는 경우에는 그 오염물질의 최대농도에서 잡아줄 수 있는 타입과 등급의 정화통을 선택해야 한다(예를 들어, 격리식 방독마스크나 가스마스크). 이것이 어렵다면 호흡장치(BA)를 사용해야 한다.

현재 시판되는 정화통으로 잡아줄 수 없는 가스/증기가 많다. 이럴 경우에도 호흡장치(BA)를 선택해야 한다.

가스/증기 제거 방독정화통은 입자상물질에 대한 보호가 되지 않는다. 입자상물질과 가스/증기물질을 동시에 제거할 필요가 있을 경우에는 방진방독 겸용마스크를 선택해야 한다.

(10) 극한의 기후(Climatic extremes)

호흡보호구를 선정할 때 극한의 기후도 평가대상이다. 일반적으로 제조사는 사용조건에 제한이 있음을 알려준다. 호흡보호구의 보관과 사용 시 온도와 습도를 정해준다. 정해진 온도와 습도를 벗어나면 제조사의 조언 없이는 사용하지 않는 것이 좋다.

극한의 온도(0℃ 미만)는 호흡보호구에 많은 영향을 미친다. 극한의 온도에서는 안면부면체나 후드가 금이 가거나 부서지기 쉬워지며 이로 인해 밀착도와 착용감에 문제가 발생할 수 있다. 호스나 튜브의 연결부도 부서지기 쉽다. 들숨이나 날숨은 공기를 응결시켜 시야 확보를 어렵게 만든다. 특히, 극한의 차가운 습기는 밸브 부분을 얼게 만들어 작동을 방해한다. 전동식의 경우 온도가 감소함에 따라 전기화학건전지의 성능이 급격히 저하되어 유량에 문제를 야기한다.

고온도 역시 많은 문제를 야기한다. 예를 들어, 제련공정에서 복사열은 보통 기준의 호흡보호구를 녹이거나 부드럽게 만들기 때문에 특수 재질이 필요하다.

고온 다습한 환경은 가스/증기 제거 정화통의 성능을 떨어뜨려 정화통을 자주 교환해야하고 여기에 맞는 호흡보호구를 선정해야 한다.

유속이 2 m/sec를 초과하는 바람은 오염물질이 호흡영역으로 불어올 수 있어 전동식 호흡보호구, 에어라인에 영향을 줄 수 있다.

2. 작업인자 (Task/job factors impacting on the wearer)

(1) 작업강도=작업율(Work rate)

모든 호흡보호구는 사용자에게 생리적 부담과 때로는 심리적인 부담을 준다. 이는 인간공학적인 인자와 보호구의 무게 및 호흡저항 때문에 생긴다. 이들 인자들은 작업강도 증가하면 더 증가한다. 그래서 예상되는 작업강도가 증가할수록 이들을 줄여주기 위한 고려가 더 필요하다. 두 가지 인자들이 상쇄하는 효과를 가지도록 평가하는 것이 중요한데 예를 들어, 양압의 공기호흡기는 고강도작업에서도 호흡저항은 전혀 문제가 되지 않으나 무게 부담은 작업강도가 조금만 더하여져도 부담으로 다가온다. 반대로 여과부 여과식 마스크는 고강도작업에서 무게 부담은 없으나 호흡저항이 생기게 된다.

만약 비전동식 혹은 음압의 호흡보호구를 고강도작업에서 사용할 때에는 잦은 휴식시간이 필요하다.

고강도작업에서 추가적으로 필요한 인자는 안면부 내부의 음압 증가로 인하여 안면부 누설(Faceseal leakage)이 증가한다는 것이다. 전동식과 에어라인마스크는 제조사가 말하는 최소유량이 음압을 만들지 않는지를 확인할 필요가 있다.

(2) 시야(Visibility)

대부분의 호흡보호구는 어느 정도 시야를 방해하거나 바이저로 인해 물체를 뚜렷하게 보는 것은 어렵게 만든다. 호흡보호구는 최소 시야 확보만으로 족하지만 어떤 작업에서는 시야에 대한 특별한 고려가 필요하다. 예를 들어, 표면 마무리작업, 경고 등 글을 읽어야 하는 작업과 같이 미세한 것을 보아야 하는 작업에서는 선명한 시야가 필요하다. 눈에 대한 해가 없다면 시야가 방해받지 않는 1/4형이나 반면형이 필요하다.

광범위 시야가 필요한 작업 예를 들어, 사다리를 오르거나 내리는 작업 혹은 차량이나 장치시설에서 움직이는 작업에서는 시야를 최소로 방해하는 호흡보호구가 필요하다. 시야가 충분하게 확보되지 않으면 안전사고의 문제가 발생한다.

(3) 이동성(Mobility)

일반적으로 압축에어라인이나 호스마스크는 수 미터를 움직여야 하는 작업, 건물 층간 움직임이 있는 작업, 작은 개구부나 터널/닥트를 이동하는 작업에는 적합하지 않다. 몸을 많이 움직이는 작업 예를 들어, 구부리거나 뻗어야 하는 작업, 기어면서 수작업이 필요한 작업에서는 이들 움직임을 평가할 필요가 있다. 호흡보호구로 인한 근골격계 상해 혹은 불편함과 움직임으로 인한 호흡보호구의 밀착 및 보호가 감소되는 문제를 평가해야 한다.

머리를 많이 움직여야 하는 작업 예를 들어, 차량 운전에서는 목에 무리가 가지 않는 무게가 적게 나가는 호흡보호구가 필요하다.

닥트, 터널 혹은 작은 빈 공간에서 부자연스런 자세로 작업해야 하는 경우에는 호흡보호구가 작업을 방해하거나 이로 인해 무리하게 움직임이 있어서는 안 된다. 작업자가 누워서 혹은 작은 출입구를 지나가야 하는 작업에서는 큰 배낭이나 압축용기가 방해될 수 있다. 이 경우 일시적으로 배낭을 벗어야 하며 이때에도 보호는 이루어져야 한다. 문제가 될 수 있는 호스와 튜브에 대한 평가가 이루어져 이로 인해 생기는 문제를 최소화하여야 한다.

(4) 의사소통(Communication)

많은 작업은 말로 의사소통을 하거나 눈으로 의사소통이 이루어져야 한다. 일반적으로 호흡보호구는 의사소통을 방해하기 때문에 이에 대한 평가가 이루어져야 한다. 반면형과 전면형은 코와 입을 완전하게 감싸기 때문에 말을 하면 밀착성이 떨어지고 공기의 흡입이 증가한다. 소리가 막혀서 먼 거리까지 소통은 불가능하여 동료가 인식하기 어렵게 된다. 의사소통을 위해서는 마이크로폰과 무선 송수신기가 부착된 호흡보호구를 선택하면 된다. 소리에 의한 의사소통이 필요한 곳에서는 이들 장비가 필요하다.

특히, 후드나 헬멧의 전동식 여과 호흡보호구, 후드나 슈트의 압축 에어라인 호흡장치는 전체 얼굴이 보이기 때문에 의사소통에 덜 지장을 준다. 얼굴의 움직임으로 보호에 영향을 크게 주지 않고 코와 입도 막히지도 않는다. 그러나 만약 귀를 감싸는 호흡보호구를 선정할 때에는 주의가 필요하다.

(5) 고열스트레스(Thermal stress)

호흡보호구는 머리나 신체의 일부를 감싸기 때문에 인체에서 열 발산을 감소시킨다. 특히, 고열다습한 환경에서 고강도 작업을 수행하거나 신체를 감싸는 불투수성의 호흡보호구를 할 경우에는 고열장해가 상대적으로 빨리 일어나 불쾌감, 어지러움, 피로, 방향감각의 상실, 질병, 의식의 소실, 혼수 그리고 사망에 이룰 수 있다. 고열스트레스를 평가해야 하는 곳에는 열 부담을 도와 줄 수 있는 전동식이나 압축 에어라인의 호흡보호구가 필요하다.

냉각 자켓이 상업적으로 사용가능하며 일부 압축에어라인은 냉각장치가 달려 있어 호흡하는 공기를 차갑게 해 준다. 이들은 고열로 인한 스트레스를 줄여 줄 수 있으나 압축공기공급 장치가 추가적으로 필요하다.

차가운 작업장에서는 저온 스트레스를 고려해야 한다. 차가운 곳에서 전동식이나 압축에어라인을 착용하면 신체에서 열을 손실시키고 이로 인해 부분적인 동상이 생길 수 있다. 압축에어라인 경우 공기를 따뜻하게 하는 장치가 필요하며 호흡하기 전에 공기를 데워 놓는다.

(6) 착용시간(Duration of wear)

비전동식 호흡보호구는 호흡보호구의 보호계수가 증가함에 따라 불쾌감은 증가한다. 착용 후 시간이 지나면 처음의 쾌적감은 점점 떨어지게 된다. 장시간 쾌적감을 유지하기 위해서는 전동식 호흡보호구나 호흡장치를 선정해야 한다.

모든 호흡보호구는 어떤 종류이든지 작동조건 한도 내에서 사용해야 하며 쾌적감과 착용시간에 영향을 주는 환경조건을 파악해야 한다.

(7) 사용하는 도구(Tools used)

작업 중에 사용하는 도구가 호흡보호구에 영향을 줄 수 있다. 예를 들어, 용접이나 제련과정에서 사용하는 전동식 호흡보호구의 경우 극도의 전자기장에 취약하다. 이럴 경우 호흡보호구에 문제를 발생시킬 수 있다. 이럴 경우 다른 대안을 찾아야 한다.

용접과 기타 공정에서 사용하는 호흡보호구가 고열 혹은 용융 입자에 취약할 수 있다. 이들은 호흡보호구에 영향을 줄 수 있는데 특히, 필터에 점화 가능성이 있다. 인화의 위험이 있는 곳에서는 더 높은 온도와 화염에 저항성이 있는 호흡보호구를 선정해야 한다.

페인트 스프레이, 코팅, 접착제, 농약살포 작업인 경우 호흡보호구의 손상과 오염을 고려해야 한다. 호흡보호구의 세척이 어려우면 적절한 일회용 호흡보호구나 일회용 바이저 혹은 커버가 필요하다. 만약 제조사의 언급이 없는 유기용제를 가지고 세척하는 것은 호흡보호구에 손상을 입힐 수 있다. 밸브를 세척을 하지 않거나 정기적으로 교체하지 않으면 접착제나 스프레이가 밸브에 묻어 기능을 떨어뜨릴 수 있다. 많은 전동공구(Power tool)들은 호흡보호구의 성능을 떨어뜨린다. 이들 기기들로부터 나오는 진동, 에어제트 혹은 입자물질이 호흡보호구에 충격을 가한다. 만약 에어제트나 입자물질이 호흡보호구의 밀착면이나 밸브에 충격을 가하면 심각한 문제를 초래한다. 에어제트나 고속의 입자물질이 이같이 민감한 부분에 악영향을 끼치지 않도록 평가가 이루어져야 한다.

3. 착용자 인자 (Wearer factor)

(1) 건강상태(Medical fitness)

건강상태는 호흡보호구를 선택하는데 많은 영향을 미친다. 예를 들어, 심혈관 질환, 호흡기 질환, 상기도 감염, 간질이나 운동실조 혹은 진전(Tremor)과 같은 신경계통 문제, 우울증이나 폐쇄공포증 같은 심리적 문제, 시야 장해, 소음성 난청 혹은 기타 귀의 감염으로 인한 현기증 혹은 균형감각 이상 등이다.

심장이나 폐 질환 기왕증을 가진 사람들은 호흡보호구를 착용하기 앞서 산업의학 전문의의 조언이 필요하다.

폐결핵, 폐렴 혹은 기관지염 같은 일시적인 폐질환을 가진 사람은 어떠한 호흡보호구도 착용해서는 안 된다. 천식과 같이 만성적인 폐질환을 가진 사람은 의사의 동의하에 어떤 종류의 호흡보호구를 착용할 수는 있다.

기침, 감기, 경미한 독감을 가진 사람은 적절한 호흡기보호구를 사용할 수 있다. 호흡보호구를 선정할 경우에는 사용자의 견해를 물어보아야 한다. 또 추가적인 휴식이 필요하다.

신경계 혹은 심리적인 문제를 갖고 있는 경우 호흡보호구의 선정 문제는 지극히 개인적인 문제이며 선택권에 있어서 가능한 한 여러 종류의 호흡보호구에서 선택할 수 있도록 배려하고 최종 선택한 것이 편안한지 체크해야 한다. 대부분의 경우 의사의 도움이 필요하다.

시력이나 청력에 문제가 있는 경우에는 호흡보호구 착용으로 인해 의사소통에 더 큰 문제가 있는지를 평가해야 한다. 의사소통이 더 어려워지면 마이크로폰, 헤드폰과 무전기를 사용해야 한다.

(2) 얼굴 특성(Facial characteristics)

상처나 깍지 않은 수염은 호흡보호구의 보호정도에 심각한 영향을 준다. 물론 이런 문제는 밀착형 호흡보호구에 국한된다. 안면부의 접촉면에 수염이나 불규칙한 얼굴 곡면으로 밀착이 잘 이루어지지 않는 호흡보호구를 선택해서는 안 된다. 이럴 경우에는 밀착형의 호흡보호구 보다는 후드나 슈트형의 압축 에어라인이나 전동식 호흡보호구를 선택해야 한다. 연구결과 하루만 수염을 깍지 않아도 안면부 누설이 극적으로 증가한다. 이를 근거로 전에 밀착성능이 좋았는데 현재 좋지 않다는 것은 작업 전 8시간 이전에 수염을 깍지 않았다는 의미이다.

밀착형 호흡보호구가 얼굴의 곡면에 잘 밀착이 되는지 여부는 밀착체크(Fit check)나 밀착도 검사(Fit test)를 해보면 알 수 있다. 밀착도 검사결과 만족스럽지 못한 결과가 나오면 후드나 헬멧형의 호흡보호구를 선택한다.

(3) 안경(Spectacles)

표준형 안경은 호흡보호구 특히, 전면형 호흡보호구의 보호에 많은 영향을 준다. 안경을 착용해야 하는 경우에는 안경으로 인한 문제가 발생하지 않도록 디자인된 전면형 호흡보호구를 선택해야 한다. 이 호흡보호구는 안면부의 밀착을 깨지 않도록 디자인 되어있다. 또 다른 대안으로는 압축 에어라인이나 헬멧 혹은 후드형 전동식 호흡보호구를 선택해야 한다. 이 경우 제조사의 지시를 따르도록 한다.

(4) 콘택트렌즈(Contact lenses)

호흡보호구에서 콘택트렌즈도 문제를 야기할 수 있다. 이들 문제는 호흡보호구에서 나오는 공기로 인하여 눈이 과도하게 건조해진다거나 콘택트렌즈의 위치가 변형되는 문제이다. 이 경우 착용자가 이를 수정하기 위해 호흡보호구를 벗게 될 것이고 이때 오염물질에 노출된다. 이때에는 깨끗한 장소로 이동하여 호흡보호구를 벗고 콘택트렌즈를 다시 수정하도록 해야 한다. 이것이 신속하게 이루어지지 않아 오염물질의 노출 위험이 발생한다면 콘택트렌즈 사용을 억제해야 한다. 산소결핍, 밀폐공간, IDLH에서는 콘택트렌즈보다는 일반 안경이 더 나을 것이다.

(5) 장신구(Non PPE accessories)

종교적이거나 사적인 이유로 인하여 착용하는 장신구가 호흡보호구의 보호정도를 떨어뜨리거나 추가적인 위험을 초래할 수 있다. 예를 들어, 시곗줄, 목걸이, 스카프, 팔찌 혹은 느슨한 큰 팔찌, 헤드기어, 귀걸이 혹은 기타 신체의 피어싱 장신구들이다. 핸드폰이나 키 뭉치도 이런 문제를 야기한다.

어떤 이유로 인하여 호흡보호구 사용하는 동안 이런 것들을 벗어버릴 수 없는 경우에는 적절한 호흡보호구 선정을 위한 평가가 이루어져야 한다. 이로 인한 불편함이 호흡보호구를 벗게 하거나 보호정도를 감소시키는 결과를 초래한다. 개인적인 이런 것들로 인해 호흡보호구를 착용하고 벗고 하는데 방해가 되어서는 안 된다.

(6) 기타 개인장구로 인한 방해(Interaction with other PPE)

많은 작업장에서 여러 가지 위험요인이 존재한다. 안전모, 청력 보호구, 눈 보호구 혹은 보호의가 필요한 곳에서 이들로 인해 호흡보호구의 보호가 떨어져서는 안 된다. 마스크의 끈이 귀덮개 밑으로 들어가는 경우, 고글이 반면형 마스크의 위치를 변동시키는 경우, 보호의가 마스크의 밀착정도를 떨어뜨리는 경우, 안전모를 착용하여 호흡보호구의 밀착도가 방해받은 경우 등이다.

제조사가 개인장구와 사용해도 문제가 되지 않는 호환성이 있는 호흡보호구를 추천하면 이것을 먼저 고려한다. 얼굴과 머리를 함께 보호할 수 있는 전동식 호흡보호구와 압축 에어라인이 있으며 어떤 경우에는 여기에 용접 여과필터 어댑터와 청력보호구가 추가되기도 한다. 일반적으로 전면형 마스크는 용접필터 어댑터와 잘 맞는 바이저(Visor)를 가지고 있다.

호흡보호구 적합성 인자 요약

적합성 인자	이유	대책	
작업율 (작업강도)	작업강도가 높을수록 호흡량과 땀을 많이 흘리는데 호흡량이 많으면 더 많은 누설이 일어나고 땀 역시 미끄러짐을 유발하여 누설이 일어남	경 작업	앉아서 하는 팔 다리작업으로 조립, 가벼운 선별 작업, 드릴 작업 등: 모든 호흡보호구 가능
		중간 작업	지속적으로 수행하는 팔, 다리 작업으로 경작업과 격심한 작업을 제외한 모든 작업 해당: 보다 간편함을 원한다면 전동식 호흡보호구나 느슨형(후드나 헬멧형) 호흡보호구
		격심한 작업	격심한 수작업으로 삽질, 땅파기, 계단이나 사다리 오르기, 광석 제기 등: 전동식 혹은 공기호흡기

착용시간	비전동식 마스크를 착용하고 장시간 작업하면 호흡이 어려워 작업자는 벗으려 함	1시간 이상 작업	전동식 호흡보호구가 피로도와 불쾌감을 최소화 함
비정상적인 온도와 습도	고온 다습한 환경은 고열장해, 땀, 불쾌감 유발	고열작업	문제를 최소화하려면 전동식 혹은 송기마스크. 냉각 압축공기를 사용할 수 있음
	송기마스크나 전동식 마스크 공기가 작업자에게 냉각효과 유발	저온작업	뜨거운 공기를 이용한 송기마스크
수염과 상처	얼굴과 마스크 사이에 누설을 유발	1) 마스크 접촉면의 머리털, 수염 2) 접촉면 얼굴의 깊은 상처, 주름, 기형 등	마스크 접촉면에 영향을 받지 않는 느슨형 호흡보호구
안경	일반의 전면형 마스크는 안경다리와 호환이 되지 않아 누설이 생김	일부 호흡보호구 제조업체는 안경다리와 호환이 되는 마스크 면체를 만들기 때문에 이런 제품을 사용	
시야 확보 문제	미세한 작업을 해야 하는 공정의 경우에는 전면형 마스크나 후드의 바이저(visor)에 스크래치, 내부에 김 서림, 미스트가 달라붙으면 작업에 지장 초래	스크래치나 빛의 영향이 없는 반면형 마스크를 우선 고려해야 함. 전동식 마스크나 송기식 호흡보호구는 김 서림에 영향을 덜 받음. 일부 제품 중에는 스크래치 방지 바이저가 출시되고 있음.	
의사소통 필요	모든 마스크는 의사소통에 문제점 있음	소통이 반드시 필요한 작업에서는 의사소통이 가능한 호흡보호구(의사소통 가능한 다이어프램이나 무선 인터콤 장치)를 선정	
인화 혹은 폭발 분위기	호흡보호구가 점화원이 될 수 있음	인화나 폭발분위기(산소농도 23% 이상 포함)에서는 인화나 폭발에 안전한 합금물질 제품이나 정전기 방지제품의 호흡보호구 사용	
에어파우워 도구 사용	도구의 에어제트가 호흡보호구 밸브의 누설을 유발	도구를 감싸든지 밸브가 도구배출위치에서 동떨어지게 설계된 호흡보호구 사용	
	공기공급원을 에어파우워와 동시에 연결해야 하는 호흡보호구는 성능에 문제가 생김	동시에 사용하는 시간에는 충분한 공기 공급이 이루어지게 함	
콘택트 렌즈	렌즈가 불편하거나 위치가 이탈하면 다시 끼우기 위해 호흡보호구를 벗어야 함	안경(필요하면 마스크 안에)을 사용	
이동성	호스를 끌 때 찢기거나 손상될 수 있음. 좁은 공간에 실린더나 무겁고 부피 큰 장치를 메고 들어 감	충분한 감시체계를 만들거나 다른 호흡보호구를 고려해야 함	

3. 호흡보호구 선정절차

2013년 저자의 연구용역을 바탕으로 산업안전보건공단에서는 「화학물질 취급 근로자의 호흡보호구 선정 기술지침(KOSHA GUIDE H-150-2014)」을 만들었다(안전보건공단, 2013). 이 기술지침에는 호흡보호구를 올바르게 선정하는 데 필요한 손쉬운 방법을 제시하고 있다. 특히, 노출기준이 있는 화학물질에 대해서는 부록만 찾아도 손쉽게 호흡보호구를 선정할 수 있다. 노출기준이 없는 화학물질에 대해서는 현재 산업안전보건공단에서 시행 중인 「유해·위험성 평가」 방법과 유사하게 그 화학물질에 대해 유해위험성을 평가한 후 호흡보호구를 선정하면 된다. 따라서 실무에서는 이상에서 언급한 KOSHA GUIDE를 반드시 참고해야 한다.

1) 호흡보호구 선정절차 전 고려사항

(1) 호흡보호구를 선정하기에 앞서 다음과 같이 화학물질의 호흡과 관련한 유해성 및 조건을 알아야 한다.

① 오염물질의 종류 및 농도와 같은 일반적인 조건

② 오염물질의 이화학 및 독성적인 특성

③ 노출기준

④ 예상농도

⑤ IDLH 농도

⑥ 산소농도 혹은 기대산소농도

⑦ 눈에 대한 자극 혹은 자극 가능성

⑧ 오일 에어로졸의 존재 여부 같은 환경인자

(2) 공기 중 오염물질의 농도를 측정한다.

(3) 호흡보호구의 일반적인 사용조건에는 호흡보호구를 착용함으로 인한 불편한 정도는 물론이고 작업시간, 주기, 위치, 물리적인 조건 및 공정 등 작업의 실체가 포함되어야 한다. 개인의 의학적 및 심리적인 문제로 인하여 특정한 호흡보호구 특히, 공기

호흡기 같은 호흡보호구를 사용하지 못할 수도 있다.

(4) 사용주는 정화통의 교환주기표를 만들어 놓아야 한다. 이 주기는 제조사의 도움이나 수명시험을 통하여 만들 수 있다. 이 주기는 화학물질의 냄새 특성과 관계없이 평가가 이루어져야 한다. 평가는 극한의 온도와 습도에서 이루어져야 한다.

(5) 정화통을 교환할 때 냄새에만 의존하지 말아야 하며 근로자들은 냄새가 나거나 오염물질에 의 자극적인 경험을 하면 오염지역을 벗어나도록 훈련받아야 한다.

2) 호흡보호구 사용 시 제한점과 필요조건

(1) 작업장 유해물질의 농도는 매일 그리고 시시 때때로 변한다. 그러므로 유해물질의 농도가 가장 높은 경우를 고려하여 호흡보호구를 선정해야 한다.

(2) 2018년 현재 우리나라에서는 법적으로 규정되어 있지 않으나 밀착형 호흡보호구에 대해서는 정성(QLFT) 혹은 정량밀착도 검사(QNFT)를 권고한다.

(3) 밀착형 호흡보호구를 얼굴에 상처나 기형이 있어 누설이 일어날 수 있는 자가 착용해서는 안 된다.

(4) 밀착형 호흡보호구를 머리카락이나 수염으로 인하여 누설이 일어날 수 있는 자가 착용해서는 안 된다.

(5) 공기정화식(여과식) 특히, 가스/증기 오염물질용 정화통의 사용한계를 벗어나지 말아야 한다. 문제의 화학물질에 부적합하거나 파과 후까지 사용해서는 안 된다.

(6) KCs마크를 획득한 호흡보호구를 사용해야 한다.

(7) 문서로 된 호흡보호프로그램이 있어야 한다. 여기에는 교육훈련, 호흡보호구의 유지·보수·세척 및 평가, 제조사의 사용법, 밀착도 검사, 의학적 평가, 감시체계가 기술되어 있어야 한다.

3) 보호계수의 개념과 할당보호계수

(1) 보호계수(Protection Factor: PF)

보호구를 착용함으로써 유해물질로부터 얼마만큼 보호해 주는지 그 정도를 말하며 보호구 밖의 농도(C_o)와 안의 농도(C_i) 비 즉, C_o/C_i로 표현할 수 있다.

$$\text{보호계수(Protection Factor, PF)} = \frac{C_o}{C_i}$$

보호구 안에서의 농도가 보호구 밖에서의 농도보다 통상 작을 것이므로 PF는 늘 1보다 크다. 만약 보호계수가 10이라면 밖의 농도 10 ppm의 오염물질을 호흡보호구를 착용함으로 보호구 안으로 1 ppm만 노출되게 한다는 의미이기 때문에 10배를 보호를 해 준다는 의미이다. 보호구 안으로 유해물질이 유입되는 경로는 방진필터나 방독정화통 투과, 호기밸브의 틈, 보호구와 인체접촉면의 틈 등 다양하다.
보호계수는 사용하는 용도에 따라서 다음과 같이 분류할 수 있다.

- **할당보호계수(APF):** 각 호흡보호구에게 주어지는 보호정도의 예측 값이다(다음 설명을 참조하기 바람)
- **밀착계수(Fit Factor, FF):** 정량적인 밀착도 검사 시 산출되는 보호구 안과 밖의 테스트 물질(Test Agent)의 비(Ratio)이다. FF는 각 개인 착용자마다 산출되는 값이므로 거의 모두 다르게 산출된다. FF는 착용자에게 잘 맞는 호흡보호구의 선정과 어떻게 착용하는 것이 밀착성능이 좋은지를 알려주기 위한 목적으로 사용된다.
- **작업장보호계수(Workplace Protection Factor, WPF; Field Performance Factor라고도 함):** 실제 작업장에서 호흡보호구 안과 밖의 오염물질의 농도를 측정하고 비(Ratio)로 나타낸 값이다. 일반적으로 FF와 WPF는 상관관계가 있을 것으로 생각하지만 지금까지의 연구에 의하면 상관관계가 극히 적은 것으로 나타나고 있다. 그 이유는 FF는 통제된 실험실에서 산출된 것이지만 WPF는 여러 가지 변수가 많은 작업장의 실제 농도 값이다. 작업장의 농도 차이, 바람의 영향, 밀착성능을 높이기 위한 착용자의 노력, 땀, 호흡정도, 작업강도 등 수많은 변수 때문에 상관관계가 나타나지 않는 경우가 훨씬 많다.

- **모사작업장계수(Simulated WPF, SWPF):** 작업장과 여러 가지 요건을 유사하게 만든 실험실에서 작업장과 동일한 오염물질을 테스트 물질로 사용하여 보호구 안과 밖의 오염물질 농도의 비

(2) 할당보호계수(Assigned Protection Factor, APF)

일반적인 PF 개념의 특별한 적용으로써 적절히 밀착이 이루어진 호흡보호구를 훈련된 일련의 착용자들이 작업장에서 착용하였을 때 기대되는 최소 보호정도를 수치로 나타낸 것이다. 예를 들어, APF가 100인 보호구를 착용하고 작업장에 들어가면 착용자는 외부 유해물질로부터 적어도 100배만큼의 보호를 받을 수 있다는 의미이다. 이것은 각 호흡보호구에 주어진 예측되는 최소값의 개념이며 각 개인 착용자에게 주어진 값이 아니다. 따라서 만약 마스크와 착용자의 얼굴이 우연히 잘 맞으면 APF보다 훨씬 보호정도가 우수할 수 있으나 그 반대도 성립된다.

현재 각 나라에서는 부르는 명칭을 다르지만 이에 대한 개념을 모두 가지고 있다. 예를 들어, 각 나라별로 보호계수의 명칭은 다음과 같다.

- 미국: 할당보호계수 (APF: Assigned Protection Factor)
- 유럽(영국, 독일, 스웨덴 등): 보호계수(PF: Protection Factor) 혹은 할당보호계수 (APF)
- 일본: 지정방호계수

미국 할당보호계수의 특징은 안면부(면체)를 통한 오염물질의 침투(Penetration)는 크게 고려하지 않고 얼굴과 호흡보호구 안면부(면체) 사이의 누설(Faceseal Leakage)만을 고려하여 우선적으로 안면부의 형태에 따라 보호계수를 정한 것이다. 예를 들면, 미국 OSHA에서는 방진필터의 종류가 9개(N95, N99, N100, R95, R99, R100, P95, P99 그리고 P100)로 분류됨에도 불구하고 필터의 종류에 관계없이 이들 필터가 1/4형이면 APF=5, 반면형이면 APF=10, 전면형이면 APF=50으로 되어있다.

반면, 유럽(영국, 독일 등)에서는 얼굴과 호흡보호구 안면부(면체) 사이의 누설정도는 물론 오염물질의 안면부 면체(Media) 침투까지 고려하기 때문에 좀 더 복잡해진다. 예를 들어, 방진마스크의 경우 P1(우리나라 2급에 해당), P2((우리나라 1급에 해당), P3(우리나라 특급에 해당)에 따라 보호계수는 크게 달라지며 장착하는 마스크 면체의 형태에 따라

또 달라진다. 예를 들어, 반면형 방진마스크의 보호계수는 P1=4, P2=10, P3=20이며 전면형 방진마스크의 보호계수는 P1=4, P2=10, P3=40이다.

일본의 경우는 지정방호계수는 보호구의 형태에 따라 하나 값으로 정해진 것이 아니라 광범위한 값으로 정해져 있다. 예를 들면, 반면형 방진마스크의 경우 3-10으로 광범위하게 값을 정해놓았다.

〈표 3-3〉 호흡보호구별 할당보호계수(KOSHA Guide H-150-2014)

호흡보호구의 형태	안면부 형태	보호계수(양압)	보호계수(음압)
비전동식 (수동식, 폐력식)	1/4형	N/A	5
	반면형		10
	전면형		50
전동식	반면형	50	N/A
	전면형	1,000	
	후드	1,000	
송기식	반면형	50	N/A
	전면형	1,000	
	후드	1,000	
자급식	공기호흡기	10,000	

※ N/A : 해당사항 없음(Not Application)

우리나라는 호흡보호구에 대한 보호계수를 결정할 수 있는 어떤 실험 데이터도 갖고 있지 않다. 따라서 실험 데이터가 전혀 없는 현 단계에서는 외국의 보호계수를 도입하는 수밖에 없다. 이는 마치 노출기준을 처음 도입할 때 미국 ACGIH의 TLV를 거의 그대로 도입하여 사용한 것과 같다.

안전보건공단 기술지침에서 정한 호흡보호구의 할당보호계수(APF)는 <표 3-3>과 같으며 이는 미국 OSHA의 것을 그대로 준용한 것이다(KOSHA GUIDE H-150-2014). 우리나라 호흡보호구의 인증기준이 비록 유럽기준과 유사하지만 유럽의 할당보호계수를 도입할 경우 너무 복잡하고 다양하여 호흡보호구에 대한 충분한 지식이 없는 보건관리자가 이것을 이해하기 매우 어려울 것이다. 따라서 비교적 간단하고 이해하기 쉬운 미국의 할당보호계수를 준용한 것이 타당할 것이다.

[그림 3-2]는 호흡보호구별 보호정도 즉, 할당보호계수 크기를 비교한 것이다.

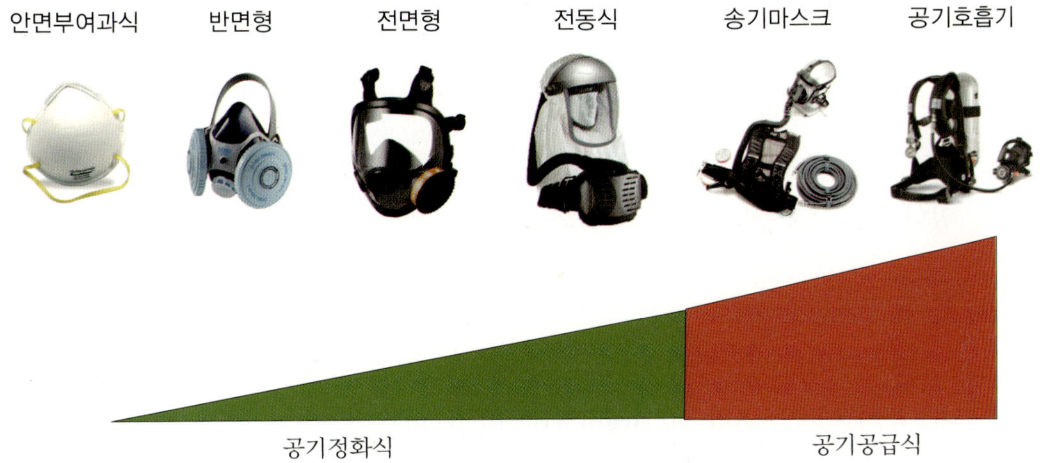

[그림 3-2] 호흡보호구별 보호정도(할당보호계수) 비교

❑ 할당보호계수의 활용

(가) 호흡보호구의 선정

유해비(혹은 최소필요보호계수)를 산출하고 유해비보다 높은 할당보호계수의 호흡보호구를 산출한다.

【예시 1】 톨루엔의 노출기준은 50 ppm인데, 공기 중 오염물질의 농도를 측정한 결과 1,500 ppm이다. 어떤 호흡용 보호구를 선정하여야 하는가?

① 유해비: $\dfrac{1{,}500\ \text{ppm}}{50\ \text{ppm}} = 30$

② 할당보호계수가 유해비(30)보다 큰 호흡용 보호구 선정

③ 호흡용 보호구 선정: 유기화합물용 방독마스크로서 비전동식의 전면형, 유기화합물용 전동식 방독마스크, 모든 형태의 송기식 또는 자급식 호흡보호구

【예시 2】 TCE의 노출기준은 10 ppm인데, 공기 중 오염물질의 농도를 측정한 결과는 20 ppm이다. 어떤 호흡용 보호구를 선정하여야 하는가?

① 유해비: $\frac{20\ \text{ppm}}{10\ \text{ppm}} = 2$

② 보호계수가 유해비(2)보다 큰 호흡용 보호구 선정

③ 호흡용 보호구 선정: 모든 종류의 유기화합물용 방독마스크

(나) 최대사용농도 산출

APF를 이용하여 보호구에 대한 최대사용농도(Maximum Use Concentration, MUC)를 구할 수 있다. 최대허용농도는 어떤 물질의 허용농도에 APF를 곱함으로써 구해진다.

【예시 1】 반면형 마스크를 착용하기 위한 작업장 구리 분진(노출기준 1 mg/m^3)의 농도는 얼마인가? 단, 반면형 마스크의 APF는 10이다.

① MUC=허용농도× APF = 1 mg/m^3×10=10 mg/m^3

② 만약 이보다 농도가 높으면 전면형 마스크를 착용해야 한다.

한편, <표 3-4>는 영국 HSE에서 정한 영국의 할당보호계수이다(HSE, 2012).

〈표 3-4〉 영국의 호흡보호구에 대한 할당보호계수

할당보호계수	여과식 호흡보호구(공기정화식)						호흡장치(BA) (공기공급식)		
	반면형 방진 마스크	반면형 방독 마스크	전면형 방진 마스크	전면형 방독 마스크	전동식 마스크	전동식 후드	호스식	일정유량식 에어라인(BA)	디맨드식 밸브(BA)
4	FFP1, FMP1, P1		P1						
10	FFP2, FMP2, P2	FF gas, FM gas	P2		TH1	TM1		LDH1	
20	FFP3, FMP3, P3			Gas	TH2	TM2		LDH2, LDM1, LDM2, 반면형	
40			P3		TH3	TM3	전면형, 후드	LDH3, LDM3, 전면형, 후드.	
200								슈트	
2000									에어라인, 공기호흡기

4) 호흡보호구 선정절차

□ 일반적인 호흡보호구 선정 흐름도

일반적인 호흡보호구 선정 흐름도는 [그림 3-3]과 같다.

(1) 위해도 평가

호흡보호구 선택에 있어 필요한 작업장 내 노출평가는 오염물질의 물리적 상태, 피부흡수, 눈에 대한 자극, 산소농도, 가스/증기의 경고특성을 들 수 있다. 예를 들어, 눈에 대한 자극성 물질을 다룰 경우에는 반드시 전면형 마스크 이상의 호흡보호구가 필요하다. 노출평가는 공기포집 등 다양한 방법으로 구할 수 있다.

(2) 소방작업, 산소결핍 혹은 IDLH

이때에는 전면형 공기호흡기나 에어라인을 선택해야 한다. IDLH 농도는 NIOSH의 자료를 참고하면 되는데 인터넷을 통하여 구할 수 있고 자주 바뀌기 때문에 최근 자료를 사용해야 한다.

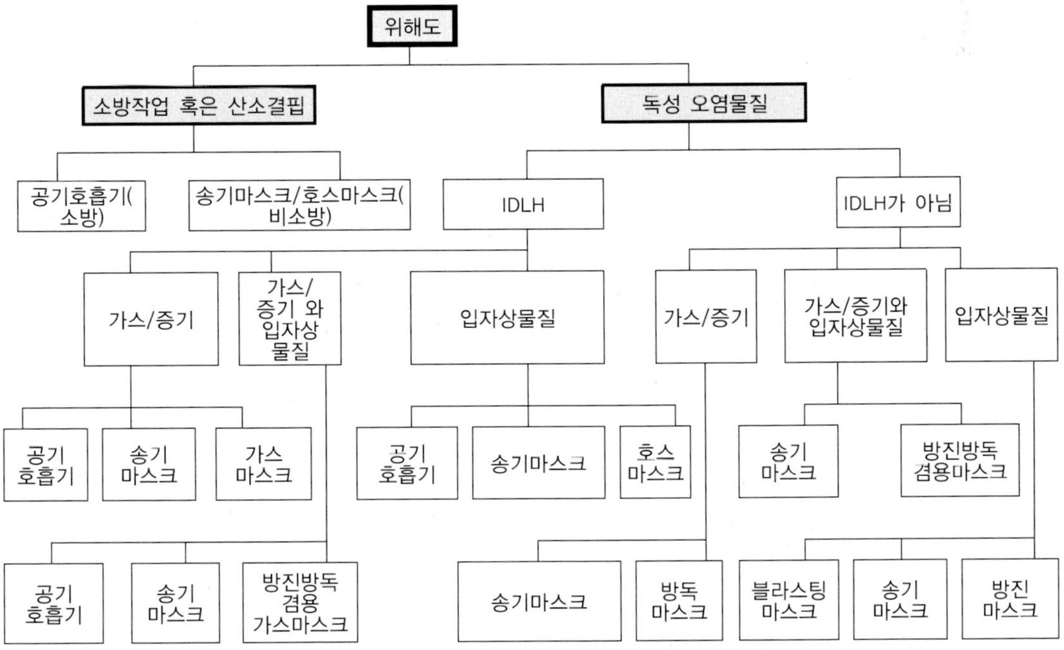

[그림 3-3] 일반적인 호흡보호구 선정 흐름도

(3) 방진 혹은 방독마스크 선택

① 포집 가능한 물질

일반적으로 방진마스크인지 방독마스크인지를 결정하는 첫 번째 조건은 유해물질의 노출이 입자상인지 가스/증기상인지 파악하는 것이다.

일부 물질은 쉽게 알 수 있으나 어떤 물질은 쉽지 않다. 일반적으로 노춘기준이나 ACGIH의 TLVs의 단위가 오직 mg/m^3으로만 되어 있는 것은 입자상 물질이다. 단위가 ppm으로만 되어 있으면 가스/증기상이다. 단위가 mg/m^3과 ppm으로 둘 다 표기되어 있으면 공정에 따라 입자상 혹은 가스/증기상으로 노출되는 것이다.

그러나 이렇게 간단하게 방진 혹은 방독마스크로 결정되지 않는 경우도 있다. 단위가 mg/m^3로만 되어 있는 물질이라도 증기로도 발생할 수 있다. 예를 들어, Acrylamide(C_3H_5NO)는 냄새가 없는 결정의 고형물이므로 단위는 mg/m^3로만 되어 있어 당연히 방진마스크를 선택할 것이다. 그러나 이 물질은 방진필터에 잡혀있거나 공기 중 입자상 물질로 존재할 때에도 높은 증기압을 가지고 있어 증발이 용이하다. 따라서 이 물질은 방진·방독 겸용 마스크를 착용하는 것이 바람직하다.

반대의 예도 있다. 원래는 증기상인 물질이 공기 중 입자에 흡착이나 흡수되어 상당부분이 입자로 존재하는 경우이다. 예를 들어, Ethylene glycol은 단위가 ppm으로 표기되어 있어 증발하는 물질이지만 습도가 60 %이상에서는 공기 중 농도가 127 mg/m^3에 이르므로 이때에도 방진·방독 겸용 마스크를 착용해야 한다.

어떤 물질이 증기상인지 입자상인지를 알기 위해서는 그 물질의 포화증기농도(Saturated Vapor Concentration: SVC) 대비 총 공기 중 농도(Total Airborne Concentration: TAC)가 작을수록 입자상이다. 예를 들어, 20 ℃에서 납은 SVC가 0이기 때문에 당연히 입자상 물질이다.

② 현재 기술로 포집이 어려운 물질

모든 화학물질을 여과할 수 있는 흡착 및 흡수기술은 현재로는 존재하지 않는다. 수많은 여과제 제조회사들이 장시간의 연구를 거듭했음에도 불구하고 화학물질이 갖고 있는 고유의 특성이나(예를 들어, 분자량이 너무 가볍거나 증기압이 너무 큰 경우) 현재 기술의

미흡으로 인하여 우리가 생각하고 있는 것보다 훨씬 많은 물질들이 방독마스크로 잡히지 않는 경우가 많다.

예를 들어, 많은 사람들이 메탄올(CH_3OH)은 유기화합물용 방독정화통으로 쉽게 포집할 수 있을 것으로 생각하고 있으나 전혀 그렇지 않다. 메탄올은 끓는점 64.7 ℃, 몰 질량 32.04 g/mol, 증기압 13.02 kPa이므로 너무 가볍고 증발이 잘 되는 물질이기 때문에 현재의 흡착기술로는 이 물질을 잡기 어렵다. 현재까지 알려진 바로는 겨우 5분 정도 포집이 되고 곧 파과가 일어난다. 따라서 이보다 장시간 사용하는 작업장은 당연히 송기마스크를 착용해야 한다. 이에 비해 에탄올(C_2H_6O)은 끓는점 78.37 ℃, 몰 질량 46.07 g/mol, 증기압 5.95 kPa이므로 유기화합물 방독 정화통으로 비교적 포집이 잘 된다.

산(Acid) 역시 어떤 것을 포집이 잘 되는 반면 어떤 것은 전혀 아니다. 질산가스 역시 대표적으로 현재의 기술로는 포집이 잘 안 되는 물질이다. 그러나 불산가스(HF)는 산가스용 방독정화통으로 흡수 제거가 잘 된다.

이처럼 단순하게 입자상물질은 방진마스크로, 가스/증기상 물질은 방독마스크로 간단히 포집할 수 있다고 생각하는 것은 극히 위험한 생각이다. 따라서 정확한 정보를 얻기 위해서는 호흡보호구 전문가나 제조사에게 문의하여 확인해야 한다. <표 3-5>는 안전보건공단의 기술지침(KOSHA GUIDE H-150-2014)에서 현재의 기술로는 포집하기 어려워 송기마스크를 착용할 것을 권고한 물질들이다.

〈표 3–5〉 방독마스크 착용 금지 물질 (송기마스크 등 착용 필요)

1. 게르마늄 테트라하이드라이드	51. 산화 에틸렌
2. 노말-메틸 아닐린	52. 삼불화질소
3. N-페닐-베타-나프틸 아민	53. 삼수소화 비소
4. 니켈(가용성화합물)	54. 설퍼릴 플루오라이드
5. 니켈(불용성 무기화합물)	55. 설포텝 (TEDP)
6. 니켈(금속)	56. 수은(알킬화합물)
7. 니켈 카르보닐	57. 스티빈
8. 니트로글리세린	58. 시안화 수소
9. 4-니트로디페닐	59. 시안화 칼륨
10. 데카보란	60. 시안화합물
11. 디메톡시메탄 (메틸랄)	61. 시클로펜탄
12. 디메틸니트로소아민	62. 실레인 (실란) (실리콘 테트라하이드라이드)

13. 디메틸아닐린 14. 디메틸 카르바모일클로라이드 15. 1,1-디메틸하이드라진 16. 디보란 17. 1,2-디브로모에탄 (에틸렌디브로마이드) 18. 디아니시딘 19. 디아조메탄 20. 디클로르디플루오르메탄 21. 디클로로메탄 (메틸렌클로라이드) 22. 3,3-디클로로벤지딘 23. 디클로로아세틸렌 24. 디클로로 테트라플루오르에탄 25. 디클로로플루오르메탄 26. 1,1-디클로로-1-플루오르에탄 27. 망간 시클로펜타디에닐 트리카보닐 28. 메빈포스 (포스드린) 29. 메탄올 30. 메톡시클로르 31. 4,4'-메틸렌디아닐린 32. 4,4'-메틸렌비스(2-클로르아닐린) 33. 메틸 아세틸렌 34. 메틸 아세틸렌 프로파디엔 혼합물 35. 메틸 아크릴로니트릴 36. 메틸이소시아네이트 37. 메틸클로라이드 38. 메틸 포메이트 39. 메틸 하이드라진 40. 베타-나프틸아민 41. 벤조 피렌 42. 벤지딘 43. 부탄 44. 불소 45. 브로모클로로메탄 46. 브롬화 메틸 47. 브롬화 비닐 48. 브롬화 에틸 49. 비스-(클로로메틸)에테르 50. 사산화 오스뮴	63. 4-아미노디페닐 64. 액화 석유가스 65. 에틸렌이민 66. 염화 시아노겐 67. 염화 에틸 68. 오쏘-톨리딘 69. 오카르보닐 철(펜타카르보닐 철) 70. 요오드화 메틸 71. 육불화 셀레늄 72. 육불화 텔레늄 73. 육불화 황 74. 이불화산소 75. 이산화질소 76. 이산화탄소 77. 인(황색) 78. 일산화질소 79. 일산화탄소 80. 질산 81. 카르보닐 클로라이드 (포스겐) 82. 케텐 83. 코발트 하이드로카르보닐 84. 코발트 카르보닐 85. 크리센 86. 클로로디플루오르메탄 87. 클로로메틸 메틸에테르 88. 클로르에틸렌 (비닐클로라이드) 89. 클로로펜타플루오르에탄 90. 클로로피크린 91. 1,1,2-트리클로르-1,2,2-트리플루오르에탄 92. 트리플루오르 브로모메탄 93. 퍼클로릴 플루오라이드 94. 펜타보레인 95. 포스핀 96. 프로판 설톤 97. 하이드라진 98. 헥사메틸 포스포르아미드 99. 헥사플루오르아세톤

(4) 호흡보호구 선택

① 소방작업이면 공기호흡기, 산소결핍이나 소방작업이면 공기호흡기, 송기마스크/호스마스크를 사용한다.

② 독성 오염물질이면 다시 IDLH인지 IDLH가 아닌지를 구별한다.

(가) IDLH인 경우

- 가스/증기가 존재하면 공기호흡기, 송기마스크/호스마스크 혹은 가스마스크(격리식 방독마스크)를 사용한다.
- 입자상 물질이 존재하면 공기호흡기, 송기마스크/호스마스크를 사용한다.
- 가스/증기와 입자상 물질이 동시에 존재하면 공기호흡기, 송기마스크/호스마스크 혹은 (방진방독)겸용가스마스크를 사용한다.

(나) IDLH가 아닌 경우

- 가스/증기가 존재하면 방독마스크, 송기마스크를 사용한다.
- 입자상 물질이 존재하면 방진마스크, 송기마스크를 선정하고 블라스팅(Blasting)작업이면 블라스팅 송기마스크를 선택한다.
- 가스/증기와 입자상 물질이 동시에 존재하면 방진방독겸용마스크 혹은 송기마스크를 사용한다.

□ 위해도 평가를 통한 호흡보호구 선정 흐름도

(1) 공기 중 유해물질 및 위험인자 분류

① 공기 중 유해물질을 물리적인 성상으로 따라 <표 3-6>과 같이 분류한다.

- 고체의 입자상 물질은 분진(Dust), 흄(Fume), 검댕(Smoke), 스모그(Smog), 섬유(Fiber), 에어로졸(Aerosol), 미생물 입자(Bioaerosol)이다.
- 액체의 입자상 물질은 미스트(Mist), 스프레이(Spray), 액적(液滴: Droplet)이다.
- 액체나 고체가 증발하면 가스체 즉, 증기(Vapor)이다.
- 상온에서 기체는 가스(Gas)이며 공기처럼 행동한다.

〈표 3-6〉 공기 중 유해물질의 물리적인 성상 분류

가스 및 증기	입자물질
• 불활성 물질 : 통상의 조건에서는 다른 물질과 반응하지 아니하나 공기를 치환하거나 산소결핍이 발생함에 따라 위험한 환경을 형성하는 물질(예: 네온, 알곤) • 산성물질 : 그 자체가 산으로 존재하거나 물과 반응하여 산을 형성하는 물질. 이들은 수중에서 양(+)전하를 가진 수소이온을 형성하여 pH 7 이하를 보임(예: 염산, 아황산가스, 불산, 이산화질소, 초산, 황화수소, 시안화수소) • 알칼리성 물질 : 그 자체가 알칼리성이거나 또는 물과 반응하여 알칼리성으로 되는 물질. 이들은 수중에서 음(-)전하를 가진 수산화이온을 형성하여 pH 7보다 큼(예: 암모니아, 아민, 인화수소등) • 유기화합물 : 탄소화합물 가. 포화탄화수소 : 메탄, 에탄, 부탄 나. 불포화탄화수소 : 에틸렌, 아세틸렌 다. 알콜 : 메틸알콜, 에틸알콜 라. 알데히드 : 포름알데히드 마. 케톤 : 메틸케톤 바. 할로겐화합물 : 클로로포름, 사염화탄소 사. 아미드 : 포름아미드, 아세트아미드 아. 이소시아네이트 : 톨루엔디이소시아네이트 자. 에폭시화합물 : 에틸렌옥사이드, 프로필렌옥사이드 차. 방향족화합물 : 벤젠, 톨루엔, 크실렌	• 먼지(Dust) : 대부분 콜로이드(Colloid)보다는 크고, 공기나 다른 가스에 의해 단시간 동안 부유할 수 있는 고체입자 • 흄(Fume) : 금속이 용해되어 액상물질로 되고 이것이 가스상 물질로 기화된 후 다시 응축되어 발생하는 고체미립자, 화학반응에 의해서도 생김(예: 염화암모늄) • 미스트(Mist) : 분산되어 있는 액체입자로서 통상 현미경적 크기에서 육안으로 볼 수 있는 크기까지를 포함(예: 크롬 도금액) • 스모크(Smoke) : 불완전 연소에 의하여 발생하는 에어로졸로서, 주로 고체상태이고 탄소와 기타 가연성물질로 구성됨 • 스모그(Smog) : 'Smoke'와 'Fog'에서 온 용어로 자연오염이나 인공오염에 의하여 발생한 대기오염 물질인 에어로졸에 대하여 광범위하게 적용되고 있음 • 미생물(Bioaerosol) : 단세포 또는 세포집단으로서 육안으로 인식할 수 없는 작은 생물과 그 활성물질(예: 박테리아, 진균류, 원생동물, 바이러스, 내독소, 진균독소)

② 화학물질의 건강장해정도(유해도)를 <표 3-7>과 같이 위험문구 또는 유해·위험문구로 분류한다.

③ 산소결핍 여부를 판단한다(산소량이 18% 미만이면 산소결핍으로 간주함).

④ 산소과다 여부를 판단한다. 산소가 과다하면 화재·폭발·화학반응 위험의 증가한다.

⑤ 밀폐공간인지 판단한다. 밀폐공간은 다음의 이유 때문에 생명의 위협이 생긴다.

- 고농도 유해 위험물질의 갑작스런 발생
- 과량의 질식제에 의한 산소결핍
- 단순한 호흡의 어려움

〈표 3-7〉 위험문구 또는 유해 · 위험문구 분류기준

구분	위험문구 (R-phrase)	유해 · 위험문구 (H-code)	비고
최대 (4)	Muta cat 3 R40	H341	생식세포 변이원성 2
	R42/43	H334, H317	호흡기 과민성 1, 피부 과민성 1
	R45	H350	발암성 1B
	R46	H340	생식세포 변이원성 1A, 1B
	R49	H350	발암성 1A
	R26	H330	급성 독성(흡입) 1, 2
	R26/27	H330,310	급성 독성(흡입, 경피) 1, 2
	R26/27/28	H330,310, 300	급성 독성(흡입, 경피, 경구) 1, 2
	R26/28	H330,300	급성 독성(흡입, 경피) 1, 2
	R27	H310	급성 독성(경피) 1, 2
	R27/28	H310,300	급성 독성(경피, 경구) 1, 2
	R28	H300	급성 독성(경구) 1, 2
	R40	H351	발암성 2
	R48/23, R48/23/24, R48/23/24/25, R48/23/25, R48/24	H372	특정표적장기 독성(반복 노출) 1
	R48/24/25, R48/25	H372	특정표적장기 독성(반복 노출) 1
	R60, R61	H360	생식독성 1A, 1B
	R62, R63	H361	생식독성 2
대 (3)	R23	H330	급성 독성(흡입) 2(증기)
		H331	급성 독성(흡입) 3(가스, 분진/미스트)
	R23/24	H330/H331, H311	급성 독성(흡입) 2(증기)/3(가스, 분진/미스트), 급성 독성(경피) 3

	R23/24/25	H330/H331, H311, H301	급성 독성(흡입) 2(증기)/3(가스, 분진/미스트), 급성 독성(경피, 경구) 3
	R23/25	H330/H331, H301	급성 독성(흡입) 2(증기)/3(가스, 분진/미스트), 급성 독성(경구) 3
	R24	H311	급성 독성(경피) 3
	R24/25	H331, H301	급성 독성(경피, 경구) 3
	R25	H301	급성 독성(경구) 3
	R34, R35	H314	피부 부식성/피부 자극성 1
	R36/37	H319, H335	심한 눈 손상성/눈 자극성 2, 특정표적장기 독성(1회 노출) 3 (호흡기계 자극)
	R36/37/38	H319, H335, H315	심한 눈 손상성/눈 자극성 2, 특정표적장기 독성(1회 노출) 3 (호흡기계 자극) 피부 부식성/피부 자극성 2
	R37	H335	특정표적장기 독성(1회 노출) 3 (호흡기계 자극)
	R37/38	H335, H315	특정표적장기 독성(1회 노출) 3 (호흡기계 자극) 피부 부식성/피부 자극성 2
	R41	H318	심한 눈 손상성/눈 자극성 1
	R43	H317	피부 과민성 1
	R48/20, R48/20/21, R48/20/21/22, R48/20/22, R48/21, R48/21/22, R48/22	H373	특정표적장기 독성(반복 노출) 2
중 (2)	R20	H332	급성 독성(흡입) 4
	R20/21	H332, H312	급성 독성(흡입, 경피) 4
	R20/21/22	H332, H312, H302	급성 독성(흡입, 경피, 경구) 4
	R20/22	H332, H302	급성 독성(흡입, 경구) 4
	R21	H312	급성 독성(경피) 4
	R21/22	H312, H302	급성 독성(경피, 경구) 4
	R22	H302	급성 독성(경구) 4
소 (1)	R36	H319	심한 눈 손상성/눈 자극성 2
	R36/38	H319, H315	심한 눈 손상성/눈 자극성 2, 피부 부식성/피부 자극성 2
	R38	H315	피부 부식성/피부 자극성 2

※ 중(2)-최대(4) 등급에 분류되지 않는 기타 위험문구 또는 유해위험문구는 "유해성=1"

(2) 호흡보호구 선정 절차

① 사업장 위험성 평가 방법을 준용하여 호흡보호구 선정을 위한 위험성 평가를 실시한다.

② 호흡보호구 선정표를 작성한다.

(가) 1단계

사업장, 작업환경, 작업시간 및 작업횟수를 기록한다.

(나) 2단계

ⓐ 호흡보호구를 착용해야만 하는 적절한 이유를 다음에서 골라 체크한다.

- 잔류위험: 모든 작업환경관리방법을 시행한 후에도 오염물질의 흡입 위험이 있다고 판단되는 경우
- 단시간 작업: 현실적으로 작업환경관리가 어려우며 작업 완료가 한 시간 미만인 경우
- 비상 대피: 안전한 곳으로 대피하는 과정에서 호흡보호구가 필요한 경우
- 임시조치: 작업환경관리 장치를 설치하는 동안 호흡보호구 착용을 원하는 경우
- 응급 작업/구조: 작업환경관리 장치의 고장이 생긴 경우

ⓑ 밀폐공간 작업 여부

- 밀폐공간: 밀폐공간이면 '예'
- 산소결핍 위험: 산소농도 18% 미만이거나 미만일 가능성이면 '예'

1 단계

사업장명	부서
평가일	작업라인
평가자	위치
작업소개	작업시간
	작업횟수

2 단계

작업환경관리방법

호흡보호구 사용 이유

잔류위험	
단시간작업	
비상대피	
임시조치	
응급작업/구조	

밀폐공간작업	확실하지 않음	아니오	예
밀폐공간 ?			
산소결핍 위험 ?			
위험물질 방출 ?			

전문가 도움 ← 확실하지 않음 / 아니오 → 3 단계 / 예 → 밀폐공간 작업규정을 따를 것. 할당보호계수가 10,000인 자급식호흡장치 사용

3 단계

화학물질	추천호흡보호구	할당보호계수
	가장 높은 할당보호계수	

4 단계

작업관련 인자

	작업률 : 경, 중(中), 중(重)		선명한 시야 확보 필요
	착용시간: <1hr, >1hr		명확한 의사소통 필요
	과도한 온도, 습도		비좁고 복잡한 작업장
	Power tool 사용		폭발위험 작업장
			움직임이 많은 작업장

사용자 이름

사용자 관련 인자

	헤드기어(터반 등)		안경이나 콘택트 렌즈 착용
	수염		눈, 머리, 귀 혹은 얼굴 보호
	얼굴 흉터, 잔주름		건강상태: 의학적 조언 필요

이 자료를 호흡보호구 공급자/전문가에게 송부, 사용자가 동의한 후 호흡보호구 지급

선정된 호흡보호구	·자급식 ________
	·여과식: 여과필터 종류 ________

5 단계

밀착형 호흡보호구인 경우 밀착도 검사 (Fit test)를 시행하고 작업장에서 사용	평가자 사인:

[그림 3-4] 호흡보호구 선정표(노출기준이 있는 화학물질의 경우)

(다) 3 단계

3단계에서는 노출기준이 있는 화학물질과 없는 화학물질의 경우로 나눈다.

❑ 노출기준이 있는 화학물질인 경우

이때는 안전보건공단의 기술지침(KOSHA GUIDE H-150-2014) 자료를 이용한다.

3 단계

화학물질	추천호흡보호구	할당보호계수
	가장 높은 할당보호계수	

① 안전보건공단의 기술지침(KOSHA GUIDE H-150-2014) '부록'에 수록된 추천 호흡보호구를 참조하여 호흡보호구를 기재한다.

② <표 3-3> 혹은 기타 자료를 이용하여 할당보호계수를 기재한다.

③ 할당보호계수 칼럼에 적혀 있는 값들 중에서 가장 높은 값을 '가장 높은 보호계수' 란에 기재한다.

❑ 노출기준이 없는 화학물질인 경우

이때는 호흡보호구 선정을 위한 위험성 평가를 실시한다.

3 단계

화학물질	유해 · 위험문구(H-code)	건강유해도그룹	사용량	비산성/휘발성	할당보호계수
			가장 높은 할당보호계수		

① GHS MSDS를 확보한다.

② <표 3-8>의 유해·위험문구(H-code) 분류기준을 이용하여 화학물질의 독성을 분류한다.

③ 화학물질인 경우에는 <표 3-8>, 입자상 물질이 발생하는 작업공정인 경우에는 <표 3-9>를 이용하여 건강유해도그룹(HHG: Health Hazard Group)을 분류한다.

1 단계

사업장명	
평가일	
평가자	
작업소개	

부서	
작업라인	
위치	
작업시간	
작업횟수	

2 단계

작업환경관리방법

호흡보호구 사용 이유

잔류위험	
단시간작업	
비상대피	
임시조치	
응급작업/구조	

밀폐공간작업	확실하지 않음	아니오	예
밀폐공간?			
산소결핍 위험?			
위험물질 방출?			

전문가 도움 ← (확실하지 않음) / 3 단계 ↓ (아니오) / (예) →

밀폐공간 작업규정을 따를 것. 할당보호계수가 10,000인 자급식호흡장치 사용

3 단계

화학물질	유해 · 위험문구(H-code)	건강위해도그룹	사용량	비산성/휘발성	할당보호계수
				가장 높은 할당보호계수	

4 단계

작업관련 인자

	작업률 : 경, 중(中), 중(重)		선명한 시야 확보 필요
	착용시간: <1hr, >1hr		명확한 의사소통 필요
	과도한 온도, 습도		비좁고 복잡한 작업장
	Power tool 사용		폭발위험 작업장
			움직임이 많은 작업장

착용자 이름

착용자 관련 인자

	헤드기어(터반 등)		안경이나 콘택트 렌즈 착용
	수염		눈, 머리, 귀 혹은 얼굴 보호
	얼굴 흉터, 잔주름		건강상태: 의학적 조언 필요

이 자료를 호흡보호구 공급자/전문가에게 송부, 착용자가 동의한 후 호흡보호구 지급

선정된 호흡보호구	·자급식 ______ ·여과식: 여과필터 종류 ______

5 단계

밀착형 호흡보호구인 경우 밀착도 검사 (Fit testing)를 시행하고 작업장에서 사용	평가자 사인:

[그림 3-5] 호흡보호구 선정표(노출기준이 없는 화학물질의 경우)

〈표 3-8〉 화학물질에 대한 건강유해도그룹(HHG: Health Hazard Group)의 분류

건강유해도그룹(HHG: Health Hazard Group)				
A	B	C	D	E
H319 H335 H315	H332 H332, H312 H332, H312, H302	H330, H331 H330/H331, H331 H330/H331, H311, H301 H330/H331, H301	H330 H330, H310 H330, H310, H300 H330, H300	H341
	H312 H312, H302	H311 H331, H301	H310 H310, H300	H351
	H302	H301	H300	H334, H317
		H314		H350
		H314	H351	H340
		H319, H335 R319, H335, H315	H372	H350
		H318	H360 H361	
		H317		
		H373		

〈표 3-9〉 입자물질 발생 공정별 건강유해도그룹의 분류

공정/물질	건강유해도그룹 (HHG: Health Hazard Group)
밀가루 분진	A
곡물 분진	A
목 분진	A
가금류 분진	A
면 분진	B
양모공정 분진	A
고무공정 분진	B
고무 흄	C
굴뚝 청소(가정)	A
광물오일미스트(사용한 엔진오일 제외)	B
철 주물 분진	A
용접/절단: 연강	B
용접/절단: 스텐인레스강	D
납 함유 분진 혹은 흄(예: 납 페인트 제거)	D
납땜 플럭스 흄	D

④ <표 3-10>을 이용하여 화학물질의 하루 사용량을 대, 중, 소로 분류한다.

⑤ 입자상 물질인 경우에는 <표 3-11>을 이용하여 비산성을, 증기/가스상 물질인 경우에는 <표 3-12> 및 [그림 3-6]을 이용하여 휘발성을 고, 중, 저로 분류한다.

⑥ <표 3-13>을 이용하여 할당보호계수 (APF)를 구하여 기재한다.

⑦ 할당보호계수 칼럼에 적혀 있는 값들 중에서 가장 높은 값을 '가장 높은 보호계수'란에 기재한다.

〈표 3-10〉 하루 사용하는 화학물질의 양

하루 화학물질의 사용량	
대	ton 혹은 m^3 단위 (탱크로리 정도)
중	kg 혹은 L 단위 (1-100 kg, 부피로 200 L까지)
소	g 혹은 mL 단위 (약 한 컵 정도)

〈표 3-11〉 입자상 화학물질의 비산성

물질의 비산성	
고	• 미세하고 가벼운 분말, 흄 혹은 미스트로 취급 시 먼지 구름이 형성되어 수 분 동안 공기 중에 존재하는 경우
중	• 결정상 과립(granule) 고체와 분진으로 눈에 보이며 쉽게 가라앉는 경우 • 작업하는 가까이에 흄이나 미스트가 존재하나 매우 쉽게 사라지는 경우
저	• 먼지 구름이 거의 보이지 않으며 분진이 존재하지 않는 경우 • 펠렛(pellet), 박편(flakes)과 쉽게 부서지지 않는 정제상(pill) 고체인 경우

〈표 3-12〉 증기/가스상 화학물질의 휘발성 분류기준

구분	고휘발성	중휘발성	저휘발성
사용(공정)온도가 상온(20℃)인 경우	끓는점<50℃	50℃≤끓는점≤150℃	150<끓는점
사용(공정)온도(X)가 상온 이외의 온도인 경우	끓는점<2X+10℃	2X+10℃끓는점≤5X+50℃	5X+50℃<끓는점

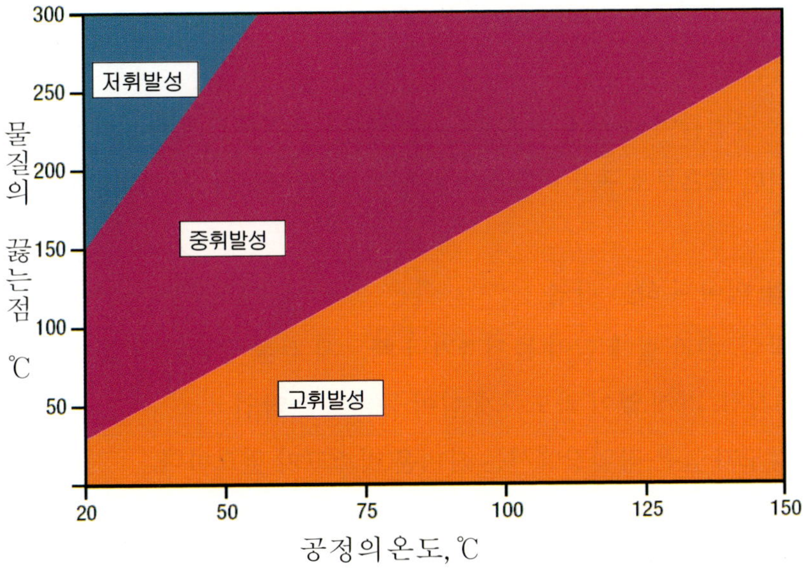

[그림 3-6] 끓는점과 사용(공정)온도에 따른 화학물질의 분류

〈표 3-13〉 건강유해도그룹별 할당보호계수

건강유해도그룹	사용량	비산성/휘발성		
		저	중	고
A	소	-	-	-
	중	-	5	10
	대	5	10	50
B	소	-	5	5
	중	-	10	50
	대	10	50	1,000
C	소	-	5	5
	중	10	10	50
	대	50	50	1,000
D	소	10	50	1,000
	중	50	1,000	1,000
	대	50	1,000	10,000
E	소	10	50	1,000
	중	50	1,000	1,000
	대	50	1,000	10,000

(라) 4 단계

ⓐ 작업 관련 인자

- 작업률: 작업률이 높아져 호흡량이 증가하면 오염물질의 누설이 용이하고 땀을 많이 흘리면 호흡보호구가 미끄러져 누설이 더 많아진다. 작업률은 다음과 같이 분류한다.
  - 경작업: 앉아서 하는 작업
  - 중등작업: 손과 팔에 힘이 들어가거나 빠르게 걷을 정도의 작업
  - 중(重)작업: 기계 없이 과도하게 힘이 들어가는 작업

  작업강도가 높은 작업장에서는 가벼운 마스크가 필요하다.
- 착용시간: 밀착형 호흡보호구는 장시간 사용시 착용자에게 불편함을 주기 때문에 전동식 호흡보호구를 고려해 볼 수 있다.
- 과도한 온도와 습도: 고온 다습한 환경에서는 착용자에게 신체적 부담을 덜 주기 위해 가벼운 마스크가 필요하다. 과도한 온도와 습도는 착용자에게 고열장해(Heat stress), 발한 및 불편함을 초래할 수 있으므로 냉각 혹은 온열 장치가 구비된 전동식 호흡보호구를 고려한다.
- 전동공구 사용: 공기를 공급하기 위한 전동공구를 호흡보호구의 공기공급장치에 연결할 경우 보호계수가 감소됨을 고려한다.
- 선명한 시야 확보 필요: 선명한 시야가 필요한 곳에서 얼굴 전면을 가리는 전면형·바이저·후드형의 호흡보호구는 바람직하지 못하며 충분한 빛을 공급하면 반면형 마스크가 바람직하다. 소모성(1회용)의 바이저를 이용한 호흡보호구를 사용할 수 있다.
- 명확한 의사소통 필요: 명확한 의사소통이 필요한 곳에서는 의사소통용 호흡보호구가 필요하다.
- 비좁고 복잡한 작업장: 가볍고 제한성이 없는 호흡보호구를 사용한다.
- 폭발위험성이 있는 작업장: 산소과다(산소농도 20.8% 이상)를 포함한 폭발 가능성이 있는 작업장에서는 경합금이 없으며 정전기를 일으키지 않는 안전한 호흡보호구가 적합하다.

- 움직임이 많은 작업장: 호스가 있는 호흡보호구는 피한다. 사람의 출입이 잦은 작업장에서 호스마스크는 바람직하지 않으며 송기마스크를 사용해야 한다.
- 송기마스크 장치에는 물리적인 조건에 따라 Vortex 히터나 쿨러 장치를 부착할 수 있다.

ⓑ 사용자 관련 인자

- 얼굴의 수염, 흉터: 안면부가 닿는 부분에 수염이나 깊은 흉터가 있어 누설의 우려가 있으면 후드형 호흡보호구를 사용한다.
- 안경나 콘택트렌즈 착용: 필요한 것에 안경 다리를 집어넣을 수 있는 호흡보호구를 선정한다. 호흡보호구의 밀착성을 방해하면 콘택트렌즈를 권한다.
- 콘택트렌즈 사용자는 공기흐름에 쉽게 눈이 건조해진다.
- 눈, 머리, 청력 및 얼굴 보호: 다른 타입의 개인보호장구의 작동에 영향을 주지 않는 호흡보호구를 권한다. 예를 들어, 한꺼번에 붙어있는 호흡보호구를 선택한다(예, 전동식 헬멧 호흡보호구).
- 건강상태: 폐쇄공포증, 심장질환, 난청, 천식 및 기타 호흡기질환을 고려하여 호흡보호구를 선정한다.

(마) 5단계

밀착형 호흡보호구인 경우 밀착도 검사 (Fit Testing)를 시행하고 작업장에서 사용할 것을 권한다.

ⓐ 호흡보호구 제조사나 공급사의 자문을 구하여 호흡보호구 선정표를 채운 다음 완성된 호흡보호구 선정표와 물질안전보건자료(MSDS)를 그들에게 송부한다. 그들이 보낸 것을 근거로 여기에 맞는 호흡보호구를 선정한다.

ⓑ 만약 자신이 없으면 산업위생/산업안전관리자를 고용하여 이들에게 이 일을 맡긴다. 어떤 방식을 택하든지 호흡보호구 선정에 대한 궁극적인 책임은 사업장에 속한 안전보건담당자에게 있다.

제 4 장 호흡보호구 사용

1. 호흡보호구 관련법

1) 산업안전보건법

산업안전보건기준에 관한 규칙(고용노동부령 제225호, 2018)에서 호흡보호구에 관련한 법을 <표 4-1>과 같이 규정하고 있다.

〈표 4-1〉 산업안전보건기준에 관한 규칙(고용노동부령 제225호, 2018) 호흡보호구 관련 내용

조항	제목	주요 내용
제32조	보호구의 지급 등	- 사업주는 선창 등에서 분진(粉塵)이 심하게 발생하는 하역작업에 근로자 수 이상으로 방진마스크를 지급 - 근로자는 그 보호구를 착용하여야 함
제33조	보호구의 관리	- 사업주는 방진마스크의 필터 등 충분한 양을 지급해야 함
제34조	전용 보호구 등	- 근로자에게 질병이 감염될 우려가 있는 경우 개인전용 보호구를 지급해야 함
제450조	관리대상유해물질에 대한 호흡용 보호구의 지급 등	- 사업주는 특정 위험작업에 송기마스크나 방독마스크를 지급하여 착용하도록 하여야 함 - 금속류, 산·알칼리류, 가스상태 물질류 등을 취급하는 작업장에서 근로자에게 적절한 호흡보호구를 지급하여야 함
제469조	허가대상물질에 대한 방독마스크의 지급 등	- 사업주는 허가대상 유해물질 취급 근로자에게 개인전용의 방진마스크를 지급하여 착용하도록 하여야 함

조항	제목	주요 내용
제491조	석면해체·제거작업 개인보호구의 지급·착용	- 사업주는 석면해체·제거작업 근로자에게 특등급 전동식 방진마스크 혹은 송기마스크를 지급 착용해야 함
제511조	금지유해물질 호흡용 보호구	- 사업주는 금지유해물질을 취급 근로자에게 별도의 정화통을 갖춘 근로자 전용 호흡용 보호구를 지급하고 착용하도록 하여야 함
제587조	방사성물질 취급장에서 보호구의 지급 등	- 방사성물질에 오염된 지역에서 근로자에게 개인전용의 적절한 호흡용 보호구를 지급하고 착용하도록 하여야 함
제600조	혈액노출이 우려되는 작업에서 개인보호구의 지급 등	- 혈액이 분출되거나 분무될 가능성이 있는 작업에서 보호마스크를 지급해야 함
제601조	공기매개 감염병 예방조치	- 결핵균 등을 방지할 수 있는 보호마스크를 지급하고 착용해야 함
제616조	분진작업에서 호흡기보호 프로그램 시행 등	- 노출기준을 초과한 분진사업장이나 건강장해가 발생한 사업장에서 호흡기보호 프로그램을 수립하여 시행하여야 함
제617조	분진작업에서 호흡용 보호구의 지급 등	- 사업주는 분진작업 근로자에게 적절한 호흡용 보호구를 지급 - 개인전용 호흡보호구를 지급하고 호흡보호구에 대한 오염방지 조치 필요 - 지급된 보호구를 사업주의 지시에 따라 착용하여야 함
제624조	밀폐공간작업 안전대 등	- 공기호흡기 또는 송기마스크를 지급하여 착용하도록 하여야 함
제629조	용접 등에 관한 조치	- 사업주는 탱크·보일러 또는 반응탑의 내부 등 통풍이 충분하지 않은 장소에서 용접·용단 작업에 공기호흡기 또는 송기마스크를 지급하여 착용하도록 해야 함
제643조	밀폐공간에서 구출 시 공기호흡기 또는 송기마스크의 사용	- 사업주는 밀폐공간에서 구출작업 시 공기호흡기 또는 송기마스크를 지급하여 착용하도록 하여야 함

조항	제목	주요 내용
제644조	공기호흡기 또는 송기마스크 지급	- 감염 우려 시 개인전용의 것을 지급하여야 함
제654조	공기정화설비등의 청소, 개·보수작업 시 보호구의 지급 등	- 사업주는 공기정화설비등의 청소, 개·보수작업 시 방진마스크 등 적절한 보호구를 지급하고 착용하도록 하여야 함 - 보호구를 사업주의 지시에 따라 착용하여야 함

이상에서 살펴 본 것처럼 사업주는 유해위험작업에서 호흡보호구를 지급하라고만 되어 있지 어느 유해농도에서 어떻게 사용하는지에 대한 구체적인 언급이 없다. 이러한 상황에서 담당 보건관리자가 호흡보호구에 대한 명확한 지식을 갖고 있지 않다면 오용의 위험은 언제나 존재한다. 2015년 메탄올 사건이나 매년 반복되고 있는 산소결핍장소에서 연평균 10여 명의 사망사고는 법의 미비점도 간과할 수 없다.

2) 화학물질관리법

(1) 화학물질관리법

화학물질관리법(법률 제14532호, 시행 2018.1.18.)에서는 다음과 같이 화학물질취급자는 개인보호장구를 착용하도록 규정하고 있다.

> 제14조(취급자의 개인보호장구 착용) ① 유해화학물질을 취급하는 자는 다음 각 호 어느 하나에 해당하는 경우 해당 유해화학물질에 적합한 개인보호장구를 착용하여야 한다.
>
> 1. 기체의 유해화학물질을 취급하는 경우
> 2. 액체 유해화학물질에서 증기가 발생할 우려가 있는 경우
> 3. 고체 상태의 유해화학물질에서 분말이나 미립자 형태 등이 체류하거나 비산할 우려가 있는 경우
> 4. 그 밖에 환경부령으로 정하는 경우
>
> ② 제1항에 따른 개인보호장구의 구체적 종류 및 기준 등은 해당 유해화학물질의 특성에 따라 환경부장관이 고시한다.

(2) 유해화학물질 취급자의 개인보호장구 착용에 관한 규정

화학물질관리법 제14조 ②항에 따라 호흡보호구에 대한 구체적인 규정을 화학물질안전원 고시로 규정하고 있다.

'유해화학물질 취급자의 개인보호장구 착용에 관한 규정(화학물질안전원고시 제2017-7호, 시행 2017.12.1.)'에 따르면 97개 사고대비물질에 대한 작업상활별 호흡보호구, 보호복 및 보호장갑을 규정하고 있고 또 관련 해설서도 마련되어 있다.

3) 산업안전보건법과 화학물질관리법의 개념 차이

산업안전보건법은 유해물질을 다루는 근로자가 호흡보호구를 착용하고 작업을 수행하는 것을 전제로 규정한 것이다. 따라서 착용시간이 상당히 긴 것을 고려하였다고 볼 수 있다. 그리고 석면, 밀폐공간작업과 같이 특수한 경우를 제외하고 화학물질에 따라 어떤 호흡보호구를 착용하라는 구체적인 내용이 없다. 단지 방진마스크, 방독마스크, 공기호흡기, 송기마스크 정도만 명시되어 있다. 따라서 보건관리자가 호흡보호구에 대한 충분한 지식이 없으면 오용할 가능성이 높다.

화학물질관리법에서는 모든 화학물질에 대한 규정은 아니지만 사고대비물질 97종에 대해서는 작업상황별로 구체적인 호흡보호구를 명시하였다. 이 법은 유해화학물질 취급자가 사고 후 인적피해를 최소화하기 위한 규정으로 산업안전보건법의 개념과는 다르다. 사고대비물질별, 작업상황별 호흡보호구를 정하므로 호흡보호구에 대한 지식이 부족한 유해화학물질관리자나 취급자에게 장점으로 작용할 수 있으나 반대로 충분한 지식이 부족하면 법에만 의존하여 보다 상세한 작업 상황에서는 대처하기 어려운 단점도 안고 있다.

4) 외국 호흡보호구 관련법과 비교

2018년 현재 우리나라는 '호흡보호'에 관한 독립적인 법을 갖고 있지 않고 각 부처별로 나누어져 있다. 호흡보호구의 사용과 관련한 법을 살펴보면 사업장 근로자들을 위한 산업용 호흡보호구는 고용노동부'산업안전보건법'(인증기준에 대한 것은 고시로 따로 정함),

사업장 화학물질취급자들을 위한 산업용 호흡보호구는 환경부'화학물질관리법'이 있다. 일반인들을 위한 보건용 마스크 규격에 대한 것은 식약처 '식품의약품안전처 고시 제2016-61호', 군용 가스마스크 규격은 국방부의 화생방사령부에서 따로 정하고 있다. 특히, 소방관들이 주로 사용하고 있는 공기호흡기 규격은 소방청 '소방청고시 제2017-1호'로 별로도 정해져 있다.

이와 같이 우리나라는 호흡보호구에 관한 인증기준, 사용법이 다원화되어 매우 혼란스럽다. 또한 미국이나 영국과 같이 호흡보호구 사용(Use)에 관한 명확한 법(Regulation)이나 기준(Standard)이 별도로 마련되어 있지 않아 보건관리자가 매우 혼란스러운 경우가 많다. 특히, 미국의 경우 29CFR1910.134 'Respiratory Protection'법은 호흡보호구 사용에 대한 명확한 규정을 명시함으로서 호흡보호구 사용에 혼선을 유발하지 않는다. 또 일부 외국의 경우 법에 기준을 따르라는 문구를 삽입함으로서 기준이 법을 대신하도록 하여 호흡보호구 사용에 대한 규정을 명확하게 정하여 놓았다.

참고로 Regulation이란 정부가 규정한 '법'이기 때문에 사법적 구속력을 갖고 있으나 Standard는 주로 민간 협회에서 제정한 '기준'으로 사법적인 구속력이 없다. 그렇기 때문에 Standard가 법적 지위를 갖기 위해서는 Regulation에서 Standard를 따르라는 언급을 반드시 필요하다.

이에 비하여 현재 우리나라 산업안전보건법은 유해위험작업에서 호흡보호구를 지급하라고만 되어 있고 그 사용에 대한 명확한 규정이 없다.

2. 호흡기보호 프로그램(Respiratory Protection Program)

호흡보호구를 착용하는 사업장에서는 반드시 호흡기보호 프로그램을 운영해야 한다. 여기에는 사업주와 근로자가 모두 프로그램에 참여해야 소기의 목적을 달성할 수 있다. 산업안전보건법에서는 '산업안전보건위원회'를 두도록 명시하였기 때문에 산업안전보건위원회를 통하여 이 프로그램을 운영하면 보다 많은 근로자가 참여하도록 유도할 수 있어서 성공확률을 높일 수 있다. 사용자측 뿐만 아니라 노동조합 측에도 산업안전보건국장 혹은 부장이 있기 때문에 이들이 이 프로그램을 적극 참여해야 하도록 유도해야 한다. 호흡기보호 프로그램에는 다음 사항들이 포함되어야 한다.

1) 사업주 책임

(1) 착용자에 대한 위험성 결정

사업주는 작업장에서 근로자에게 노출될 수 있는 모든 호흡 위험성을 평가해 주어야 한다. 호흡노출 위험성 평가는 사업주가 정기적인 작업환경측정을 통하여 유해물질의 작업장 농도를 TWA, Ceiling 값으로 측정하고 기록으로 남겨두어야 한다. 샘플링은 개인시료 샘플이 우선되어야 한다.

(2) 사용 전 밀착도 검사(Fit Test)

현재 우리나라에는 법적인 규정은 없지만 밀착도 검사는 착용자의 건강을 위해서는 반드시 필요한 조치이다. 밀착도 검사란 각 착용자 개인에게 잘 맞는 호흡보호구 면체를 선정해 주기위한 조치로서 호흡보호구를 처음 선정할 때와 이후 주기적으로 실시하는 검사 제도이다. 정량적 밀착도 검사(QNFT)가 우선되어야하지만 이것이 어려우면 적어도 정성적 밀착도 검사(QLFT)만이라도 실시해야 한다.

(3) 불시점검(Random Inspection)

호흡보호구를 착용하여 사용하고 있는지 그리고 또 호흡보호구 상태가 좋은지 불시점검을 자주 시행해야 한다. 호흡보호구는 사용할 때만이 호흡보호를 해 주는 것이지 사용하지 않으면 무용지물이 되는 것이다. 열악한 환경에서 호흡기를 보호하기 위해서는 호흡보호구를 착용하는 것보다 더 좋은 방법은 없다. 정기적인 검사에는 다음 사항이 필요하다.

① 적합한 보호구를 선택하였는가?

② 착용은 적절하게 하고 있는가?

③ 착용자에 대한 다음의 컨설팅이 필요하다.

- 호흡보호구 착용으로 인한 불편함

• 호흡저항 정도
• 피로감
• 시계의 제한
• 움직임(이동성)에 어려움
• 작업수행에 어려움
• 호흡보호구를 착용하는 것에 대한 두려움 여부

전반적인 호흡보호 평가 외에도 세척, 검사, 보관, 유지관리에 대한 특별한 평가가 이루어져야 한다. 잘못된 것이 있다면 바로잡아야 한다.

2) 근로자(착용자) 책임

호흡보호구를 착용하는 각 근로자도 다음의 책임이 있다.

① 매번 착용할 때마다 자가 밀착도 체크(User's Seal Check)를 실시해야 한다.
② 지시대로 착용해야 한다.
③ 보호구가 손상되지 않도록 잘 관리해야한다.
④ 착용하고도 유해물질로부터 보호가 안 된다고 생각하면 즉각 그 장소를 탈출해야 한다.
⑤ 보호구가 제대로 작동하지 않으면 담당자에게 즉각 보고해야 한다.

3) 프로그램의 구성요소

(1) 프로그램 운영(Program Administration)

① 프로그램관리자

적절한 호흡보호구를 작업자들에게 제공하는 것은 단순한 일이지만 중요한 것은 부적절한 보호구는 착용자의 건강을 해치거나 심지어 죽음에 이르게 할 수 있다는 점에서 가볍게 다룰 문제가 결코 아니다. 그래서 호흡보호구 지급에 책임이 있는 사람은 충분한 교육훈련을 받고 각 작업에 정확하게 맞는 호흡보호구만 지급해야 한다. 따라서 호흡기보호프로그램은 작업장 위험성평가를 기반으로 올바른 판단을 할 수 있는 기술적이고 전문적인 지식이 필요하다.

확실한 감시체계가 없다면 문서로 된 표준절차로 이어진다는 보장이 없다. 그러므로 대기업의 경우 전체 호흡기보호 프로그램에 대한 책임은 한 사람이 맡아야 한다. 이에 적합한 사람으로는 호흡보호구에 대한 전문지식을 습득한 보건관리자인 산업위생기사, 산업간호사, 산업의사, 안전관리자인 산업안전기사가 적절하다.

작업장 위험성은 대기업과 다를 바가 없는 중소기업의 경우 호흡기보호 프로그램을 따로 운영할 인력이 부족하다. 이럴 경우 호흡기보호 프로그램 관리자는 관리감독자(Foreman) 혹은 이외의 사람이 적합하다. 한 두 사람이 호흡보호구를 착용한다면 회사 대표가 운영해야 한다. 극히 작은 사업장은 착용자 자신이 운영해야 한다. 만약 보건관리를 대행업체에 맡겼다면 대행업체의 보건관리자가 대신해야 한다.

② 호흡보호구 구매

호흡보호구 구매는 호흡기보호 프로그램 관리자에 의해 이루어져야 하며 구매에 대한 타당한 이유가 있어야 한다. 제조회사들은 위험성에 맞게 보호할 수 있는 여러 종류는 호흡보호구를 제작한다. 여러 종류의 안면부 면체를 제조한다고 하더라도 하나의 브랜드만 구매한다면 모든 착용자의 얼굴에 잘 맞을 수는 없을 것이다. 그래서 가능하면 여러 브랜드의 여러 사이즈를 구매해야 한다. 또 착용자의 착용감과 착용자들의 선호도에 따라 가장 좋은 타입의 호흡보호구가 무엇인지를 생각하여 구매해야 한다. 단지 가격 하나만 고려하여 구매하는 것은 바람직하지 않다. 구매에 절대적인 권한이 없다할지라도 호흡기보호 프로그램 관리자의 폭넓은 지식이 많은 영향을 미친다.

노동조합의 영향력이 큰 우리나라 대기업의 경우 호흡보호구 구매에도 많은 영향을 미친다. 저자의 경험으로는 이것이 긍정적으로 작용하는 경우도 있지만 부정적으로 작용하는 경우가 더 많았다. 따라서 호흡기보호 프로그램 관리자는 비전문가가 반박할 수 없는 호흡보호구에 대한 충분한 지식을 갖고 대응하여야 한다. 경우에 따라서는 공개적으로 사용자 측과 노동조합 측이 함께 참여하여 호흡보호구의 성능 테스트를 실시하고 가격대비 효용가치를 따지는 가성비(Cost-to-Benefit Ratio)를 갖고 사용자 측과 노동조합 측을 설득할 필요가 있다. 타당한 근거 없이 일방적으로 사용자 측이나 노동조합 측을 대변하는 것은 결코 현명한 대응법이 아니다.

③ 운영방법

관리자는 호흡기보호 프로그램을 유연하게 운영해야 한다. 문서화된 프로그램이 지금은 만족스러울지 몰라도 앞으로 계속하여 만족스러울 수는 없다. 새로운 위험성이 계속하여 확인되고 노출기준 역시 매년 조금씩 바뀐다. 그러므로 관리자는 새로운 정보에 민감하게 대처하고 변화되는 상황에 맞도록 프로그램을 바꾸어야 한다. 그러므로 프로그램 관리자는 현재의 요구도(Needs)에 효과적으로 대처할 수 있도록 수시로 프로그램을 변경하고 검토해야 한다.

결론적으로 프로그램 관리자는 고도의 교육훈련이 필요하며 호흡보호구 착용자들의 위험성을 정확하게 알고 각 개인의 상황에 맞는 정확한 프로그램의 운영이 필수적이다.

(2) 프로그램 구성요소

불행하게도 산업보건위생 전공자들조차도 호흡보호구에 대한 충분한 지식이 부족하여 잘못 사용하는 경우가 많고 호흡보호구를 너무 신뢰하는 경향이 있다. 이 같은 오용은 호흡보호구 선정과 사용에 대한 문서화된 프로그램과 프로그램에 대한 철저한 점검을 통하여 해소될 수 있다. 다음과 같이 보다 구체적인 프로그램이 효과적이다.

① 프로그램의 문서화

'산업안전보건기준에 관한 규칙(시행 2017. 2. 3.)' 제605조(정의) 3호에는 다음과 같이 호흡기보호 프로그램을 정의하였다.

> 3. "호흡기보호 프로그램"이란 분진노출에 대한 평가, 분진노출기준 초과에 따른 공학적 대책, 호흡용 보호구의 지급 및 착용, 분진의 유해성과 예방에 관한 교육, 정기적 건강진단, 기록·관리 사항 등이 포함된 호흡기질환 예방·관리를 위한 종합적인 계획을 말한다.

또 같은 규칙 제616조(호흡기보호 프로그램 시행 등)에서는 다음의 경우 사업주는 다음 각 호의 어느 하나에 해당하는 경우에 호흡기보호 프로그램을 수립하여 시행하도록 규정하고 있다.

1. 법 제42조에 따른 분진의 작업환경 측정 결과 노출기준을 초과하는 사업장 2. 분진작업으로 인하여 근로자에게 건강장해가 발생한 사업장

이상 법과 관련하여 2012년 안전보건공단에서는 '호흡기보호 프로그램'에 대한 교육자료를 마련하여 배포하였다(안전보건공단 2012-교육미디어-960, 2012). 여기에는 프로그램의 시행근거, 분진의 건강영향, 호흡기보호 프로그램의 목표, 절차, 프로그램 시행에 대한 구체적인 시행방법이 명시되어 있으므로 참고하기 바란다.

산업안전보건기준에 관한 규칙에는 분진작업에 대한 것만 나와 있지만 그 외의 작업에서 호흡보호구를 착용해야 하는 경우에는 이와 유사한 방법으로 프로그램을 문서로 작성하여 시행하면 된다.

미국의 OSHA 29 CFR Part 1910.134 '호흡보호법'에는 호흡기보호 프로그램에 대한 내용이 보다 구체적으로 나와 있으며 여기에는 착용자들에 대한 설문조사 내용까지 포함된다.

일반적으로 프로그램에 포함되어야 할 내용은 다음과 같다.

- 위험성 평가에 따른 인증된 호흡보호구 선정절차
- 밀착성능을 포함하여 착용자 교육훈련용 교육자료
- 자세한 유지관리 방법
  - -세척과 소독법
  - -건조방법
  - -검사방법
  - -보수 및 교체
  - -보관방법
- 프로그램 운영
  - -인증된 호흡보호구 구매
  - -부품, 새 제품, 유지관리 후 지급 등 재고관리
  - -불출(拂出)대장 관리
  - -노출위험성 평가와 관리감독 안내서

• 화재, IDLH 같은 긴급 상황에서 호흡보호구 사용법

• 생리적, 심리적으로 호흡보호구 착용이 부적합한 사람을 걸러내고 생리적 요인을 근거로 호흡기보호 프로그램을 평가하기 의학적 진단 안내서

• 호흡보호 프로그램 효과 평가법

이상에서 언급한 내용들은 최소한 갖추어야 할 내용들이고 여기에 회사의 정책과 관련한 추가적인 내용이 포함되기도 한다.

어떤 회사에서는 특별한 위험성이 있는 작업에서는 그것에 맞는 호흡보호구를 착용하도록 카드를 발급하기도 한다. 이 카드를 프로그램 관리자에 보여주면 이에 맞는 호흡보호구를 불출한다.

실제 현장에서는 개인전용 호흡보호구가 지급되므로 이것이 누구 것임이 표기되기도 한다. 불출기록대장에는 처음 불출 날짜, 재불출 날짜, 보수 등에 대한 기록이 남아 있어야 한다.

특히, 화재, 독성물질의 다량 누출, 잠재적으로 치명적인 물질의 사고와 같은 응급상황이나 국소배기장치의 고장에 대한 프로그램이 마련되어야 한다. 모든 가능성이 있을 것으로 보고 사전에 호흡기보호 프로그램이 작성되어야 한다. 실제 응급상황에서는 위급한 나머지 기억이 나지 않을 수 있다. 따라서 응급대응팀(Emergency Response Team)은 평소 훈련에서 응급상황에 대한 호흡기보호 프로그램을 사용해야 한다. 현재 화학물질안전원에서 고시한 유해화학물질 취급자를 위한 작업상황별 호흡보호구 사용지침(2016)은 이런 상황에서 가장 부합한다고 할 수 있다.

② 의학적 감시(Medical Surveillance)

생리적으로 호흡보호구를 착용할 수 없는 사람에게 호흡보호구를 착용하고 일해야 하는 작업을 맡기면 안 된다. 담당의사는 착용자의 건강 및 생리적인 상태가 어떠한지 지속적으로 체크해야 하며 이전에 받은 건강진단 결과를 토대로 생리적으로나 심리적으로 호흡보호구 착용이 부적합한 사람을 걸러내야 한다. 호흡보호구 착용자는 반드시 의사로부터 호흡보호구 착용시 건강상 문제가 없는지 검사를 받아야 한다. 검사는 신체적, 심리적 검사가 병행되어야 하며 보호구 착용으로 생리적 변화가 있는지도 검사해야 한다. 추가적으로 작업자의 이전 진단자료와 직업력이 고려 대상이 된다. 의학적 감시는 다음과 같다.

ⓐ **호흡기 질환 병력:** 천식, 폐기종, 만성폐질환이 있는지 확인해야 하며 이들 질환은 호흡보호구 착용 시 위험할 수 있다.

ⓑ **직업력:** 과거 10년 동안 석면, 규소, 면분진, 베릴륨 등 노출여부 혹은 근로자가 이들 물질에 노출되었을 가능성을 확인한다. 과거 기록들이 확인되면 의학적인 평가가 비교될 수 있다.

- 과거 직업
- 정상작업 시 호흡 관련한 건강문제
- 과거 호흡보호구 착용으로 생긴 건강문제

ⓒ **기타 의학정보:** 다음의 의학정보는 호흡보호구를 착용하였을 때 생길 수 있는 건강문제를 예측할 수 있다.

- 밀실공포증을 포함한 심리적 건강문제
- 호흡보호구 착용이 어려운 신체적 결함이나 비정상상태
- 약물복용 여부

〈표 4-2〉 특수건강진단의 시기 및 주기(산업안전보건법 시행규칙 별표 12-3)

구분	대상 유해인자	시기 배치 후 첫 번째 특수 건강진단	주기
1	N,N-디메틸아세트아미드 N,N-디메틸포름아미드	1개월 이내	6개월
2	벤젠	2개월 이내	6개월
3	1,1,2,2-테트라클로로에탄 사염화탄소 아크릴로니트릴 염화비닐	3개월 이내	6개월
4	석면, 면 분진	12개월 이내	12개월
5	광물성 분진 나무 분진 소음 및 충격소음	12개월 이내	24개월
6	제1호부터 제5호까지의 규정의 대상 유해인자를 제외한 별표 12의2의 모든 대상 유해인자	6개월 이내	12개월

• 고열작업 시 심박동 증가 정도

호흡보호구가 착용자에게 건강장해를 유발하는지 평가하기 위해서 정기적인 건강진단이 필요하다.

진단주기는 산업안전보건법에서 정한 것을 따르면 된다. 특수건강진단 주기는 화학물질에 따라 다르며 6개월에서 24개월로 다양하다.

<표 4-2>와 같이 몇 가지 물질을 제외하고 일반적으로는 보통 1년 주기이다. 정기적인 진단결과를 이전 근무지에서의 건강진단과 이전 건강진단 결과를 비교함으로서 호흡보호구가 적절했는지를 평가할 수 있다. 착용자의 호흡관련 노출위험성을 평가하는데 정기적인 생화학적 테스트가 필요할 수 있다.

(3) 교육훈련

① 프로그램 요소

호흡보호구를 착용하면 호흡저항이 생기고 불편하기 때문에 작업자가 기피하려는 것은 당연하며 이를 극복하고 호흡보호구 착용을 수용하려면 많은 시간과 노력이 필요하다. 교육훈련 프로그램에는 여러 가지 사항이 포함되어야 하지만 가장 중요한 것은 호흡보호구를 착용해야하는 필요성과 이유를 가능하면 많이 설명하는 방향으로 훈련되어야 한다. 이것은 착용자가 호흡보호구를 적절하게 착용하고 관리하려는 동기를 부여하기 위함이다.

관리감독자나 착용자 교육훈련 프로그램에는 반드시 다음의 내용이 포함되어야 한다.

• 호흡보호구를 다룰 수 있는 기회부여
• 적절한 밀착성능
• 안면부 면체와 얼굴피부 접촉면 사이 밀착성 체크
• 착용한 후 익숙해지는데 장시간이 걸리는 것에 대한 이해

또 관리감독자와 착용자에게는 다음의 내용도 중요하다.

• 사업장의 공학적인 관리, 행정적인 관리 그리고 호흡보호구가 필요한 이유
• 호흡 위험성의 특성과 호흡보호구를 적절하게 사용하지 않으면 생길 수 있는 위험성
• 특별한 타입의 호흡보호구를 선택할 수밖에 없는 이유

• 응급상황에 대한 대처방안

② 관리감독자 교육훈련

관리감독자 교육훈련 프로그램에는 반드시 그럴 필요는 없으나 다음 내용이 포함되는 것이 좋다.

• 근로자(착용자)에 대한 교육훈련 내용
• 기본적인 호흡보호구 실제
• 각 착용자의 위험상황에 맞는 호흡보호구 선정과 사용법
• 착용자가 겪을 수 있는 호흡관련 유해위험성의 특성과 강도
• 전체 호흡기보호 프로그램의 구조와 운영방법
• 각 상황별 호흡보호구 사용에 대한 법적인 내용

③ 착용자(근로자) 교육훈련

착용자에 교육훈련의 강도와 주기는 기본적으로 착용하는 호흡보호구의 구조, 위험성의 특성과 강도에 달려 있다. 고독성 물질을 다루는 곳에서는 저독성 물질을 다루는 고보다 더 엄격한 교육이 필요하다. 예를 들어, 단순분진(Nuisance Particulate)을 다루는 곳의 위험성은 한번 오용으로 심각한 결과를 초래할 수 있는 고독성 물질을 다루는 곳과 같지는 않을 것이다. 가스/증기의 경우도 마찬가지이다. 응급상황과 관련한 교육훈련은 더 철저하고 완벽해야 한다. 이런 경우 착용자에게는 호흡보호구에 대한 실질적인 교육이 필요하다. 피교육생들에게는 동기를 유발할 수 있는 다음의 내용들이 포함되어야 한다.

(가) 호흡보호구를 착용하지 않았을 때 나타날 수 있는 급·만성의 유해위험성 특성과 이에 대한 솔직한 평가
(나) 보다 적극적인 관리가 이루어질 수 없는지에 대한 명확한 설명. 이렇게 해야 가능한 한 호흡보호구 없이 작업할 수 있도록 노력하고 있음을 보여줄 수 있다.
(다) 작업환경과 조건에 따라 특별한 타입의 호흡보호구가 필요한지 그 이유
(라) 호흡보호구가 갖고 있는 용량과 한계
(마) 호흡보호구 실제 사용법(특히, 응급상황에서)과 철저하고 자주 감독해야 적절하게 사용할 수 있다는 내용

(바) 이론 강의 및 응급상황에 대처할 수 있는 현장실습

(사) 기타 특수 목적의 교육훈련

이 교육훈련의 주된 목적은 호흡보호구 착용의 필요성과 이유를 가능한 한 많이 설명하는 것이다. 물론, 착용자에게 보호가 필요하다는 것과 호흡보호구를 적절하게 착용하고 유지해야 된다는 욕구가 생기도록 동기부여를 하는 것이다. 법에서 정하였으니 착용하라는 지시와 함께 단순히 호흡보호구를 지급하는 것은 호흡보호구를 잘못 사용하게 하는 가장 쉬운 방법 중 하나이다.

호흡보호구는 기껏해야 불쾌감과 불편함만 준다는 생각을 갖는다면 감독 없이 양심적으로 호흡보호구를 착용하겠다는 마음가짐이 자연적으로 사라지게 된다. 호흡보호구가 필요하다는 이유를 주도면밀하게 반복적으로 전달하면 이 같은 거부감을 없앨 수 있는데 여기에는 많은 시간과 노력이 필요하다.

(4) 밀착성능

유해위험성 파악, 호흡보호구의 용량과 한계 등을 고려하여 적합한 호흡보호구를 선정하였다고 하더라도 유해물질로부터 착용자를 충분히 보호하지는 못한다. 호흡보호구의 안면부 접촉부분(제조사에서는 이것을 쿠션(Cushion)라고도 함)과 얼굴과 적절한 밀착성(Proper Face-fit)이 보장되지 않으면 충분한 보호가 어렵기 때문에 호흡보호구를 선정하고 사용하는데 마지막 중요 요소이다.

밀착성능이 떨어지는 호흡보호구를 착용하면 차라리 호흡보호구를 착용하지 않는 것보다 못하다. 그 이유는 착용자는 충분히 보호를 받는다고 생각하고 유해한 작업장에 들어가지만 사실은 보호구를 착용하고도 많은 양의 유해물질에 노출되기 때문이다. 다음의 것들이 호흡보호구의 밀착성능에 영향을 준다.

- 호흡보호구 디자인
- 얼굴형상과 얼굴 수염 및 털
- 생체구조의 변화
- 교육훈련

밀착성능과 관련한 첫 번째 용어는 보호계수(Protection Factor, PF)이다. 이미 '호흡보호구 선정' 장에서 자세하게 설명하였다.

부연 설명하자면 할당보호계수 APF는 각 개인별로 만들어진 값이 아니며 호흡보호구별 주어진 보호정도를 예측하는 기대 값이다. 예를 들어, 우리나라의 경우 전면형 마스크는 50배의 보호를 해 줄 수 있다는 의미이다. 이에 비해 밀착계수 FF는 각 개인별로 주어지는 것으로 착용자마다 다르게 나온다. 물론, FF도 밀착도 검사를 통하여 각 개인별로 얻어진 것으로 실제 작업장에서 밀착성능을 예측할 수 있는 값이다. 그러나 FF의 주된 목적은 착용자의 얼굴에 맞는 호흡보호구를 선정하고 어떻게 착용하는 것이 밀착성능을 높이는 것인지를 착용자에게 보여주기 위함이다.

실제 FF 값이 높다고 하여 작업장계수 WPF가 높은 것은 아니다. FF와 WPF가 양의 상관관계가 있는 연구도 있지만 많은 연구에서 상관성이 없다고 하였다. 이는 통제된 실험실에서 얻어진 FF와 실제 많은 변수가 존재하는 작업장에서 얻어진 WPF 간에는 많은 차이가 날 수 밖에 없다. 이는 WPF는 작업장 안에 실제 존재하는 오염물질의 농도를 갖고 측정한 것으로 오염물질의 종류 및 농도, 여과필터의 여과효율, 착용자의 교육훈련여부와 밀착성능을 높이려는 노력, 호흡보호구 착용 후 편안함 정도, 착용자가 호흡보호구를 착용하고 조정하는 정도 등에 따라 밀착성능은 많이 달라지기 때문이다.

호흡보호구의 밀착성(Fit)이란 작업장 공기가 호흡보호구 안면부와 얼굴 접촉면 사이(Interface)로 얼마나 새어들어 오느냐의 문제로서 안면부 누설율이라고 할 수 있다. 여기서 고용노동부의 '보호구 안전인증고시' 호흡보호구 인증시험에서 호흡보호구를 개발하고 판매하기 위해 실시하는 '총 누설율 테스트(Total Leakage Inward Test, TIL)'와 혼동해서는 안 된다. 총 누설율은 호흡보호구 안으로 들어오는 오염물질의 침입경로를 안면부 필터, 흡배기밸브, 호흡기 안면부와 얼굴 틈 사이 즉, 인터페이스로 모든 경로의 흡입경로를 다 포함하는 개념이다. 그러나 호흡보호구의 밀착성이란 순전히 인터페이스에 의한 누설만 고려한 것으로 TIL과는 완전히 다른 개념이다.

밀착성 시험은 대한 것은 크게 두 가지로 구분할 수 있는데 밀착도 검사(Fit test)와 자가밀착도체크(User's Seal Check 혹은 Fit Check)이다.

❑ 밀착도 검사

1. 밀착도 검사의 개념

(1) 밀착형 호흡보호구의 밀착성능(Fit Performance)

밀착형 호흡보호구의 여과제(Filter Media)를 통한 오염물질의 투과(Penetration)는 없다는 가정 하에 호흡보호구 안의 오염물질의 침투경로는 오로지 얼굴과 호흡보호구 안면부 접촉면 틈 사이(Faceseal Leakage 혹은 Interface Leakage)인 것으로 본다. 따라서 밀착성능이 좋다는 것은 여과제의 여과효율이 좋고 나쁨이 아니라 얼굴과 마스크 안면부가 얼마나 잘 일치하는지(Match)를 의미한다.

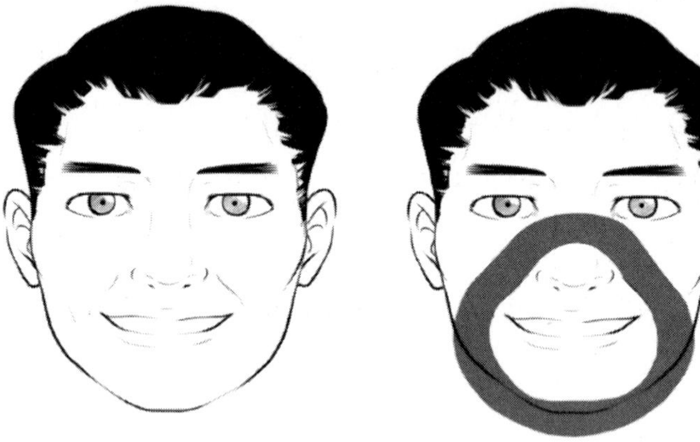

밀착성능의 개념

(2) 밀착도 검사(Fit Test) 시 방진필터 교환

밀착도 검사는 밀착성능을 보는 것이기 때문에 밀착도 검사를 할 때에는 방독정화통이나 1, 2급 방진필터는 반드시 여과효율이 99.95%인 특급방진필터 (미국은 100시리즈 필터)로 교체하여야 한다.

(3) 밀착계수(Fit Factor, FF)

정량적인 밀착도 검사(QNFT)를 통하여 호흡보호구 밖의 농도 Co를 안의 농도 Ci로 나눈 값을 말하며 반드시 수학적인 의미는 아니지만 일반적으로 이 값이 클수록 밀착이 잘 된다고 본다.

(4) 총 누설률(Total Inward Leakage, TIL)의 의미

총 누설률이란 호흡보호구 안으로 오염물질이 침투하는 모든 경로 즉, 여과제, 흡ㆍ배기밸브, 안면부와 얼굴 틈 사이 누설로 들어오는 양이다. 우리나라와 유럽에서 제조사가 제품 개발 후

안전보건공단에서 10명의 테스트 패널(Test panel)을 피검자로 선정하여 시험하는 검사가 '총 누설률 테스트'이며 시험은 밀착도 검사와 달리 실험시설 안에서만 가능하다.

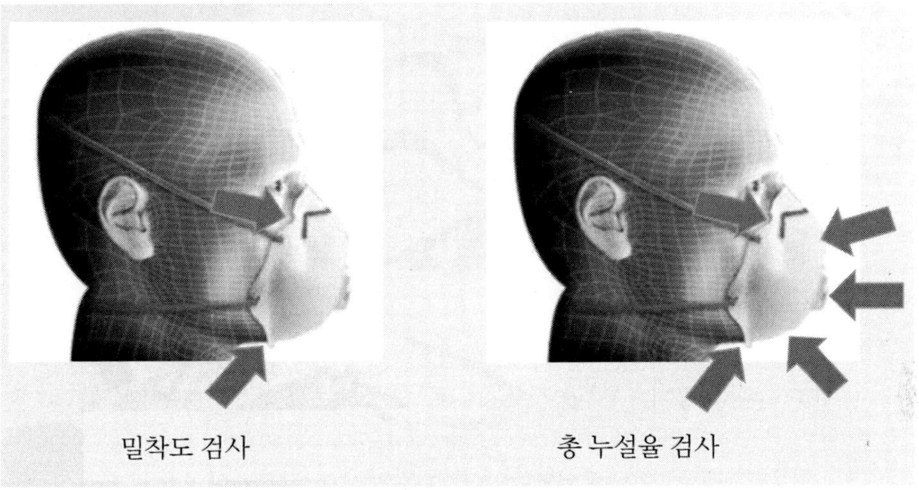

밀착도 검사와 총 누설률 검사의 차이

2. 밀착도 검사를 법으로 규정한 나라

(1) 미국

산업안전보건청(OSHA)에서 정한 29CFR1910.134는 "Respiratory Protection"에 관한 것으로 밀착도 검사에 대해 매우 구체적으로 언급되어 있다.

1910.134(f)(2)에서는 밀착도 검사를 시행하는 시기는 ① 최초에 호흡보호구를 선정하여 사용할 때, ② 다른 호흡보호구로 바꿀 때 그리고 ③ 매년 실시하도록 명시하였다.

(2) 캐나다

캐나다의 산업안전보건법에서 '호흡보호'에 관한 규정은 CSA Standard를 따르도록 규정되어 있다. 따라서 캐나다는 호흡보호구에 관한 한 CSA Standards의 'Selection, use, and care of respirators'가 법적인 지위를 가진다.

(3) 호주/뉴질랜드

가) 호주의 Regulations

호주의 여러 가지 연방 혹은 주의 규정에 따라 호흡보호구에 관련된 것들은 'AS/NZS 1715:2009'를 따르도록 명시하였다. 이상에서 보았듯이 호주의 호흡보호구와 관련한 규정은 모두 Standards를 따르도록 하여 결국 Standards가 법적인 지위를 가지고 있다.

나) 뉴질랜드의 Regulations

뉴질랜드의 경우, 노동성(the Occupational Safety and Health Service of the Department of Labour)에서 발간한 'A guide to respiratory protection'에서 'AS/NZS 1715' 를 참고하여 밀착도 검사를 호흡보호구 프로그램에 포함시킬 것을 명시하고 있다. 즉, 호주의 경우와 마찬가지로 'AS/NZS 1715' Standard에 법적 지위를 부여하고 있다.

다) 호주 및 뉴질랜드 Standards

밀착도 검사와 관련한 호주/뉴질랜드 Standard는 AS/NZS 1715:2009 ' Selection, use and maintenance of respiratory protective equipment'이며 미국, 캐나다와 마찬가지로 밀착도 검사에 대한 자세한 내용이 수록되어 있다. 방법 역시 QLFT와 QNFT 모두 구체적으로 명시되어 있다.

(4) 영국

영국 HSE Operational Circular (OC) 282/28을 보면 밀착도 검사가 Regulation으로 규정되어 있음을 알 수 있다. HSE OC 282/28 'Fit test of respiratory protective equipment facepieces'의 서문에는 영국의 산업안전관련 각종 법에서 호흡보호구를 선정하는 과정의 일환으로 밀착형 호흡보호구는 밀착도 검사를 하도록 규정하였다.

영국 HSE에서 호흡보호구를 선정할 때 'Suitability'와 'Adequate'를 만족시켜야 한다. Suitability를 보장하기 위해서는 'fit test report'가 포함되어야하기 때문에 결국은 밀착도 검사를 실시해야 한다.

특히, 영국의 QNFT의 최소 밀착계수(FF)의 기준은 미국보다 훨씬 엄격하다. 밀착계수 값을 Overall 값 하나로 보지 않고 각 Test exercise에서 생산된 값을 이용하며 전면형은 모든 값이 2000, 반면형은 모든 값이 100, 안면부여과식 마스크 역시 모든 값이 100이상을 기준으로 하고 있다.

(5) 싱가포르

아시아에서 유일하게 밀착도 검사 제도를 도입한 나라는 싱가포르이다. 싱가포르에서는 다른 나라와 달리 'Standard'를 따르라는 문구는 없으나 석면과 같이 특정 유해물질을 취급하는 경우에는 밀착도 검사를 하도록 규정하였다. 시기는 처음 호흡보호구 사용 12개월 이내에 실시하여 매 12개월에 한 번을 하도록 명시하였다.

(6) EN Standards

EN 529:2009 'Respiratory protective devices –Recommendations for selection, use, care and maintenance- Guidance document'에서 EN standard에 관해 명시하고 있는데, 호흡보호구를 선정하기 위해서는 Adequacy와 Suitability를 만족시켜야 한다. Adequacy의 의미는 호흡보호구가 Hazard로부터 보호, 즉 유해물질 기준치 이하로 보호하는데 충분해야 하는 것이다. Suitability의 의미는 호흡보호구가 작업환경, 작업조건 및 착용자에게 적합해야 한다. 따라서 Suitability

를 만족시키기 위해서는 호흡보호구가 착용자의 얼굴에 맞는 여부를 확인하기 위해 밀착도 검사는 실시해야하며 Annex E (informative)에 밀착도 검사 방법을 QLFT와 QNFT 모두 언급하고 있다.

(7) ISO(International Organization for Standardization)

ISO에서는 아직까지 밀착도 검사 방법에 대한 완성된 문서가 없다. ISO/FDIS 16975-3 'Respiratory protective devices -Selection, use and maintenance- Part 3: Fit testing procedures'를 보면 2018년 현재 밀착도 검사에 대한 방법을 개발 중이다.

3. 밀착도 검사에 우리나라의 입장

외국의 산업보건분야 선진국과 달리 2018년 현재 우리나라는 밀착도 검사를 법으로 규정하지는 않고 있다. 밀착성능에 대한 중요성을 KOSHA의 기술지침수준으로 언급하고 있지만(한국산업안전보건공단 (1)(2), 2014) 법 규정이 아니기 때문에 거의 대부분 사업장에서는 밀착도 검사를 실시하지 않고 있다. 다만 밀착성능의 그 중요성을 인지한 연구자들에 의해 밀착도 검사에 대한 실태조사가 이루어졌다(박은주 등, 1995; 한돈희 등, 1997; Han et al., 1997; 한돈희, 1998; Han, 2000; Han, 2002; Han과 Choi, 2003; Han과 Lee, 2005; 김현욱 등, 2014; Jung 등 2014; 한돈희, 2015). 이들 연구의 공통점은 일반적으로 사용되고 있는 호흡보호구가 착용자에게 잘 맞지 않아 누설이 상당부분 발생되고 있다는 것이다.

다행히 최근 고용노동부가 밀착도 검사의 중요성을 차츰 인지하고 있어 2017년 밀착성능에 대한 업종별·호흡보호구별·전국적 실태조사와 밀착도 검사 시행 시 비용편익분석 연구를 한국호흡보호구학회(KSRP)에 의뢰하여 마쳤다(연구책임자: 한돈희). 2018년 현재 KSRP, 관련 연구자, 관련 기업에서 다각도로 밀착도 검사를 법으로 규정하기 위해 노력 중이다. 이와 더불어 한국호흡보호구학회 융합기술원(가톨릭대학교 소재)에서는 <호흡보호구 밀착도 검사 전문가 과정>이 개설되어 있고 과정을 이수하면 밀착도 검사 전문자격증을 받을 수 있다(연락처: 호흡보호구학회 사무국, 02-2258-7370).

4. 밀착도 검사방법(Protocol)

밀착도 검사방법은 미국의 29CFR1910.134 'Respiratory protection' 부록 A에 수록된 방법을 준용한다.

A. 일반사항

1. 피검자가 여러 개의 모델과 여러 사이즈에서 본인에게 가장 잘 맞는 호흡보호구를 선정하도록 한다. 따라서 제조사는 각 모델별로 사이즈가 다른 크기의 호흡보호구를 제조할 필요가 있

다(모델별 사이즈 제작에 대한 한국 규정은 없음. 미국은 있음).

2. 호흡보호구를 선정하기에 앞서 피검자는 호흡보호구의 착용방법과 얼굴의 어느 부분에 위치하고 머리끈의 압박이 어느 정도일 때 잘 맞는지 확인해야 한다. 거울이 밀착정도와 호흡보호구의 위치를 파악하는데 도움을 줄 수 있다. 그러나 이 부분은 검토사항에 불과하기 때문에 피검자의 공식적인 훈련과정에 넣을 필요는 없다.

3. 피검자는 테스트 30분 전에 담배, 껌, 식사, 음료수(물 제외)를 섭취하지 않도록 한다.

4. 검사자는 피검자에게 자신에게 맞는 호흡보호구를 선택했는지 물어서 확인해야 한다. 충분히 보호가 잘 될 것으로 여겨지는 크기와 모양의 호흡보호구가 주어져야 한다.

5. 선택된 호흡보호구 면체(안면부)를 피검자의 얼굴에 맞추어보고 잘 맞지 않는 것 같으면 다른 것으로 선택한다.

6. 가장 편안한 마스크를 착용하게 한 다음 적어도 5분의 시간을 주어 평가하도록 한다. 피검자가 새로운 마스크에 익숙하지 않으면 여러 번 착용하게 하여 머리 끈의 압박정도가 어느 정도일 때 가장 잘 맞는지 확인하도록 한다.

7. 피검자가 '편안함 정도(Comfort)'를 평가할 때는 다음과 같은 점을 고려하도록 하고 충분한 시간을 부여한다.

- 콧등에서 마스크의 위치는 괜찮은가?
- 시야 방해는 없는가?
- 말하기는 괜찮은가?
- 볼, 턱의 위치는 괜찮은가?

8. 호흡보호구의 밀착정도를 파악함에 있어 다음의 기준이 적용되어야 한다.

- 턱의 위치
- 머리끈의 적절한 압박정도: 너무 꽉 조이면 안 됨
- 콧등의 밀착정도
- 코에서 턱까지 마스크가 적절하게 펼쳐진 정도: 틈이 있으면 안 됨
- 호흡보호구가 미끄러지지 않아야 함
- 착용자가 거울 앞에서 평가하도록 함

9. 피검자는 착용 후 양압과 음압의 자가 밀착도 체크(user's seal check)를 해야 한다. 자가 밀착도 체크를 하기 전에 착용자는 깊은 호흡을 하면서 좌우, 위아래로 움직여 야 한다. 자가 밀착도 체크에서 '불합격(Fail)'이 나면 다른 마스크로 다시 수행한다.

10. 머리카락이 마스크 면체에 들어가거나 턱수염, 구레나룻 등으로 밀착에 어려움이 있으면 밀착도 검사를 수행하면 안 된다. 또 옷이 밀착도 검사에 영향을 주어서도 안 된다.

11. 피검자가 밀착도 검사 중 호흡곤란이 오면 밀착도 검사를 계속 수행해야 하는지를 결정하기 위해 의사나 기타 면허를 소유한 의료인의 소견이 필요하다.

12. 밀착도 검사결과 밀착도에 문제가 있다면 피검자는 다른 호흡보호구를 선택할 기회가 주어져야 하면 재검사가 수행되어야 한다.

13. 테스트 운동(Test exercises): 피검자는 밀착도 검사 전에 테스트 운동절차에 대한 설명을 듣고 테스트 운동을 수행한다. 테스트 운동 수행하기 5분 전에 호흡보호구를 착용하고 있어야 한다.

14. 실제 호흡보호구를 사용할 때 밀착도에 영향을 줄 수 있는 안전장구와 함께 착용해야 한다면 그 상태와 동일한 상태로 밀착도 검사를 실시한다.

15. 테스트 운동

테스트 운동은 다음과 같다.

(1) 정상호흡: 정상적으로 선 자세에서 말없이 정상적인 호흡을 한다.

(2) 깊은 호흡: 정상적으로 선 자세에서 깊고 천천히 호흡한다. 이때 과도한 환기량의 호흡이 이루어지지 않도록 한다.

(3) 머리 좌우 돌리기: 선 상태에서 천천히 좌측과 우측으로 최대한 크게 고개를 돌린다. 머리를 좌측과 우측으로 최대한 돌린 상태에서 숨을 들어 마신다.

(4) 머리 위아래 움직이기: 선 상태에서 천천히 최대한 크게 위아래로 고개를 움직인다. 머리를 위로 올린 상태에서 숨을 들어 마신다(예를 들어, 천장을 쳐다 본 상태에서 숨을 들여 마시게 한다).

(5) 말하기: 피검자는 검사자가 충분히 들을 수 있도록 크고 천천히 분명하게 말을 해야 한다. 피검자가 100단어 정도의 시나 노래를 하도록 하거나 아래의 문장을 읽도록 한다.

오늘의 날씨를 말씀드리겠습니다.
따뜻한 날씨에 산책을 나온 시민들을 많이 볼 수 있습니다.
오전에는 맑은 편으로 봄꽃 나들이하기 좋을 날이 되겠습니다.
하지만 저녁부터는 구름이 많아지고 비가 오기 시작하겠습니다.
바람은 남서풍이 점점 강해져 중국으로부터 오는 황사가 우리나라 전역을 덮겠습니다.
최저 기온은 12도이고 낮 최고 기온은 24도로 일교차가 클 것으로 예상됩니다.
외출 시 우산과 마스크와 겉옷을 챙겨야 하겠습니다.
환절기 감기 조심하세요.
이상 날씨였습니다.

(6) 얼굴 찡그리기: 웃거나 얼굴을 찡그리게 한다(이 운동은 QNFT만 적용하고 QLFT에는 적용하지 않는다).

(7) 허리 구부리기: 선 상태에서 발가락을 잡는 것처럼 허리를 구부린다. 긴 복장이 필요하여 구부릴 수 없는 경우에는 조깅으로 대신할 수 있다.

(8) 정상호흡: (1)과 동일하다.

■ 각 테스트 운동은 15초 동안의 얼굴 찡그리기를 제외하고 모두 1분 동안 수행한다. 검사자는 검사를 수행하는 동안 괜찮은지 물어보고 호흡보호구가 불편하다면 다른 모델로 바꿀 수 있다. 일단 테스트 운동이 시작되면 마스크를 얼굴에 잘 맞도록 조절해서는 안 된다. 만약 잘 맞도록 조절했다면 이 검사는 무효가 되고 밀착도 검사를 다시 수행해야 한다.

B. 정성적 밀착도 검사방법 (Qualitative Fit Test: QLFT)

1. 일반사항

(1) 검사자는 장비의 보정상태, 작동여부, 밀착도 검사방법의 적합성 여부를 확인한다.

(2) 검사자는 도구상태가 깨끗하게 잘 관리되어 있는지 확인한다.

2. 초산이소아밀(Isoamyl acetate, IAA) 방법

※주의: 이 방법은 방진마스크에는 적합하지 않다. 방진마스크로 사용하는 면체(안면부)를 검사하고자 할 때에는 유기화합물용 방독정화통을 부착한 후 검사한다.

(1) 냄새 역치 민감도 테스트

마스크를 착용하지 않은 상태에서 피검자가 낮은 농도의 IAA 냄새를 느낄 수 있는지 확인하는 테스트이다.

① 1 L 유리병 3개를 준비한다.

② 용액을 만들기 위해 대략 25℃의 냄새가 없는 물(증류수 혹은 샘물)을 준비한다.

③ 첫 번째 병: 물 800 mL에 순수 IAA 1 mL를 첨가하고 뚜껑을 닫고 흔들어 30분 동안 방치하여 모액(Stock solution)을 만든다. 이 용액은 1주일까지 사용할 수 있다.

④ 밀착도 검사를 수행하는 방과 분리된 방에서 민감도 테스트를 수행한다. 두 방은 밀착도 검사를 수행할 때 냄새가 나지 않도록 환기가 잘 되어야 한다.

⑤ 두 번째 병: 피펫을 이용하여 물 500 mL에 모액 0.4 mL를 첨가하여 민감도 테스트용액을 만든다. 이 용액을 30초 동안 흔들고 1-2분 방치한다. 이 용액은 하루만 사용할 수 있다.

⑥ 세 번째 병: Blank 용액으로 물 500 cc를 준비한다.

⑦ 민감도 테스트용 병과 Blank 테스트용 병에는 혼돈을 주지 않도록 뚜껑에 번호로 표기한

다(예를 들어, 1, 2).

⑧ 두 개의 병 앞에 다음과 같은 지시문을 적은 카드를 놓는다. “이 테스트의 목적은 낮은 농도에서 바나나 오일 냄새를 맡을 수 있는지를 보는 것입니다. 당신 앞에 놓여 있는 두 개의 병 중 하나에는 바나나 오일이 섞여 있습니다. 2초 동안 병을 흔들고 마개를 연 다음 한 번에 하나씩 냄새를 맡아 보시오. 어느 병에서 냄새가 나는지 검사자에게 알려 주세요”

⑨ IAA가 섞여 있는 혼합물은 피검자의 후각 피로를 없애기 위해 테스트가 수행되는 방과 분리 방에 놓아야 한다.

⑩ 만약 민감도 테스트를 통과하지 못하면 IAA QLFT를 수행해서는 안 된다.

⑪ 만약 민감도 테스트를 통과하면 마스크를 선택하고 밀착도 검사를 수행한다.

(2) IAA 밀착도 검사

① 밀착도 챔버는 직경 60 cm 원통형 프레임에 부피 200 L의 비닐을 거꾸로 씌우면 된다. 챔버의 끝에서 피검자 머리까지는 15 cm정도 떨어져 있어야 한다. 원통형 프레임이 없으면 유사한 형태로 만들면 된다. 챔버의 안 쪽 중앙 천장에 수건이나 화장지를 걸 수 있는 후크가 달려 있어야 한다.

② 밀착도 검사에 사용될 호흡보호구에는 반드시 유기화합물용 방독정화통이 부착되어 있어야 한다.

③ 호흡보호구를 착용한 피검자는 테스트 방으로 온다. 이 테스트 방은 민감도 테스트를 한 방과 분리되어 있어야 하고 환기가 잘 이루어져 오염이 되어서는 안 된다.

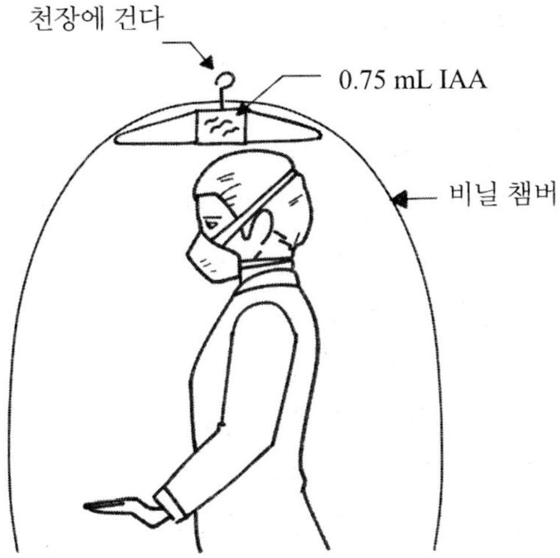

초산이소아밀(Isoamyl Acetate, IAA) QLFT

④ 피검자가 챔버 안에서 테스트 운동을 할 수 있도록 테스트 문장을 걸어 놓는다.

⑤ 피검자가 챔버에 들어갈 때 순수 IAA 0.75 mL가 묻은 반이 접힌 12×15 cm 가량의 종이타월을 가지고 들어간다. 피검자는 이것은 챔버 후크에 건다. 위에서 언급한 농도를 만들어 낼 수 있는 IAA 테스트 면봉이나 앰플이 종이타월을 대신할 수 있다.

⑥ 테스트 운동을 하기 앞서 공기 중 IAA 농도가 안정화될 수 있도록 2분의 시간을 준다. 이때 검사자는 피검자 협조의 중요성과 테스트 운동의 목적을 설명해 준다. 일부 테스트 운동을 시범적으로 보여 줄 수 있다.

⑦ 피검자가 검사 중 바나나 냄새를 맡았다고 하면 밀착도 검사는 '불합격(Fail)'으로 판정한다. 피검자는 후각 피로를 없애기 위해 챔버를 신속히 빠져 나와 테스트 지역에서 벗어나야 한다.

⑧ 만약 불합격 판정을 받으면 마스크 선택 방으로 되돌아가서 마스크를 벗는다. 피검자는 앞서 한 민감도 테스트를 다시 하고 다른 마스크를 선택한 다음 앞서 언급한 방법을 동일하게 수행한다. 잘 맞는 마스크를 찾을 때까지 이 과정이 반복된다. 피검자가 민감도 테스트에 실패하면 적어도 5분의 시간을 부여한 후 다시 시작한다. 보통 후각 민감도는 이 정도 시간이면 되돌아온다.

⑨ 피검자가 '합격(Pass)' 판정을 받으면 챔버를 나오기 전에 마스크를 약간 들어 한 번 깊게 호흡을 하도록 하여 테스트 효과를 느끼게 한다.

⑩ 피검자는 챔버를 떠날 때 용액이 묻은 종이타월을 검사자에 주고 검사자는 이것을 밀봉된 비닐 백에 집어넣어 테스트 지역이 오염되지 않도록 한다.

3. 사카린 에어로졸(Saccharin Solution Aerosol) 방법

사전에 민감도 테스트와 실제 테스트 과정을 설명해 준다.

(1) 맛 역치 민감도 테스트

사카린의 단맛을 느낄 수 있는지를 확인하는 테스트이다.

① 실제 밀착도 검사를 수행할 때와 동일하게 피검자는 대략 직경 30 cm, 높이 35 cm이며 움직임이 자유스럽고 머리와 어깨를 감싸는 비닐 후드를 쓴다.

② 비닐 후드 앞에 의료용 분무기(Nebulizer) 노즐이 들어갈 수 있는 직경 2 cm의 구멍이 피검자의 코와 입 사이에 나 있어야 한다.

③ 민감도 테스트를 할 때 피검자는 약간의 입을 벌려 사카린의 단맛을 느끼도록 한다.

④ 검사자는 분무기에 민감도 테스트 사카린 용액을 넣고 피검자의 코와 입에서 약간 떨어져 용액을 분사한다. 이 분무기는 실제 밀착도에 사용하는 분무기와 혼돈하지 않도록 표시해 둔다.

⑤ 민감도 테스트용 용액은 따뜻한 물 100 mL에 사카린나트륨(Sodium saccharin) 0.83 g을 녹여서 만든다. 증류수 100 mL에 밀착도 검사용액 1 mL를 섞어 만들 수 있다.

⑥ 분무기 벌부(Bulb)를 강하게 누르면 사카린 용액에서 사카린 에어로졸이 생산되어 공기 중으로 분사된다.

⑦ 10회 빠르게 세게 반복하여 벌브를 누른 다음 사카린 단맛을 느꼈는지 물어 본다. 피검자가 단맛을 느꼈다면 민감도 테스트는 끝난 것이다. 맛에 대한 민감도 역치를 위해 분기를 누르는 횟수는 10회이다.

⑧ 만약 맛을 못 느낀다고 하면 다시 10회를 눌러서 맛 감지 여부를 물어본다. 만약 두 번째에서 맛을 느꼈다면 테스트는 끝이다. 맛에 대한 민감도 역치의 분무기 누르는 횟수 20회이다.

⑨ 두 번째에서도 못 느낀다면 동일한 방법으로 다시 수행하고 이때 맛을 느끼면 테스트는 끝이 났고 맛에 대한 민감도 역치의 분무기 누르는 횟수 30회이다.

⑩ 검사자는 맛에 대한 반응을 보기위해 누르는 횟수 즉, 역치를 기록한다.

⑪ 만약 피검자가 누르는 횟수 30회에서도 맛을 느끼지 못하면 이 피검자는 사카린에 대한 맛을 못 느끼는 것이므로 사카린 에어로졸 검사방법을 수행할 수 없다.

※ 주의: 피검자가 민감도 테스트 전에 단맛이 있는 사탕이나 음료수를 섭취하였다면 약한 사카린 용액의 단맛을 느낄 수 없다.

⑫ 피검자가 단맛에 대한 반응이 있었다면 밀착도 검사에도 이런 맛이 있는지를 주목하라고 설명해 준다.

⑬ 분무기에는 한 번에 용액 1 mL만 넣어 사용한다.

⑭ 분무기는 씻은 후 흔들어서 건조시키고 오전 오후에 하나씩 혹은 4시간에 하나씩 사용한다.

(2) 사카린 에어로졸 방법

① 피검자는 테스트 15분 전에 담배, 껌, 식사, 음료수(물 제외)를 섭취하지 않도록 한다.

② 민감도 테스트에 사용한 후드를 그대로 사용한다.

③ 피검자는 호흡보호구를 쓰고 후드를 착용한다. 호흡보호구는 방진필터가 부착되어 있어야 한다.

④ 두 번째 밀착도 검사용 분무기는 민감도 테스트 용 분무기와 구분하여 사용한다.

⑤ 밀착도 검사용액은 따뜻한 물 100 mL에 사카린나트륨 83 g을 첨가하여 만든다.

⑥ 테스트 전에 피검자는 약간 입을 벌려 숨을 쉬도록 말해 준다.

⑦ 분무기를 후드에 집어넣고 밀착도 검사용액을 민감도 테스트에서 얻은 누르는 횟수, 즉 역치만큼(10, 20 혹은 30회) 분무시켜준다. 따라서 최소 횟수는 10회가 된다.

⑧ 에어로졸이 만들어지면 테스트 운동을 수행하도록 알려준다.

⑨ 매 30초 마다 처음 집어넣었던 횟수의 절반(5, 10 혹은 15회) 씩 다시 분무시켜 준다.

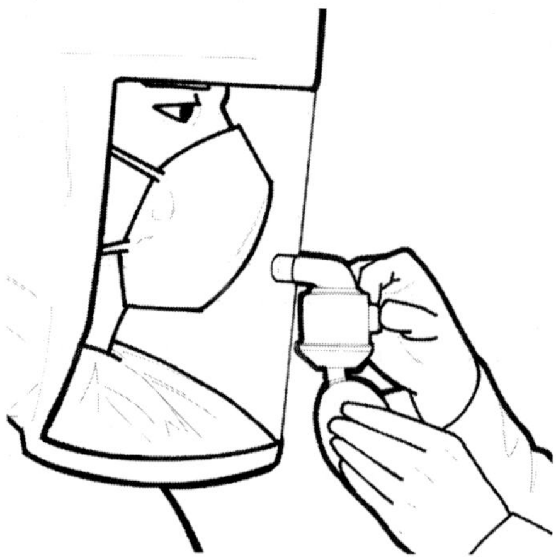

사카린 에어로졸 QLFT

⑩ 피검자는 단맛 여부를 검사자에게 알려준다. 만약 단맛을 느끼지 못하였다면 합격(Pass)으로 판정한다.

⑪ 단맛을 느꼈다면 불합격(Fail)로 판정하고 다른 호흡기보호구를 선택하여 민감도 테스트부터 다시 시작한다.

⑫ 분무기는 검사 중에 막힐 수가 있어서 분무기가 막히지 않았는지 확인해 주어야 한다. 테스트가 끝나는 중에 막힌 것이 발견되었다면 테스트 결과는 무효이다.

4. 자극성 스모크(염화주석: Stannic Chloride) 방법

이 방법은 환기장치에서 환기정도를 확인하는데 사용하는 염화주석의 발연관(Smoke tube)을 밀착도 검사에 사용하는 것이다. 염화주석이 만들어내는 스모크는 기침이나 재치기를 유발한다.

(1) 일반 및 주의사항

① 호흡보호구에 특급방진필터(여과효율 99.5%이상) 혹은 HEPA 필터가 부착되어 있어야 한다.

② 이 방법에는 오직 염화주석 함유 스모크 튜브만 사용해야 한다.

③ 얼굴과 머리를 감싸는 후드가 필요 없다.

④ 이 스모크는 눈, 폐 및 코에 자극을 준다. 따라서 검사자는 피검자가 이 물질에 최소로 노출되도록 주의시켜야 한다. 민감도가 사람마다 달라서 어떤 사람은 더 심한 자극을 느낄 수 있다. 그러므로 민감도 테스트를 할 때 피검자가 최소량으로 노출될 수 있도록 주의 깊게 관찰해야 한다.

⑤ 밀착도 검사는 충분히 환기가 되는 장소에서 수행하고 자극성 스모크가 남아 있지 않도록

주의해야 한다.

(2) 민감도 체크

피검자가 약한 농도에서도 반응을 하는지 알아보기 위한 것이다.

① 검사자는 발연관의 양끝을 자르고 한 끝은 200 mL/min을 유량을 공급할 수 있는 저유량 공기펌프나 흡출기 벌브(Aspirator Squeeze Bulb)와 연결한다.

② 피검자가 마스크를 착용하기 전에 최소 농도에서 냄새를 맡아보도록 하고 이 자극물질에 익숙해지도록 한다.

(3) 자극성 스모크 방법

① 피검자는 아무 도움 없이 마스크를 착용하고 자가 밀착도 체크를 수행한다.

② 피검자가 눈을 감도록 한다.

③ 검사자는 흡출기 벌브를 눌러서 스모크를 만들어 착용자의 얼굴부위와 마스크 사이에 뿜어준다. 처음에는 얼굴주위에서 30 cm 떨어져서 시작하여 마스크 전체 주변에 뿌려준다. 검사자는 마스크에서 15 cm 떨어져서 두 번 더 마스크 주변에 뿌려준다.

④ 피검자가 자극 스모크에 반응을 보이지 않는다면 테스트 운동을 수행하게 한다.

⑤ 테스트 운동을 수행하는 동안 검사자는 호흡보호구에서 15 cm 거리에서 계속해서 자극성 스모크를 호흡보호구와 얼굴 접촉면 주위에 뿌려준다.

⑥ 자극을 느꼈다면 불합격한 것으로 판정하고 민감도를 포함하여 동일한 방법을 다시 시작한다.

자극성 스모크 QLFT

⑦ 기침이나 재채기가 없어서 적합 판정을 받은 피검자는 스모크에 대한 반응도를 보기위해 마스크를 벗은 상태에서 두 번째 민감도 테스트를 받는다. 두 번째 민감도 테스트에서 전혀 반응이 없다면 밀착도 검사는 무효이다.

⑧ 두 번째 민감도 테스트를 통과해야 비로소 합격(Pass)한 것이다.

C. 정량적인 밀착도 검사(Quantitative Fit Test, QNFT) 방법

현재 미국, 영국 등에서 법적으로 인정된 방법은 세 가지 방법이 있으나 국내 여건상 한 가지 방법만 소개한다.

에어로졸 이용법(Ambient aerosol condensation nuclei counter, CNC) 방법

공기 중 매우 작은 핵에 증기상태의 이소프로필알코올이 달라붙게 하고 이것이 곧바로 응결되어 입자의 크기가 커지면 광도계가 입자의 수를 세는 방법을 이용한 것이다. 이 방법은 이용한 기기는 현재 미국 TSI 사의 Portacount이다. 호흡보호구 안쪽 에어로졸 농도를 알기 위해서는 반드시 탐침(Probe)을 부착해야 한다.

밀착도 검사제도가 법적으로 규정된 미국의 모든 호흡보호구는 모델, 스타일, 크기에 따라 탐침이 부착된 어댑터(Adapter)가 판매되기 때문에 따로 호흡보호구에 탐침을 삽입할 필요가 없다. 따라서 미국 제품은 대용 마스크(Surrogate)를 사용할 필요가 없이 자신이 실제 착용하는 마스크에 어댑터만 끼우면 밀착도 검사를 수행할 수 있다. 그러나 국내 제품은 어댑터가 없으므로 탐침을 따로 만들어 마스크에 부착을 해야만 하기 때문에 대용마스크를 밀착도 검사할 때 사용한다. 만약 밀착도 검사가 법적으로 강제성을 갖는다면 국내 판매되는 모든 호흡보호구도 미국과 같이 어댑터를 따로 만들어야 할 것이다.

반면형의 최소 밀착계수(FF)는 100, 전면형은 500을 합격(Pass)로 인정한다.

(1) Portacount 밀착도 검사 필요사항

① 샘플링 탐침과 호스가 호흡보호구의 면체에 적절하게 부착되어 있는지 그리고 반드시 방진필터 (특급, 1급만 가능하고 포집효율이 낮은 2급은 안 됨)가 적절하게 부착되어 있는지 확인한다.

② 밀착도 검사 전 5분 동안 마스크를 쓴 채로 대기하도록 한다. 이 이유는 호흡보호구 안에서 공기 입자가 골고루 퍼져 있어야 하고 호흡보호구가 착용자에게 편안함을 주기 위함이다.

③ 호흡보호구의 밀착성에 영향을 주는 다음의 사항들을 체크해야 한다: 턱의 적절한 위치; 머리끈의 압박정도(너무 강하게 압박을 가하면 적합하지 않음); 콧등의 밀착정도(콧등이 안 맞으면 밀착도가 급격히 떨어짐); 코에서 턱까지 면체가 겹치거나 틈이 없이 적절하게 퍼져 있는지 확인 필요; 호흡보호구가 흘러내리지 않아야 함; 거울을 보고 호흡보호구의 위치가 적합한지 착용자 본인이 평가할 필요가 있음.

④ 자가 밀착도 체크를 수행하게 한다. 누설이 감지되면 원인을 찾아야 한다. 누설의 원인이 불량한 면체에 있다고 판단되면 다른 모델의 호흡보호구로 교체한다.

⑤ Portacount를 만든 제조사의 지시대로 밀착도를 수행한다.

⑥ 피검자는 테스트 운동을 수행한다.

⑦ 테스트 운동을 마치면 검사자는 피검자에게 밀착도 검사과정 중 편안함 정도에 대해 물어본다. 만약 불편함 정도가 심하면 다른 모델로 바꾸어 재검사 한다.

(2) Portacount 기기

① Portacount는 전체 테스트 운동에 대한 Overall 밀착계수를 자동적으로 계산하고 적합여부를 Pass와 Fail로 나타내 준다. Pass가 되어야 밀착도 검사는 끝난 것이다.

② Pass와 Fail 기준은 프로그램으로 조절할 수 있어 최소값을 만족시키는지 확인이 필요하다.

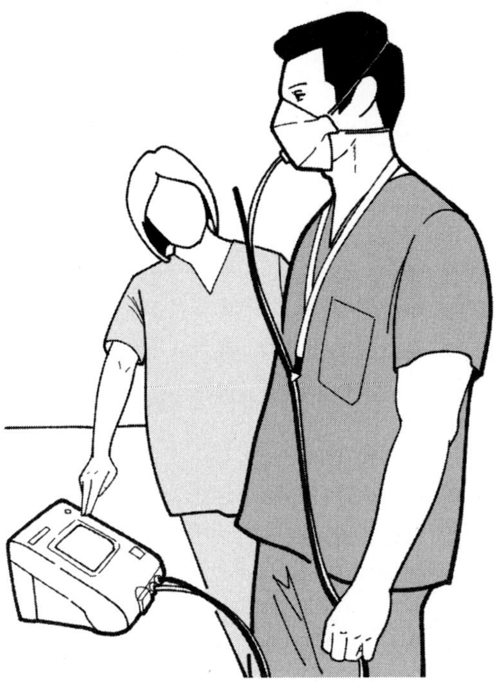

Portacount QNFT

③ 테스트에 대한 기록이 남겨져야 한다. 이 기록에는 피검자 이름, Overall 밀착계수 값, 제조사, 모델명, 스타일, 크기, 테스트 날짜가 기록되어야 한다.

(3) QNFT의 장단점

① 장점

- FF 값이 산출되기 때문에 어떻게 호흡보호구를 착용하고 조정하는 것이 충분한 보호를 보장할 수 있는지를 알려줄 수 있는 훌륭한 교육훈련 프로그램의 도구이다.
- 착용 후 움직임과 호흡보호구 조정으로 생길 수 있는 밀착성능을 순간적으로 Feedback 할 수 있다.
- 착용자에게 지급된 호흡보호구의 착용에 대한 신뢰감을 줄 수 있다.
- 호흡보호구 선정절차의 일환으로 기록할 수 있다.
- 각 개인별 밀착성의 추이를 주기별로 감시할 수 있다.
- 각 호흡보호구 착용자마다 산출된 데이터를 갖고 비교해 봄으로서 선정 시 생길 수 있는 주관적인 생각을 줄일 수 있다.

② 단점

- 측정기기 구입비가 비싸다. 2018년 현재 악세서리 없이 측정기기만 구매 시 약 1,500-2,000만 원이다.
- 시험하는 시간과 기술이 필요하다. 교육훈련을 받은 전문기술자가 필요하고 숙달되는데 시간이 필요하다.
- 마스크 안 에어로졸의 농도가 위치에 따라 다르고 반응시간에 따라 FF 값도 다르기 때문에 최종적으로 FF의 변화가 심하다.
- 밀착도 검사의 복잡한 특성 때문에 일부 사람들은 호흡기보호 프로그램의 다른 측면을 가볍게 여길 수 있다. 일부 사용자들은 밀착계수가 충분하다고 생각하고 유지관리를 무시하거나 호흡보호구를 철저하게 착용하려는 노력을 하지 않을 수 있다.
- 미국과 같이 밀착도 검사제도가 있는 나라에서는 어댑터를 이용하면 자신이 실제 착용하는 호흡보호구를 테스트할 수 있는데 우리나라는 자신이 착용하는 그 마스크를 갖고 시험하는 것이 아니라 자신 것과 모델이나 크기가 동일한 다른 마스크 즉, Surrogate 마스크를 이용한다. 따라서 자신의 것이 아니므로 이로 인한 차이점이 발생할 수 있다.
- 이 검사는 이름 그대로 밀착성만을 측정한다. FF 값을 가지고 마스크가 갖고 있는 전반적인 보호계수 즉, PF(Protection Factor)를 산출하는 것은 위험한 발상이다.

❑ 자가 밀착도 체크(User's Seal Check)

착용자가 호흡보호구를 착용할 때마다 호흡보호구 안면부와 자신의 얼굴이 제대로 밀착이 이루어졌는지 확인하는 작업이다. 이것은 밀착도 검사와 구분되는 것으로 이것을 밀착도 검사로 착각해서는 안 된다. 말착도 체크는 다음과 같은 방법으로 할 수 있다.

A. 음압 자가 밀착도 체크

(1) 호흡보호구의 흡입구나 흡입밸브를 손바닥이나 테이프로 막는다.
(2) 흡입구나 흡입밸브가 없는 안면부여과식 마스크는 음압 자가 밀착도 체크를 수행하기 어렵다.
(3) 방독정화통이나 방진필터가 부착되어 있으면 이 부분을 손이나 테이프로 막는다.
(4) 천천히 숨을 들어 마시고 10 초 정도 정지한다. 이때 면체(안면부)가 약간 조여들거나 공기가 보호구 안으로 들어오는 느낌이 없다면 밀착도는 좋은 상태이다(그림 1).

음압 자가 밀착도 체크　　　　양압 자가 밀착도 체크

자가 밀착도 체크

B. 양압 자가 밀착도 체크

배기밸브가 있는 호흡보호구에 대하여 실시한다. 이 방법은 배기밸브가 없는 호흡보호구에 대해서는 시행하기 어렵다.

(1) 배기밸브를 손바닥으로 막거나 마개로 막는다.
(2) 착용자는 천천히 숨을 내쉰다.
(3) 호흡보호구 안이 약간 양압이 되어 호흡보호구 면체와 얼굴 접촉면으로 공기가 새어나가는 느낌이 없다면 밀착도는 좋은 상태이다(그림 2).

(5) 착용계수(Wear Factor, WF : 미착용시간에 대한 보호계수)

호흡기보호 프로그램이 밀착성능까지 거의 완벽하게 운영된다고 하더라도 최종적으로 근로자가 호흡보호구를 착용하지 않는 시간을 간과해서는 안 된다. 전체 작업시간(Work shift) 혹은 반드시 호흡보호구를 착용해야 하는 시간 중 실제 오염지역에서 근로자가 호흡보호구를 착용하는 시간의 퍼센트를 보호계수로 계산한 것이 착용지수(Wear factor, WF)이다. 비록 호흡보호구가 높은 FF 값을 지니고 있고 착용하는 동안 효과적으로 유해물질을 여과한다고 하더라도 유해오염지역에서 아주 짧은 시간이라도 착용하지 않는다면 보호정도가 급격하게 감소한다.

착용계수와 밀착계수의 관계를 통하여 보호계수의 정도를 가장 잘 보여주는 그림은 OSHA자료 [그림 4-1]이다.

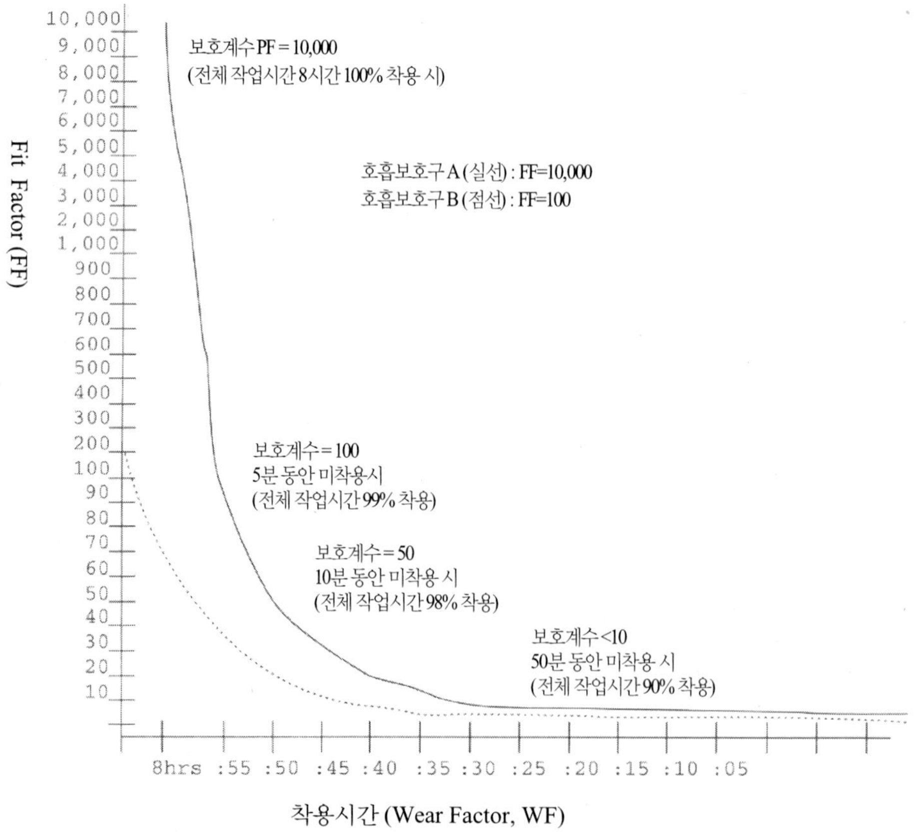

[그림 4-1] 착용계수(Wear Factor, WF)와 밀착계수(Fit Factor, FF)의 관계

〈표 4-3〉 착용지수(Wear Factor)

Fit Factor	80	90	95	100
10	2.80	1.90	1.45	1.00
25	2.32	1.36	0.88	0.40
50	2.16	1.18	0.69	0.20
100	2.08	1.09	0.595	0.10
1000	2.008	1.009	0.509	0.01
INF	2.00	1.00	0.50	0.00

노출기준의 10배 즉, '10×노출기준'이고 8시간 마스크를 착용하고 작업해야 하는 사업장에서 FF=1,000인 호흡보호구를 95%만 착용하였다면(24분 동안 착용하지 않음. 24분은 480분에서 5%에 해당) 보호계수 즉, 보호정도는 20에 불과하다. 이 계산은 다음과 같다.

$$\text{보호정도 계산}: \frac{\text{노출기준 초과 배수}}{\text{착용지수}} = \frac{10}{0.509} = 19.6 \fallingdotseq 20$$

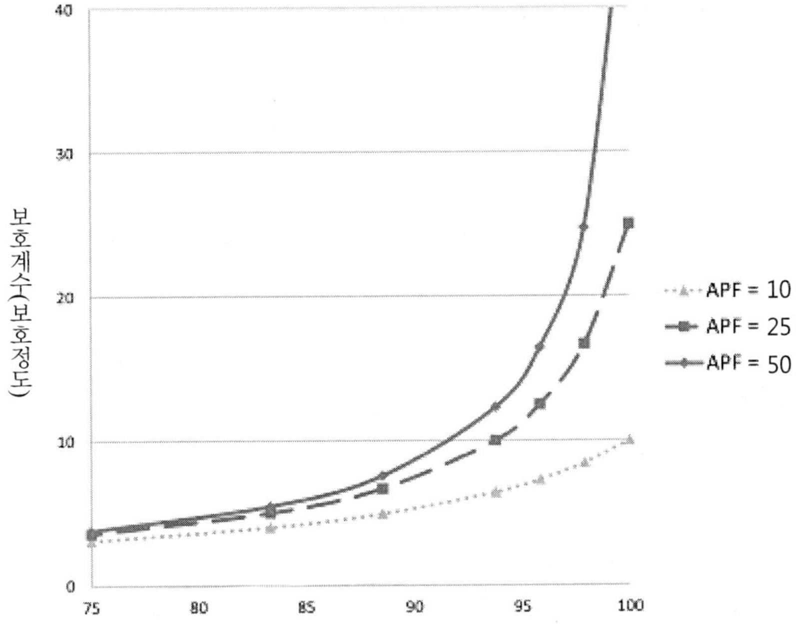

[그림 4-2] 착용시간(%)과 보호계수(보호정도)

(자료출처: Gosch ME, Shaffer RE, Eagan AE et al: B95: A new respirator for health care personnel, American Journal of Infection Control 2013, 41(12), 1224 - 1230

만약 480분 중 10분만 착용하지 않아도 즉, 98%만 착용하였다면 보호계수는 50밖에 되지 않는다. 이것은 <표 4-3>의 내삽법을 이용하여 계산한 것이고 [그림 4-3]에서는 7시간 55분을 읽으면 된다.

이와 유사한 최근 연구로는 [그림 4-2]이다. 100% 착용시간을 유지하면 원래 APF를 그대로 유지하지만 비착용시간이 늘어날수록 보호정도는 급격하게 저하됨을 보여주고 있다.

이상의 종합하면 아무리 포집효율이 좋고 밀착성능이 우수하다고 하더라고 착용자가 정해진 시간동안 100% 착용하지 않으면 기하급수적으로 급격하게 보호계수(정도)가 떨어진다. 따라서 호흡기보호 프로그램 관리자는 착용자에 대한 교육 시 이에 대한 명확한 설명이 필요하다. 또 근로자들이 호흡보호구를 착용하지 않는 이유는 다음과 같다.

- 호흡보호구가 무겁고/거나 불편하다.
- 숨쉬기 어렵다.
- 착용하고 의사소통이 잘 안 된다.
- 마스크 안이 너무 뜨겁다(따라서 땀이 많이 난다).
- 땀이 나면 마스크가 흘러내린다.
- 날씨가 추우면 전면형 마스크의 경우 김서림(Foggy)이 생긴다.
- 땀이 나서

따라서 호흡보호구 교육훈련 과정에서 착용시간의 중요성과 착용하지 않는 이유를 인식하고 이에 대한 합당한 설명이 필요하다.

(6) 유지관리

❑ 세척과 소독

세척과 소독은 다음과 같은 간격으로 이루어져야 한다.

- 일상적으로 사용하는 개인 지급용 호흡보호구는 매일 세척
- 비상 대응용과 때때로 사용하는 호흡보호구는 사용 후 세척
- 여러 사람이 사용하도록 지급된 호흡보호구는 다른 사람이 사용하기 전
- 밀착도 검사나 교육 훈련용으로 사용된 호흡보호구는 각 사용 후

세척 및 위생관리는 다음과 같은 과정을 걸쳐 실시한다.

① 모든 분리 가능한 부품(예를 들어, 방진필터, 방독정화통, 다이어프램, 밸브)을 제거하고 검사한다. 보수하거나 버릴 것은 버린다.

② 경세제 혹은 제조업체에서 추천한 세척액이 섞인 따뜻한 물을 가지고 각 부품을 세척한다. 먼지 같은 오물 제거에는 솔을 사용할 수 있다. 부품이 손상되지 않게 주의한다. 세척하는 물은 고무와 플라스틱 부품이 손상되는 것을 방지하기 위해 43.3℃를 넘지 않도록 한다.

③ 깨끗하고 따뜻하며(43.3℃) 흐르는 물로 각 부품을 헹군다.

④ 부품을 다음의 용액 중 하나에 2분 정도 담근다.

- 50℃의 물 1 L에 세탁 표백액 약 1 mL로 만든 차염소산 용액(염소 50 ppm)
- 43.3℃의 물 1 L에 요오드딩크 약 0.8 mL로 만든 세척액(요오드 50 ppm)

⑤ 깨끗하고 따뜻하며(43.3℃) 흐르는 물로 각 부품을 헹군다.

[그림 4-3] 자외선 소독기에 의한 호흡보호구 소독 장면

⑥ 깨끗하고 보풀이 없는 천이나 건조한 공기 중에서 부품을 말린다.

⑦ 각 부품을 재조립한다.

⑧ 모든 부분이 잘 작동되는지 테스트해 본다.

⑨ 만약 일회용을 다시 사용하려면 경세제가 섞인 물이나 알코올 와이퍼를 가지고 얼굴이 닿는 부분을 씻어준다. 일회용은 의도한 만큼 사용한 후에는 기본적으로 유지 관리 없이 버리는 것을 우선 생각해야 한다.

⑩ 시간적인 여유가 없어서 세척을 하지 못하는 경우에는 자외선 소독기를 비치하고 그 안에 호흡보호구를 넣어 살균하도록 한다.

❑ 점검

① 호흡보호구의 사용자 및 관리자는 사용 전후에 호흡보호구가 적절하게 작동하고 있는가의 여부를 확인하기 위하여 점검한다.

② 세척과 소독 후 각 호흡보호구가 적정하게 작동되고 있는가, 부품의 교환과 수리를 필요로 하는가 또는 폐기해야 하는가를 결정하기 위하여 점검한다.

③ 긴급한 때 또는 구출할 때의 용도로 보관되어 있는 모든 호흡보호구의 부품 등은 최소한 월 1회 이상 점검하며, 점검항목은 접속부, 머리끈, 밸브, 연결관, 방진필터, 방독정화통, 사용종료지시기, 재고 유효일자, 조절기 및 경보장치 등의 파손 여부, 손상 및 훼손여부 등이다.

❑ 보관

① 호흡보호구는 먼지, 태양광선, 과도한 고온·저온, 과도한 습도 그리고 손상을 줄 가능성이 있는 화학물질을 피해서 보관해야 한다.

② 모든 호흡보호구는 작업환경과 격리된 깨끗한 장소의 캐비넷에 보관해야 한다(그림 4-4).

③ 일상적으로 사용하지 않는 호흡보호구 혹은 대피용 호흡보호구는 응급상황이 벌어졌을 때 착용자가 쉽게 접근할 수 있는 장소에 보관해야 한다.

④ 일상적으로 사용되는 호흡보호구는 작업벤치, 도구함 혹은 락카에 보관하지 말아야 한다. 이럴 경우 오염, 형태의 뒤틀림, 손상될 우려가 있다.

⑤ 고무나 실리콘 등 탄성중합체(Elastomeric)로 되어있는 안면부를 바닥에 장시간

놓아둘 경우 형태가 변형되어 원상태로 되돌아오지 않으므로 머리끈을 이용하여 걸어놓는 것이 바람직하다(그림 4-4 ⓐ).

(그림출처: NIOSH)

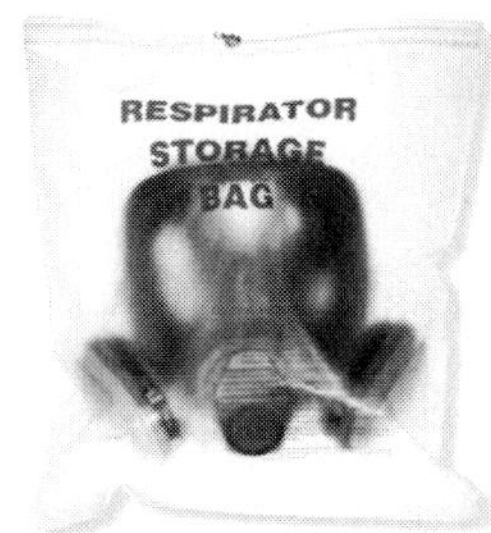

(Cole-Parmer™ 호흡보호구 지퍼백)

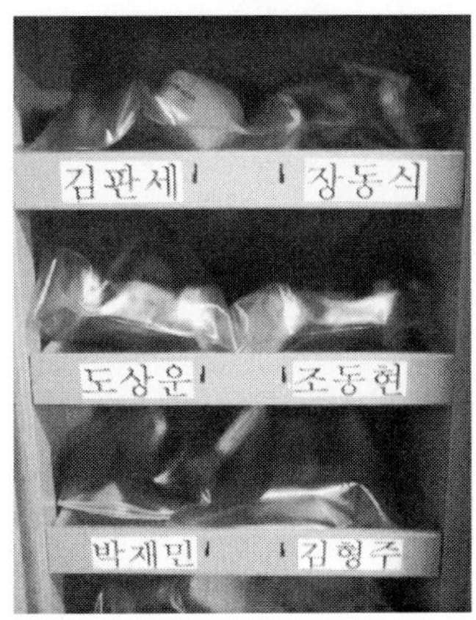

ⓐ 거는 방법

ⓑ 지퍼백 보관

[그림 4-4] 호흡보호구 보관 방법

⑥ 대피용인 경우에는 반드시 다음과 같이 해야 한다.

- 작업 장소에서 접근이 가능해야 한다.
- 보관하는 함에는 "대피용 호흡보호구"라고 적혀있어야 한다.

⑦ 조선소에서 호흡보호구를 야드(yard)에 갖고 다니면서 도장작업을 해야 하는 경우에는 반드시 지퍼백에 집어넣어 오염물질이 달라붙지 않도록 보관해야 한다. 또 방진필터나 방독정화통은 습도에 민감한 반응을 하므로 지퍼백에 담아 캐비넷에 보관하는 것이 바람직하다(그림 4-4 ⓑ).

⑧ 가능한 한 제조회사의 지침에 따라 보관해야 한다.

□ 기록보관

기록보관도 호흡보호구 유지관리 프로그램에서 중요하다. 호흡보호구를 점검했던 내용과 밀착검사 결과를 기록하고 보관해야 한다. 다음과 같은 내용이 포함되어야 한다.

- 사용 날짜
- 점검 날짜
- 호흡보호구의 물리적 상태
- 세척과 소독 날짜
- 자세한 수선 내용
- 밀착도 검사 날짜 및 결과
- 기타 테스트하고 교정한 내용 및 날짜

이상의 모든 기록은 호흡기보호 프로그램 관리자가 수행한다.

제 5 장 의학적 감시

호흡보호구를 사용한다는 것은 종류와 관계없이 신체적인 부담감과 불편함을 동반한다. 이 같은 부담감과 불편함은 다음과 같은 여러 요인에 의해 좌우된다.

- **호흡저항:** 공기정화식(여과식) 호흡보호구는 호흡저항이 더 심하다, 디맨트 타입 공기호흡기의 어떤 배기밸브는 착용자에게 심각한 호흡저항을 유발하기도 한다.
- **시계제한:** 모든 호흡보호구는 정도의 차이는 있으나 시계를 제한시켜 터널 속에 있는 느낌이나 좁은 공간에 처해져 있는 느낌을 갖게 된다. 이 같은 반응은 격한 작업(예를 들어, 소방작업)으로 인한 스트레스에서 불안감으로 이어진다.
- **움직임(이동성) 제한:** 일부 보호구의 거추장스러움은 움직임을 제한한다. 예를 들어, 송기마스크의 경우 약 10 m까지 압축호스를 끌고 다녀야 한다.
- **의사소통 제한**: 모든 호흡보호구는 의사소통을 제한한다. 이는 불안감을 주고 추가적인 스트레스가 된다.
- **무게:** 모든 호흡보호구는 착용자에 부담을 주지만 공기호흡기의 경우 더 심한 신체적 부담감을 준다.
- **고열장해(Thermal Stress):** 불침투성 마스크를 얼굴에 착용하면 머리의 열 발산에 막대한 지장을 받는다. 작업강도에 따라 다르지만 발한율(Sweat Rate)은 8%까지 증가할 수 있지만 땀의 증발손실(Evaporation Sweat Loss)은 12%까지 감소할 수 있다. 따라서 인체에 열이 축적되어 고열장해가 생길 수 있다.
- **생리심리적 영향(Psychophysical Effect)**: 일부 착용자에게 호흡보호구가 폐쇄공포증(Claustrophobia) 같은 느낌으로 발전할 수 있다. 이 같은 문제를 경험하는 사람들을

찾는 것은 항상 쉬운 일은 아니다.

공기정화식(여과식) 호흡보호구를 착용해야 하는 사람이 폐기종(Emphysema, 일종의 만성폐쇄성폐질환)을 앓고 있다고 생각해 보자. 그에게 닥칠 문제점은 불을 보듯 뻔하다. 천식, 만성기관지염 같은 질병도 호흡보호구의 착용을 제한한다. 심장질환을 앓고 있는 사람 역시 앞서 언급했던 요인들이 문제를 악화시키는 결과로 작용할 것이다. 간질(Epileptic)을 앓는 근로자는 IDLH에서 작업하는 경우 마스크를 벗겨야 할 것이다. 그러므로 기왕의 건강문제를 악화시키지 않고 호흡보호구를 착용할 수 있는지 혹은 그 정도의 건강을 갖고 있는지를 결정하는 것이 매우 중요하다. 다음의 가이드라인은 효과적인 의학적 감시 프로그램을 개발하는 데 도움을 줄 것이다.

1. 의학적 감시의 목적

의학적 감시의 세 가지 주요 목적은 다음과 같다.

① 법적 요구조건을 만족시켜 주고자 함
② 작업장에서 작업하기 적합여부를 결정하기 위함
③ 시간에 따라 근로자의 건강상태 변화를 체크하고 이 변화와 작업환경과의 상관관계를 평가하기 위함

산업의는 예방중심으로 효과적인 건강감시 프로그램을 관리할 책임이 있다. 산업의는 근로자의 호흡보호구 사용과 관련한 책임 있는 의견을 제시하기 위하여 다음의 정보를 얻어야 한다.

- 사용하고 있는 호흡보호구의 종류(타입)과 작동모드
- 근로자가 노출되고 있는 유해오염물질과 독성 정보
- 근로자가 호흡보호구를 착용하는 동안 수행하는 작업
- 작업과 관련하여 시력 및 청력 요구 정도
- 사용자가 호흡보호구를 착용해야만 하는 시간 길이

• 응급 혹은 구조상황의 추정횟수
• 사용자가 극한 환경에서 보내야만 하는 시간 길이

이상의 정보는 산업위생전문가나 작업장관리자로부터 얻어지는 것으로 효과적인 프로그램 운영에 활용된다. 적어도 프로그램은 다음의 내용이 포함되어야 한다.

• 작업 전 혹은 작업전환 건강진단
• 정기적인 건강진단
• 상해 혹은 연장된 질병 후 작업 복귀 건강진단
• 의무기록

2. 의학적 감시방법

1) 배치 전 혹은 작업전환 건강진단

배치 전 혹은 작업전환 건강진단은 호흡보호구 사용에 대한 적합여부를 걸러내는 과정이다. 진단결과를 토대로 산업의는 근로자가 호흡보호구를 착용해도 생리적으로 정신적으로 문제가 없는지 또는 작업자에게 수행해서는 안 되는 작업이나 더 적합한 작업은 있는지를 결정할 수 있어야 한다.

2) 직업력

근로자의 과거 직업적인 노출, 현재나 과거 앓았던 호흡기 질환, 개인습관(흡연여부와 개인위생)과 관련한 데이터를 수집해야 한다.

3) 설문조사

우리나라에는 호흡보호법이 없지만 호흡보호법이 따로 정해져 있는 미국의 경우 자세한 건강진단을 위해서는 설문조사를 시행하도록 규정하였다. 적어도 다음과 같은 설문조사를 통하여 호흡기계 혹은 순환기계 건강문제를 진단하고 근로자가 호흡보호구 사용을 줄일 것인지 지금대로 계속할 것인지를 결정해 주어야 한다.

1. 당신은 다음 같은 운동을 하는 동안 숨이 찬 적이 있습니까?
   ⓐ 비행기 계단 오르기, ⓑ 약한 언덕 걸어 오르기,
   ⓒ 평평한 길에서 보통 걸음으로 같은 또래와 같이 걷기
2. 가슴 통증을 겪은 적이 있습니까?
3. 천식이나 폐기종을 앓은 적이 있습니까?
4. 자주 숨쉬기가 어렵습니까?
5. 담배를 피우십니까?
6. 심장마비나 기타 심장에 어떤 문제점을 안고 있습니까?
7. 얼굴에 만성피부질환을 갖고 있습니까?
8. 안경이나 콘택트렌즈를 끼고 있습니까?
9. 당신이 호흡보호구를 착용할 수 없는 이유를 알고 있습니까?

과거 호흡기계 문제점을 갖고 있는 근로자는 날숨과 들숨에 제한을 받는 호흡보호구는 착용을 금지해야 한다. 예를 들어, 폐기종을 앓고 있는 사람은 호흡보호구로 인한 추가적인 호흡저항으로 충분한 호흡을 할 수 없다. 만약 사용자가 천식발작을 앓고 있다면 숨을 쉬기 어려워 호흡보호구를 벗어버릴 것이다.

처음 건강진단을 받을 때에는 이전 작업장에서 노출된 유해물질에 대한 자세한 정보가 필요하다. 여기에는 학교 졸업 후 어떤 작업조건에서 얼마동안 일하였으며 만약 있다면 보상받았던 직업적 사고나 질병기록이 모두 포함된다. 석면폐증, 규폐증 혹은 직업적인 종양 같은 많은 업무상 질병(직업병)들은 잠재기(Latent period)를 갖기 때문에 이 같은 정보가 매우 중요하다.

4) 일반건강진단

일반건강진단에서 특별히 관심을 두어야 할 것은 신체적, 감각적인 특성과 호흡보호구

를 착용함으로 인해 생길 수 있는 인체기관(System)에 대한 것이다. 중요한 신체 특성으로는 과체중, 움푹 들어간 관자놀이, 많이 튀어나온 광대뼈, 깊은 열상의 상처, 치아손실이나 의치인데 이것들은 호흡보호구 안면부의 밀착성능을 떨어뜨린다. 또 손가락이나 손을 쓸 수 없는 경우도 문제가 될 수 있다. 가스마스크나 공기호흡기는 사용하는 동안 밸브나 연결부 등 피팅(Fittings)을 손을 이용하여 탈부착해야 한다. 손가락 손실이나 사용하기 어려운 사람은 이런 장치를 사용하기 어려울 수 있다. 특히, 응급상황에서 도와 줄 사람이 없을 경우 더욱 위험하다.

주목해야 할 중요한 감각기능으로는 약한 시력과 청력이다. 이 같은 결함은 어떤 종류의 호흡보호구에서는 작업현장의 위험성을 증가시키기도 한다.

여러 인체기관의 기능이 체크되어야 한다. 예를 들어, 탈장(Hernia)은 공기호흡기를 착용하거나 메고 있다면 상태가 악화된다. 계절에 따른 알러지(예, 건초열(Hay fever)에 의한 일시적인 충혈은 호흡보호구 착용을 불편하게 만든다.

5) 병리와 심리검사

주요 기관을 진단할 때 필요한 임상검사가 이루어진다. 폐기능 검사는 X-레이 검사를 할 때 이루어지며 폐활량(FVC)과 1초 강제호기량(FEV1)도 병행한다. 이들 검사는 천식, 만성기관지염, 폐기종 같이 불충분한 환기량을 찾아내는데 활용된다. X-레이는 심장과 혈관간극(Vascular pedicle)의 형태학적 이상여부를 찾아내는데 사용된다. 혈액과 소변검사는 빈혈, 혈우병, 직업적 중독으로 인한 질병, 독성물질(예, 납, 수은)의 흡수증가 등을 찾아내는데 광범위하게 사용된다. 그래서 병리검사는 작업자가 노출되는 특수한 물질은 물론 일반적인 검사도 반드시 이루어져야 한다.

앞에서 언급하였듯이 일부 사람들은 숨을 의식적으로 쉰다는 감정 때문에 공포감이나 걱정거리로 경험할 수 있다. 불행히도 산업의가 이들을 걸러내는데 사용할 수 있는 진단도구가 없다. 그래서 심리적으로 걸러낸다는 것은 다분히 주관적일 수밖에 없다. 그렇더라도 산업의는 심리적으로 불안정하게 영향을 받은 사람은 공황상태(Panic)에서는 자신뿐만 아니라 동료까지 매우 위험한 상황에 빠뜨릴 수 있다는 것을 권고하기에 앞서 정신적인 요인을 고려해야 한다.

6) 우리나라 근로자 건강진단

(1) 건강진단의 종류

산업안전보건법 시행규칙 제98조에서는 건강진단을 다음과 같이 나누고 있다(2018년).

① **일반건강진단:** 상시 사용하는 근로자의 건강관리를 위하여 주기적으로 실시하는 건강진단

② **특수건강진단:** 다음 각 항의 어느 하나에 해당하는 건강진단

- 특수건강진단 대상 유해인자에 노출되는 업무('특수건강진단 대상 업무"라고 함)에 종사하는 근로자. 여기서 특수건강진단 대상 유해인자는 시행규칙 제98조 별표 12의 2에 따로 정한다.
- 근로자건강진단 실시 결과 직업병 유소견자로 판정받은 후 작업 전환을 하거나 작업장소를 변경하고, 직업병 유소견 판정의 원인이 된 유해인자에 대한 건강진단이 필요하다는 의사의 소견이 있는 근로자

③ **배치 전 건강진단:** 특수건강진단 대상 업무에 종사할 근로자에 대하여 배치 예정업무에 대한 적합성 평가를 위한 건강진단

④ **수시건강진단:** 특수건강진단 대상 업무로 인하여 해당 유해인자에 의한 직업성 천식, 직업성 피부염, 그 밖에 건강장해를 의심하게 하는 증상을 보이거나 의학적 소견이 있는 근로자에 대한 건강진단

⑤ **임시건강진단:** 다음 각 항의 어느 하나에 해당하는 건강진단

- 같은 부서에 근무하는 근로자 또는 같은 유해인자에 노출되는 근로자에게 유사한 질병의 자각·타각증상이 발생한 경우
- 직업병 유소견자가 발생하거나 여러 명이 발생할 우려가 있는 경우
- 그 밖에 지방고용노동관서의 장이 필요하다고 판단하는 경우

한편, 건강진단에 대한 실시 시기는 시행령 제99조에 정해져 있다.

(2) 특수건강진단 유해인자별 실시 시기 및 주기

유해인자에 노출되는 업무에 배치하기 전에 「배치 전 건강진단」을 실시해야 하며 이

〈표 5-1〉 우리나라 건강진단의 종류와 실시 시기

<table>
<tr><td colspan="2" rowspan="3">구분</td><td>1</td><td>2</td><td colspan="2">3</td><td>4</td><td>5</td><td>6</td></tr>
<tr><td rowspan="2">일반
건강진단</td><td colspan="3">특수건강검진</td><td rowspan="2">수시
건강진단</td><td rowspan="2">임시
건강진단</td><td rowspan="2">건강관리수첩
소지자
건강진단</td></tr>
<tr><td>배치 전
건강진단</td><td>배치 후
첫 번째</td><td>배치 후
두 번째부터</td></tr>
<tr><td colspan="2">산업안전보건법
(제43조)</td><td colspan="6">규칙 제98조</td><td>규칙110
조의 2</td></tr>
<tr><td rowspan="4">대상
근로
자</td><td>사무직</td><td rowspan="4">전부</td><td colspan="4" rowspan="2">-</td><td rowspan="3">전부</td><td rowspan="2">-</td></tr>
<tr><td>생산직
일반부서</td></tr>
<tr><td rowspan="2">생산직
유해부서
(대상유해물질)</td><td colspan="4">전부</td><td>일부</td></tr>
<tr><td colspan="4">유기화합물 108종, 금속류 19종, 산 및 알카리류 8종, 가스류 14종, 허가대상물질 13종, 금속가공유 1종, 분진 7종, 물리적 인자 8종, 야간작업 총 179종</td><td>모든 직업적
위험요인</td><td>석면 등 14개
업종 조사자</td></tr>
<tr><td colspan="2">실시목적</td><td>조기진단</td><td>적성배치
기초건강
자료 축적</td><td colspan="3">직업병 조기진단</td><td>집단직업병 발생
예방 혹은
원인구명</td><td>만성직업병
예방</td></tr>
<tr><td rowspan="3">실시
시기</td><td>사무직</td><td>2년에 1회 이상</td><td colspan="4" rowspan="2">-</td><td rowspan="3">지방고용노동관
서의 명령</td><td rowspan="2">-</td></tr>
<tr><td>생산직
일반부서</td><td rowspan="2">1년에 1회 이상</td></tr>
<tr><td>생산직
유해부서</td><td>신규배치 전</td><td>1~12개월</td><td>6~24개월 주기</td><td>증상 호소자
또는 의학적
소견자</td><td>이·퇴직 후
1년에 1회</td></tr>
<tr><td colspan="2">건강진단기관</td><td>일반/특수</td><td colspan="4">특수</td><td>특수/대학병원</td><td></td></tr>
<tr><td colspan="2">비용부담</td><td>사업주
(국민건강보험)</td><td colspan="5">사업주</td><td>산업안전
보건공단</td></tr>
</table>

날로부터 유해인자별로 정해져 있는 시기에 「배치 후 첫 번째 특수건강진단」을 실시해야 한다. 이 후에는 정해져 있는 주기에 따라 정기적으로 실시해야 한다. 법에서 정한 특수건강진단 시기는 다음과 같다(시행령 별표 12의 3). 특수한 체질을 가진 근로자에게 급성독성이 나타나는 것을 고려하여 「배치 후 첫 번째 특수건강진단」은 1-6개월로 나누어져 있으며 이 후 주기는 대체로 6개월-1년 주기를 갖는다(표 4-2 참조).

(3) 진단결과의 보존(시행규칙 제107조, 건강진단 결과의 보존)

산업안전보건법 제64조(서류의 보존)에서 건강진단에 관한 서류는 3년 보존하도록 되어있으나 진단결과표는 시행규칙 제107조(건강진단 결과의 보존)를 따라야 한다. 사업주는 송부 받은 건강진단결과표 및 근로자가 제출한 건강진단결과를 증명하는 서류를 다음과 같이 보존해야 한다.

① 일반건강진단 결과표 서류: 보존기간 3년

② 특수건강진단 결과표 서류: 보존기간 5년

③ 고용노동부장관이 정하여 고시하는 물질(주로 발암성 확인물질)에 대한 특수건강진단 결과표: 보존기간 30년

제 6 장 호흡보호구 착용방법

1. 전면형 마스크

(1) 내측의 고무를 열고 렌즈 쪽이 아래로 향하게 한 다음 두 손으로 머리끈을 잡는다.

(2) 턱부터 집어넣고 마스크를 뒤집어쓴다.

(3) (4)(5)(6) 머리끈의 길이를 알맞게 조절한다. 이때 너무 심하게 당기면 얼굴이나 머리에 통증이 생겨 장시간 작업에 어려움이 있으며 너무 느슨하게 당기면 누설현상이 생긴다. 따라서 작업하기 간편하고 누설이 생기지 않도록 알맞게 조절해야 한다.

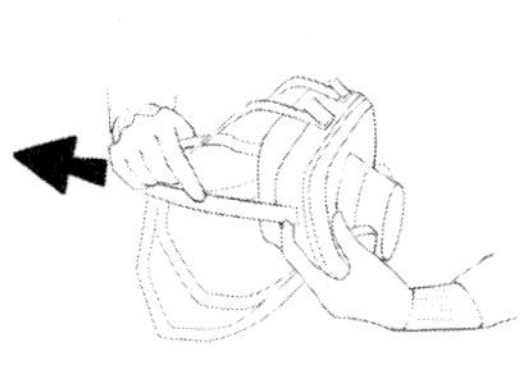
(1)

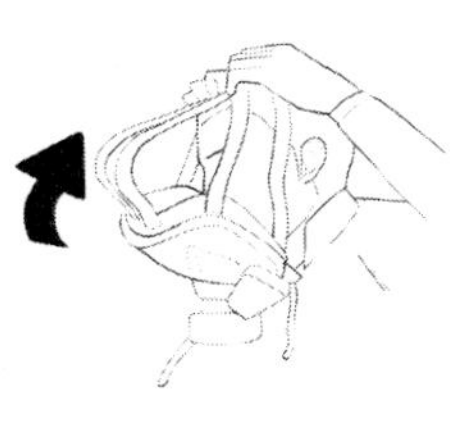
(2)

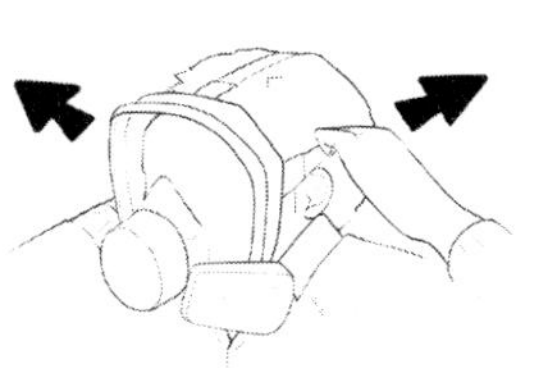
(3)

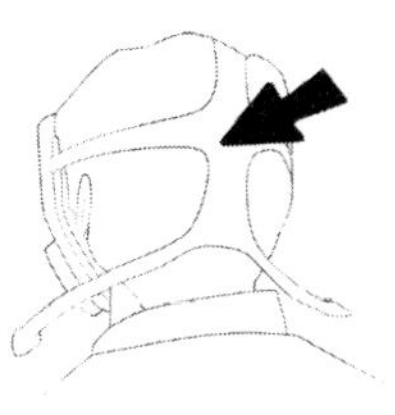
(4)

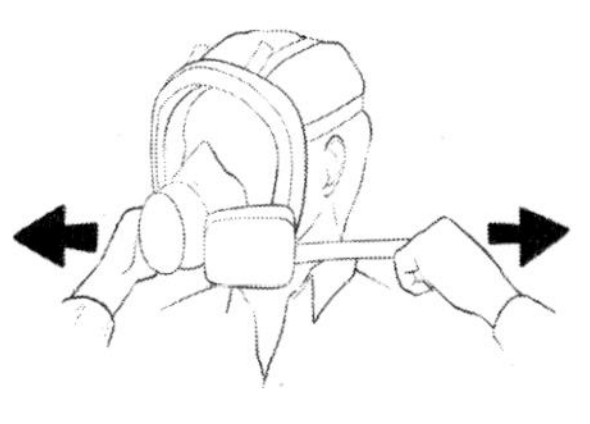
(5)

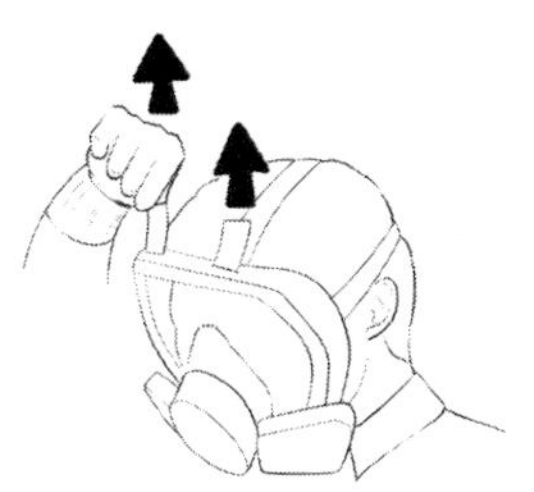
(6)

(7) 마스크를 착용할 때마다 자가 밀착도 체크를 실시한다.

2. 반면형 마스크

(1) 미리 머리끈을 넉넉하게 끼운 후 머리나 목에 걸고 안면부를 한손으로 잡는다.

(2) 안면부를 턱부터 집어넣고 안면부가 입과 코 위에 위치하도록 한다.

(3) 목 뒤로 끈을 걸고, 끈의 길이를 조절하여 안면부가 얼굴에 완전히 밀착되도록 한다.

(4) 마스크를 착용할 때마다 흡입부를 손바닥으로 막은 다음 숨을 들이마시거나 숨을 내쉬어 자가 밀착도 체크(User's seal check 혹은 Fit check)을 실시한다.

- 양압 자가 밀착도 체크: 배출구를 손으로 막고 공기를 불어내어 마스크 안면부와 얼굴 사이로 공기가 새어나가는지 느낌으로 확인한다.
- 음압 자가 밀착도 체크: 흡입부를 손으로 막고 공기를 흡입하여 마스크 안면부와 얼굴 사이로 공기가 새어들어 오는지 느낌으로 확인한다.

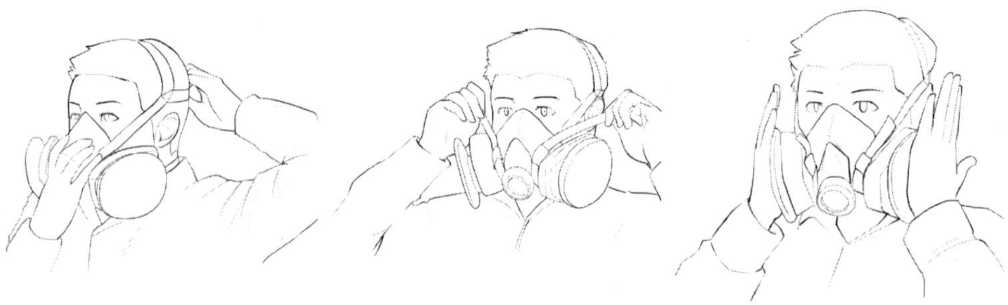

(1), (2) (3) (4)

3. 안면부 여과식

1) 컵 타입 마스크

(1) 그림과 같이 밴드를 밑으로 늘어뜨리고 밀착부분이 얼굴부분에 오도록 가볍게 잡아 준다.

(2) 마스크가 코와 턱을 감싸도록 얼굴과 맞춰준다.

(3) 한 손으로 마스크를 잡고 다른 손으로 마스크 위의 끈을 머리의 상단에 고정시킨다.

(4) 마스크 아래 끈을 목 뒤에 고정시킨다.

(5) 양손 손가락으로 클립부분을 눌러서 코와 밀착이 잘 되도록 조절한다.

(6) 양손으로 마스크 전체를 감싸 안고 자가 밀착도 체크를 실시하여 조절한다.

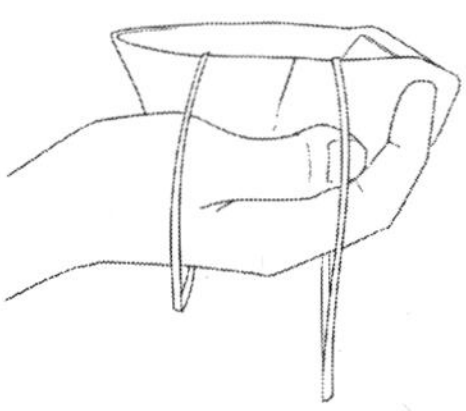

(1)

(2)

(3)

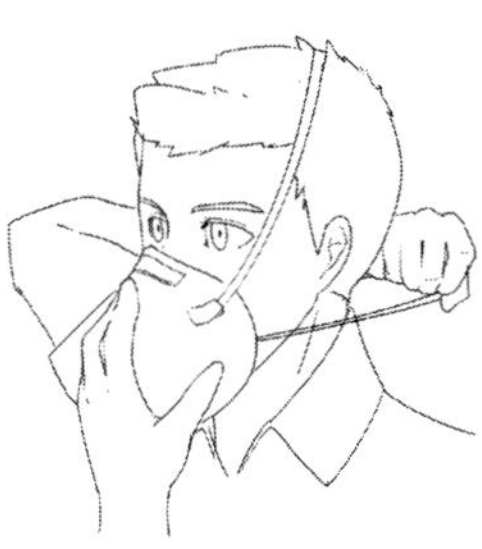

(4)

(5)

(6)

2) 접이식 마스크

(1) 마스크를 컵 모양으로 둥글게 펴 준다.

(2) 머리 끈을 바깥쪽으로 빼낸다.

(3) 한 손으로 마스크를 잡고 다른 손으로 마스크 위의 끈을 머리의 상단에 고정시킨다.

(4) 마스크 측면을 고정시키면서 틈새를 최대한 막아 준다.

(5) 클립이 있다면 양손 손가락으로 클립부분을 눌러서 코와 밀착이 잘 되도록 조절한다.

(6) 양손으로 마스크 전체를 감싸 안고 자가 밀착도 체크를 실시하여 조절한다.

(1) (2) (3)

(4) (5) (6)

4. 두건형 마스크

(1) 봉투를 열어서 마스크를 꺼낸다.

(2) 안쪽의 고무를 열어서 그림처럼 머리부터 덮어쓴다.

(3) 마스크를 입에 대고 페트(고정띠)를 머리 위에 고정시킨다.

(4) 마스크와 얼굴과 밀착이 충분하지 않을 때에는 그림과 같이 머리끈의 양쪽을 잡아 당겨 밀착정도를 최대한 높인다.

(5) 그림 (5)는 착용이 완료된 상태이다.

(1)

(2)

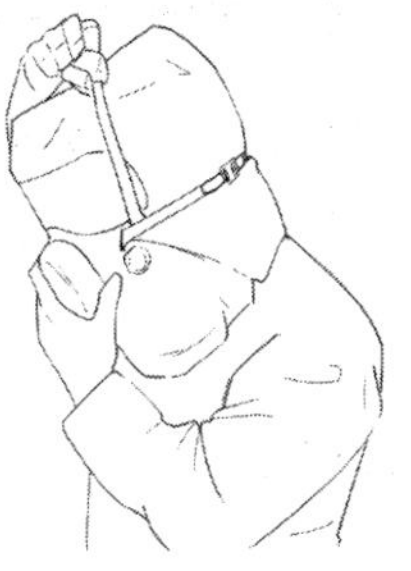

(3)

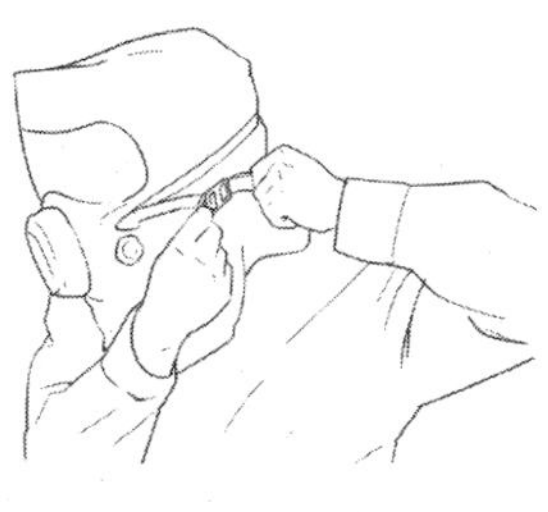

(4)

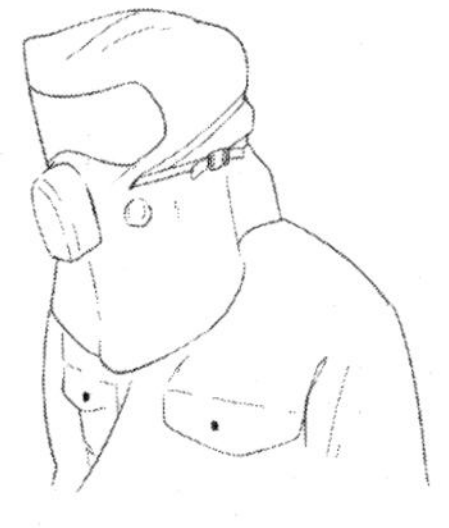

(5)

5. 송기마스크

1) 호스마스크

호스의 끝을 신선한 공기 중에 고정시키고 착용자가 자신의 폐력으로 공기를 흡입하는 '폐력 흡인형'과 전동 또는 수동의 송풍기를 신선한 공기에 고정시키고 송기하는 '송풍기형'이 있다.

① 호스를 정해진 연결부에 연결한다. 작업장 건물에 송기마스크 시설이 되어 있는 경우 송기관이 아닌 다른 가스관의 연결부에 송기마스크를 연결하면 매우 위험하므로 특별한 주의가 필요하다.

② 장착대를 몸에 착용하고 몸에 맞게 조절한다.

③ 유량조절장치(Regulator)가 있으면 호흡에 방해받지 않도록 조절한다.

④ 호스의 개방 전에 자가 밀착도 체크를 통하여 착용상태를 확인한다.

2) 송기마스크

유량조절장치, 여과장치를 구비한 고압공기용기나 공기압축기 등으로부터 공기를 송기하는 '일정유량형'과 일정유량형과 같은 구조이나 공급밸브를 갖추고 착용자의 호흡량에 따라 송기하는 '디맨드형 및 압력디맨드형'이 있다.

착용방법은 호스마스크 착용방법과 동일하며 송기관이 아닌 다른 가스관의 연결부에 송기마스크를 연결하면 매우 위험하므로 특별한 주의가 필요하다.

(1) 전면형 마스크를 착용하듯이 한 손으로 안면부(면체)를 잡고 한 손으로 머리끈을 당겨서 얼굴과 두부에 끼워 넣는다. 턱 부위를 안면부에 끼워 넣을 때는 턱이 충분히 들어가도록 안면부를 잡은 손을 세게 잡아당긴다.

(2) 얼굴과 두부에 잘 맞도록 머리끈을 조졸한다.

(3) 압력조절기(Regulator)를 조절한다.

(1) (2) (3)

6. 공기호흡기

사용자의 몸에 지닌 압력공기실린더, 압력산소실린더 또는 산소발생장치가 작동되어 호흡용 공기가 공급되도록 만들어진 호흡보호구를 말한다. 공기공급방법에 따라서 압축공기형, 압축산소형, 산소발생형 등이 있다.

(1) 바이패스(bypass) 밸브 잠금 상태와 양압조절기 핸들 잠금 상태를 확인한다.

(2) 공기호흡기를 어깨에 착용하고 몸에 맞도록 조절한다.

(3) 마스크 호스를 소켓에 연결한다.

(4) 양압조정기의 핸들을 '대기호흡' 위치에 맞춘다.

(5) 안면부를 턱부터 집어넣고 머리끈을 머리 위로하여 마스크를 착용한다.

(6) 양손으로 머리끈을 좌우로 당겨 적절하게 조인다.

(7) 용기(실린더)밸브를 천천히 열고 압력계 지침이 약 300 kgf/cm2인지 확인한다.

(8) 양압조절기 핸들을 OPEN하여 '대기호흡'상태에서 '양압호흡'으로 바꾼다.

(9) 귀 앞부분의 안면부 머리끈에 손가락을 집어넣어 실린더에서 공기가 들어오는지 즉, 양압상태를 확인한다.

(1)(2)

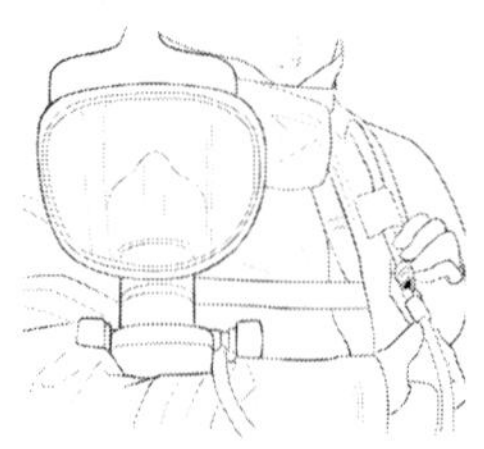

(3)

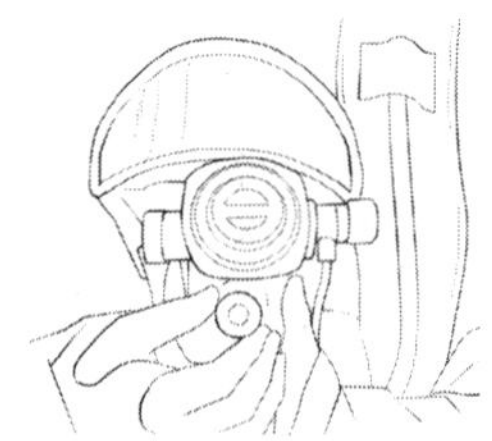

(4)

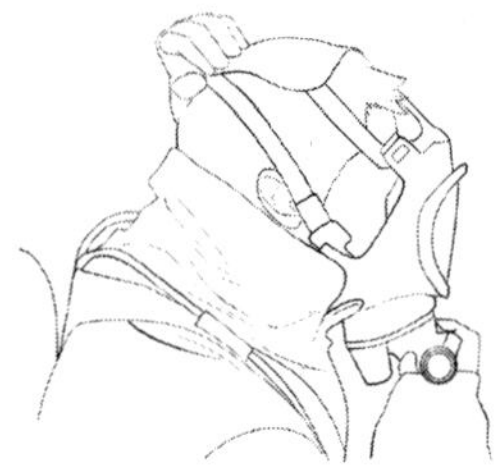

(5)

(6)

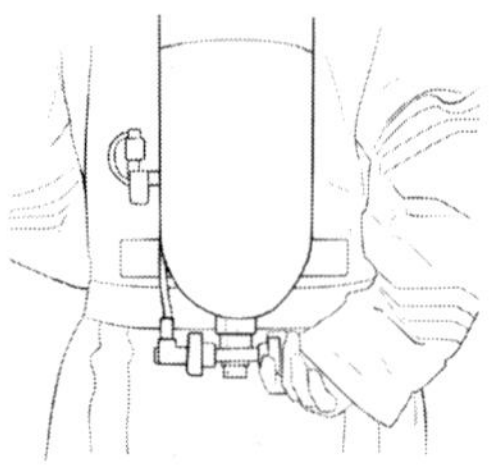

(7)

(8)(9)

제 7 장 부적합 선정 및 오용 사례연구

부적합한 호흡보호구의 선정이나 오용은 심각한 사고, 질병 혹은 사망을 초래할 수 있다. 여기서는 사례연구를 통하여 이에 대한 정보와 경고 메시지를 주고자 함이다.

호흡보호구의 부적합한 선정과 오용은 법을 어기는 것뿐만 아니라 착용자를 위험상황에 노출시킬 수 있으므로 사례를 통하여 교훈을 얻기 바란다. 다음에서 지적한 사례와 같은 호흡보호구의 부적합한 선정 및 오용 사례일 경우 법적 대응이 필요하다.

1. 영국 HSE의 사례

영구 HSE에서 호흡보호구의 부적합한 선정사례를 우리나라의 실정에 맞도록 수정한 자료는 <표 7-1>이다. 우리나라의 경우 매년 사라지지 않는 산소결핍장소 혹은 IDLH에서 호흡보호구의 부적절한 사용으로 인한 사망사고에 대해 주목해야 한다. HSE에서 지적한 여러 가지 형태의 호흡보호구에 대한 오용 사례는 <표 7-2>와 같다.

〈표 7-1〉 부적합한 호흡보호구의 선정 예

작업형태	사용한 호흡보호구	부적합한 이유
이소시안화합물 함유 페인트 스프레이	거즈타입 마스크 (일종의 방한대)	이것은 'KCs' 표시가 없으며 호흡보호구가 아니다. 이들의 사용은 법에 위반된다. 페인트에는 이소시안화합물과 유기용제가 포함되어 있다. 이 마스크는 이들 물질을 잡아 주지 못한다.
곡물, 목 분진 취급	거즈타입 마스크 (일종의 방한대)	이것은 'KCs' 표시가 없으며 호흡보호구가 아니다. 이들의 사용은 법에 위반된다. 대부분의 분진은 이 마스크를 통과하여 호흡기계에 과민반응을 유발할 것이다.
용접 작업	2급 안면부 여과식 마스크	우선, 용접작업 시 방진마스크는 1급 이상을 사용해야 한다. 용접작업에는 오존, 질소산화물, 일산화탄소 등 가스상 물질도 발생한다. 따라서 1급 이상 방진마스크에 가스상 물질도 잡을 수 있는 겸용 마스크를 착용해야 한다.
유기용제작업(예: 도장·붓기·탈지· 인쇄 작업, 유리강화플라스틱 제조 등)	특급, 1급, 2급 방진마스크	입자상물질 제거 방진마스크는 유기증기를 잡아 주지 못한다. 유기화합물용 방독정화통이 부착된 방독마스크를 착용해야 한다.
암모니아 취급 작업	유기화합물용 방독마스크	유기화합물(유기증기)용 여과제는 암모니아를 여과시키지 못한다. 암모니아용 방독마스크가 필요하다.
산소결핍 밀폐공간에서 작업	공기정화식(여과식) 호흡보호구	산소결핍 장소에서 여과식 호흡보호구는 사용하면 착용자는 사망한다. 공기공급식 호흡보호구(BA)를 사용해야 한다.
밀폐공간 IDLH (예: 용접·탈지·유기용제세척·도장·페인트 스트리핑 작업)	공기정화식(여과식) 호흡보호구	산소가 충분하더라도 밀폐공간 IDLH는 비가역적 건강장해나 사망할 수 있다. 공기공급식 호흡보호구(BA)를 사용해야 한다.
밀폐공간에 출입 (예: 하수관이나 하수탱크, 녹이 있거나 잔류유기물질이 존재하는 선박 내 공간)	공기정화식(여과식) 호흡보호구	비록 잠깐 동안 출입한다고 하더라도 산소결핍 장소나 기타 독성 물질이 치명적인 경우 여과식 호흡보호구를 사용하지 말아야 한다. 공기공급식 호흡보호구(BA)를 사용해야 한다.

〈표 7-2〉 영국 HSE의 조사에서 밝혀진 호흡보호구에 대한 오용 사례

오용인자	여과식 호흡보호구					공기 공급식
	안면부 여과식	반면형 마스크	전면형 마스크	후드	전동식	BA
착용자 관련						
•밀착형 안면부와 수염	*	*	*			
•밀착도 검사 결과 미흡	*	*	*			
다른 개인보호장구와 관련						
•안경/고글과 충돌	*	*				
•안경테에 의한 밀착 문제			*			
유지관리와 세척						
•더러운 보호구 나눠 쓰기	*	*	*	*	*	*
•먼지가 밸브를 막음	*	*	*	*		
•손상된 밸브와 부품	*	*	*	*	*	*
•찢긴/손상된 머리끈	*	*	*	*		
•변형된/소실된 부품	*	*	*	*	*	*
•실라(Seal)과 O링 소실		*	*	*	*	*
•부정확한 결합 (예: 뒤집혀진 바이저)		*	*	*	*	*
•부적합한 필터/유효기간 지난 필터/필터 소실	*	*	*	*		
•사용자가 변형시킴	*	*	*	*	*	*
•불충분한 충전 건전지 사용					*	
교육훈련/감독 소홀						
•콧등 조절을 잘못함	*					
•위아래 방향 바꿔 씀	*	*				
•머리끈 모두를 사용하지 않음	*	*	*			
•머리끈을 느슨하게 당김	*	*	*			
•공기량 체크 소홀				*	*	*
•호스연결이 제대로 안됨		*	*	*	*	*
•공기량 부족/공기질 불량				*	*	*

2. 호흡보호구와 관련한 사례 연구

다음은 Rajhans와 Pathak(2001)가 작성한 호흡보호구 사례연구를 발췌하여 정리한 것이다. 이들은 다음과 같은 요인들 때문에 호흡보호구를 적절하게 사용하기 어렵다고 지적하였다.

- 호흡보호구 사용 관련 정보 및 한계를 포함한 적절한 교육훈련 프로그램의 부족
- 적절한 점검과 관리 부족
- 호흡보호구를 착용했을 때 오는 시계제한, 움직임 제한, 의사소통 제한 등 스트레스 때문에 착용을 싫어함
- 작업현장에서 테스트할 수 있는 도구, 기기 부족으로 부적합한 호흡보호구의 선정과 부적절한 밀착성능
- 적합한 유지관리 프로그램 부족으로 인한 호흡보호구의 부적합한 기능과 효율 감소
- 공학적 관리과 결부한 호흡보호구 사용의 혼선
- 전문가가 사용하는 특수 용어와 축약어에 관한 혼선과 이해 부족 문제

가장 일반적으로 일어날 수 있는 호흡보호구와 관련된 문제들을 가장 효과적으로 이해할 수 있는 길은 사례연구를 통해서 알아 볼 수 있다.

❑ 정보의 부족을 포함한 교육훈련 부족

한 작업자가 양조장 밖 도로에 위치한 하수구 맨홀에 들어갔다. 몇 분 후 그는 힘이 빠지는 것을 느꼈는지 맨홀 밖으로 나오려고 애썼으나 쓰러지고 말았다. 이것을 목격한 양조장의 한 작업자가 호흡보호구를 가지고 뛰어갔다. 도우러 온 사람은 즉각 그 보호구를 착용한 후 맨홀로 뛰어 들었다. 몇 분 후 그 역시 쓰러졌다. 그 두 사람은 나중에 소방서 구조대에 의해 구조되었으나 둘 다 사망한 후였다.

이 사건은 부적절한 호흡용 보호구의 선정이 얼마나 위험한가를 단적으로 보여주는 예이다. 이 같은 경우 양조장으로부터 이산화탄소가 하수구에 들어가서 공기를 대체하게 된다. 두 사람은 산소결핍으로 사망한 것이다. 나중에 목격한 작업자가 사용한 마스크는 암모니아용 방독마스크였다. 목격한 작업자는 하수구에서 자주 남새가 나는 것이 암모니아

에 의한 것으로만 생각하고 암모니아 제거용 방목마스크를 착용한 것이다. 양조과정의 발효에 의해 생긴 이산화탄소가 하수구에 흘러들어가 산소결핍을 만든다는 점을 미처 생각하지 못한 것이다. 암모니아용 방독마스크는 산소를 만들지 못하므로 이런 경우 당연히 공기호흡기를 착용하고 하수구에 들어갔어야 한다.

교훈은 다음과 같다.

- 산소농도를 측정하지 않은 채 밀폐공간으로 들어가지 말 것. 적절한 호흡보호구 없이 산소농도가 18% 이하인 곳에 들어가지 말 것. 산소농도와 관련된 의심이 있는 곳에서는 산소결핍에 대한 조치가 필요하다.
- 들어가기에 앞서 그 위험성에 대해서 각 개인들에게 알려 주어야 한다.
- 산소결핍이 있는 상태에서는 오직 공기호흡기만 사용해야 한다.
- 밖에 있는 사람 역시 공기호흡기를 착용하고 항상 산소결핍 장소에서 작업하는 사람을 감시해야 한다.
- 이와 관련한 충분한 교육훈련 프로그램을 마련해야 한다.

❑ 유지관리 부족

개방지역에서 배기밸브가 막힌 마스크를 착용한 작업자가 있었다. 그래서 분진이 마스크를 통하여 오염물질이 새어 들었다. 유지관리를 정확하게 할 명확한 필요성이 이 작업자에게 제기되었다.

- 모든 호흡보호구는 결함(누설현상 포함)을 검사하고 세척하여 소독한 후 보수하여 보관하여야 한다.
- 모든 호흡보호구는 사용 전 후에 검사를 해야 한다.
- 만약 호흡보호구를 상시 사용하지 않고 사용하는 사이에 보관해야 한다면 매 월 한 번씩 검사해야 하며 작동이 잘 되도록 유지해야 한다.
- 호흡보호구를 검사할 때는 모든 연결부위가 잘 조여 있어야 하며 안면부, 머리끈, 밸브 그리고 연결튜브가 잘 작동되어져야만 한다.
- 호흡보호구를 검사하고 테스트하고 보수할 때에는 교육훈련을 받은 사람에 의해서 이루어져야 한다.
- 호흡보호구가 잘 작동하는 방법에 대해서도 훈련받은 사람에 의해서 교육되어져야

한다.

❑ 부적절한 호흡보호구의 선정

완전히 밀폐된 TCE 증기 탈지 장치가 부분적으로 부서져 전기장치가 제대로 작동되지 않았다. 오전 9시에 전원을 꺼 오전 11시에 배수시키고 밀폐장치의 공기를 불어들이기 위하여 송기마스크를 작동시켰다. 이와 더불어 장치의 끝에 있는 국소 팬을 켰다.

약 11시 45분에 보수작업자가 사다리를 타고 떨어진 부분을 보수하기 위하여 탈지장치로 들어갔다. 작업자는 방독마스크를 착용하고 있었다. 두 번째 사람은 탈지장치 위 플랫폼에 서 있었다. 첫 번째 보수작업자가 탈지장치에서 쓰러졌다. 두 번째 사람은 도움을 요청한 후 동료를 구하기 위하여 탈지장치에 들어갔다. 그 역시 쓰러지고 말았다. 사건이 종료되기 전까지 여섯 사람의 다른 동료들이 탈지장치 안으로 들어갔고 세 사람의 소방관이 동원 되었다. 한 소방관을 제외한 모든 사람들이 TCE 증기에 엄청나게 노출되었다. 그 소방관만 공기 호흡기를 쓰고 있었다.

탈지장치는 배수를 시킨 후 몇 인치 밖에 남아있지 않았으나 전체 액체의 부피보다 중요한 것은 증발하는 표면적이다. 이 경우 표면적 위 공기는 TCE가 9.78%까지 포화될 수 있다.

방독마스크는 보통 0.1% (1,000ppm) 증기 이상에는 적합하지 않다. 가스마스크는 2% (20,000ppm) 증기까지는 적합하다. 이 같은 경우 송기마스크나 공기 호흡기가 적합하다. 교훈은 다음과 같다.

- 어떤 위험한 공간에 들어가기에 앞서 그 공간에 적합한 호흡보호구가 무엇인지를 결정하기 위한 작업환경측정이 필요하다.
- 시료채취는 자격이 있는 산업위생담당자에 의해 이루어져야 한다.
- 호흡보호구의 선정은 일정 교육을 이수한 자격자에 의해 이루어져야 한다.
- 착용자는 방독정화통이 모든 화학물질에 만능이 아니라는 것과 일정 수준 이상의 고농도에서는 충분한 효과를 발휘할 수 없다는 사실을 깨달아야 한다.
- 대기자와 구조요원은 항상 공기호흡기를 착용해야 한다.

❑ 호흡보호구 사용을 싫어함

세 사람이 펌프가 막혀 있는 가죽공장 용기(Tan-yard vat)에서 내용물을 퍼내는 작업을 하려고 하였다. 첫 번째 사람은 먼저 전원을 차단하기 위해서 용기에 들어갔고 곧 쓰러졌다. 두 번째 사람은 첫 번째 사람을 구조하기 위해 들어갔지만 역시 쓰러졌다. 세 번째 사람은 어지러움을 느껴 곧 바로 사다리를 타고 겨우 그 용기에서 탈출할 수 있었다. 몇 분 후에 정신을 차리고 그는 도움을 요청하였다. 그는 네 번째 사람에게 탱크 안으로 들어가지 말 것을 당부하였으나 그 사람 역시 들어가서 쓰러졌다. 구조작업 후 세 사람 모두 밖으로 끌려나올 수 있었으나 이미 모두 다 사망한 후였다.

조사에 의하면 적절한 호흡보호구가 현장에 있었으나 어느 누구도 그것을 사용하지 않았다. 한편, 사고 용기는 4년 동안 사용한 적이 없었다. 용기로부터 슬러지가 증발하여 황화수소가 4 mg/L (2,700 ppm) 방출되었다. 처음 작업을 할 때에는 황화수소 냄새가 나지 않아 슬러지로 들어갔겠지만 슬러지를 건드린 순간 버블현상(Bubble)으로 엄청난 양의 황화수소가 발생한 것이다.

- 모든 작업자들은 필요할 때 호흡보호구를 반드시 써야 한다는 것을 교육 받아야 한다.
- 이런 작업은 안전 및 보건관리자에 의해 철저한 작업관리가 필요하다.
- 각 공정에서 예측되는 농도는 물론 모든 독성물질들을 확인해야 한다.
- 슬러지 작업은 처음 황화수소 농도를 측정했을 때는 작업가능 농도(10 ppm 미만)이지만 슬러지를 건드리는 순간 버블로 인해 엄청난 양의 황화수소가 발생함을 교육시켜야 한다.
- 호흡보호구 없이 작업 수행을 불허해야 한다.
- 작업자들이 보호구 착용을 무시하면 기록에 남겨두고 나중에 불이익을 주어야 한다.

❑ 적절한 호흡보호구 사용을 싫어함

자동차 정비공장에서 폴리우레탄 페인트를 갖고 스프레이 도장 작업을 하는 모든 페인트 공들이 활성탄으로 만든 유기화합물용 방독정화통의 반면형 마스크를 사용하고 있었다. 그들 모두는 이소시안염(Isocyanate)에 매우 민감하게 반응하였다. 조사에 의하면 송기마스크를 사용할 수 있었음에도 불구하고 불편함 때문에 그들은 그것들을 사용하지 않았다. 그들은 여과식(공기정화식) 반면형 마스크만 고수하였다. 앞선 내용과 함께 두 경우에 다음과 같은 교훈이 필요하다.

- 작업자들은 어떤 오염물질에 어떤 정화통이 적합한지에 대해서 정화통에 적혀 있는 안내문을 읽도록 교육 받아야만 한다.
- 호흡보호구 사용에 대한 적극적이고 엄격한 법 집행이 이루어져야 한다.

❑ 현장에서 테스트하는 시설의 부족

염소가스를 생산하는 작업장에 항상 1 ppm 미만의 염소가스에 노출되는 사람이 있었다. 그 작업자에게는 때때로 유출되는 응급상황 때문에 대피용 반면형 마스크가 제공되어졌다. 대부분의 작업자들은 이 호흡보호구를 효과적으로 사용하였지만 몇 몇 작업자들은 아직도 치료를 받아야 함이 밝혀졌다.

조사에 의하면 이 같은 문제의 주된 원인은 얼굴의 수염과 얼굴모양 때문에 밀착이 잘 되지 않는 것에 있었다. 현장에는 정량적(QNFT) 혹은 정성적 밀착도 검사(QLFT) 시설이 없어서 어떤 호흡보호구가 더 좋은 밀착성능이 있는지 결정 해 줄 수가 없었다(예를 들어, 반면형 마스크 대신에 전면형 마스크를, A 브랜드보다 B 브랜드 마스크를 착용하라고 권고함).

교훈은 다음과 같다.

- 모든 작업자들은 그들의 동료들이 받는 것과 동일한 수준의 보호를 해주는 호흡보호구가 제공되어져야 한다.
- 정성적 밀착도 검사가 모든 작업자와 호흡보호구 사이에 이루어져야 한다.
- 오염된 지역에 들어가기 전에 착용자들은 음압과 양압의 자가 밀착도 체크를 해야 한다.
- 얼굴 모양 때문에 누설현상이 많이 일어나면 더 좋은 밀착을 위하여 전면형 마스크가 사용되어져야 한다.
- 호흡보호구를 착용하는 모든 사람들은 적어도 매년 한 번씩 자격이 있는 사람에 의해서 밀착도 검사를 받아야 한다. 나이를 먹고 체중이 증가 혹은 감소하거나 다른 요인에 의하여 마스크의 밀착성능에 영향을 받으면 다른 브랜드의 마스크로 바꿔야 할 필요가 있다.

❑ 공학적 관리 vs 호흡보호구

한 회사에서 ACGIH의 기준에 따른 환기장치 부스에서 모래를 이용한 샌드 블라스팅 작업을 하고 있었다. 작업자와 보조자는 공기정화식 호흡보호구를 쓰고 있었다. 송기 마스크로 바꿔 줄 것을 요청받은 사업주는 환기장치가 분진을 관리해주기 때문에 호흡보호구는 과도한 조치라고 주장하였다. 그래서 송기마스크에 대한 요구는 맞지 않다고 하였다.

사업주에게 확신을 주기 위하여 규소에 대한 여덟 시간 동안의 개인시료 채취(Personal sampling)가 이루어졌다. 그 결과 기준치인 0.025 mg/m^{3}의 10배에서 50배에 이르렀다. 교훈은 다음과 같다.

- 규소 모래를 포함하는 블라스팅 공정의 경우 블라스팅 부스에서의 환기는 단지 눈에 보이는 분진만을 가라앉히는 정도이다. 그래서 규소 분진으로부터 작업자들을 보호하기 위하여 송기 마스크가 필요하다.

❑ 페인트 스프레이 도장공에 대한 호흡용보호구

트럭을 만드는 중공업 조립공장에서 다섯 개 스프레이 부스에서 압축공기 스프레이 총을 이용한 납이 포함된 스프레이 도장작업이 이루어지고 있었다. 이 부스 중 하나에서 두 명의 페인트 공이 함께 일하고 있었다. 이 부스는 하방식(Down-draft) 물 세척 타입의 환기장치이며 부스의 유입구와 배출구에 에어커튼이 설치되어 있었다. 이 환기 장치는 ACGIH의 설계에 의해서 만들어진 것이라서 언뜻 보기에는 호흡보호구는 불필요할 것으로 보였다.

노출에 대한 일상적인 모니터링 과정에서 공기 중 납은 단시간 노출기준(STEL)을 초과하였다. 사업주는 스프레이 공들에게 적합한 호흡보호구를 지급하라고 요청받았다. 도장공들은 "적절히 설계된 국소 배기 장치에는 호흡보호구가 필요하지 않다." 라고 주장하면서 호흡보호구 착용을 거절하였다. 그러나 도장공들에게 다음과 같은 이유로 적절한 호흡기 보호구 착용이 필요하다고 설득하였다.

큰 페인트 도장작업 부스에서는 많은 변수들이 공기 중 농도에 영향을 줄 수 있다. 이는 환기장치 하나만 의존하는 것은 안전하지 않다. 페인트 점도의 차이와 스프레이건의 압축공기 압력은 되 튀김(Bounceback) 효과 때문에 공기 중에 페인트 양을 증가시키거나 어떤 작업과정에서는 스프레이가 뿌려지는 앞에 도장공이 서 있을 수도 있다. 부스에 두 사람 이상이 있을 때에는 서로 다른 방향에서 한 대상 물체를 스프레이 하는 작업이 다른 사람의 호흡 영역 속으로 과도한 양의 에어로졸을 분산시키는 효과를 가져 올 수도 있다. 결국 노출량을 가장 낮게 유지하기 위해서는 호흡보호구가 필요하다. 교훈은 다음과 같다.

• 비록 환기장치가 권고 기준치를 만족한다 할지라도 큰 페인트 스프레이 부스에서는 호흡보호구가 필요하다.

• 페인트 스프레이 도장작업에서는 호흡보호구의 효과가 있는지 주기적인 모니터가 이루어져야 한다.

❑ 호흡보호구의 불필요한 사용

석면과 규소를 소량 함유하는 가루제품을 쏟아 붓고 배합 후 포대에 집어넣는 작업을 하고 있다. 각 분진이 발생하는 공정에는 충분한 국소배기장치를 설치하면서 많은 경비가 소요되었다. 회사는 분진 노출의 위험성에 대해서 관심을 갖고 과도한 보호를 시도하여 환기장치가 충분히 가동됨에도 불구하고 강제로 모든 작업자들에게 보호구를 착용하도록 하였다. 작업자들은 불필요한 스트레스를 받는 것에 대해서 당국의 조치에 많은 불평을 토로하였다.

정밀작업환경측정을 실시한 결과 환기가 충분히 이루어지고 있음이 확인되었고 석면과 규소 노출로부터 작업자들을 필요 이상으로 보호하고 있었다. 시료채취는 권고기준치의 1/5 내지 1/10 수준이었다. 교훈은 다음과 같다.

- 공학적 관리를 제공하는 목적은 위험성으로부터 호흡기계를 보호하기 위한 것이기 때문에 이럴 경우 호흡보호구는 필요하지 않다.
- 물론 공학적인 관리가 충분하지 않은 경우 개선이 이루어질 때까지 호흡보호구가 사용되어져야 한다.
- 만약 관리가 불충분하고 더 나은 개선이 불가능할 경우에는 호흡보호구가 필요하다.

❑ 송기마스크와 관련한 문제(국내 석면해체·제거 작업과 관련)

우리나라에서 석면해체·제거 작업에 대한 입법안을 처음 제시하였을 때에는 송기마스크 즉, 에어라인 마스크만을 착용하도록 하였다. 석면해체·제거 작업은 정형의 작업형태가 아니기 때문에 다양한 공정이 따르게 된다. 경우에 따라서는 계단을 오르내리기도 하고 공구함을 끌고 다니기도 한다. 그렇게 했을 경우 올 수 있는 문제는 다음과 같다.

1. 에어라인 호스는 헝클어지기 쉽다. 따라서 작업자가 에어라인 호스를 끌어 잡아 당겨야 하는 어려움이 따른다. 그래서 때때로 작업자의 헬멧을 벗어야만 하는 경우가 생길 수 있다.
2. 에어라인 호스가 헝클어진 채 잡아 당겨지기 때문에 약간의 누설이 생길 수 있다. 이는 보호정도를 감소시키는 결과를 초래한다.

일정 유량형 에어라인은 높은 보호를 제공하지만 과도한 사용이 작업자에게 기대보다 충분한 보호를 제공하지 못할 수 있다. 에어라인 호스가 바닥에서 떨어져 있어야만 하는 경우에는 상당히 불편하다. 따라서 최종적으로 법을 제정할 때에는 에어라인 마스크 이외에도 충분한 보호계수가 보장되는 전동식 호흡보호구도 사용하도록 하였다. 다음과 같은 이유가 작용한 것이다.

- 에어라인 마스크는 긴 공기호스가 부착되어 있기 때문에 사용 시 많은 제한점을 안고 있다. 그러므로 에어라인 마스크를 선정하기 앞서 다른 대안을 고려해 보아야 한다.
- 에어라인 마스크를 착용할 때에는 헬멧 안으로 공급되는 공기량이 감소하지 않았는지 주기적으로 체크해 보아야 한다. 공기를 공급하는 호스가 꼬인다든지 무거운 물체에 눌린다든지 좁은 공간 찍혀 있으면 공기공급이 원활하지 못하다.

❑ 알래스카 아이스링크에서 발생한 산소결핍에 의한 질식 사건

발췌: Ontario Disease Suveilance Report 5(8):78-80. 1984

쇼핑몰 아이스 스케이팅 링크에서 24세의 보조 안전관리자가 냉동가스를 잠그는 동안 가스가 누출되어 질식하는 사건이 발생하였다. 가스는 Chlorodifluoromethane-22 (CFC-22)이었다. 사용주는 170개의 실내 쇼핑몰의 소유자이며 여기에는 수영장과 아이스링크까지 부속되어 있었다. 안전에 관한 어떤 프로그램이나 정책도 없었으며 이전부터 내동장치는 많은 누출 기록을 가지고 있었다. 한 패션 상가에서 가스가 흘러나와 막은 적도 있었다. 누출을 담당하는 안전관리자는 압축 방으로 이어지는 문에서 누출된 냉동오일을 발견하였다. 희생자인 보조 안전관리자와 관리감독자는 자동적으로 다치는 문을 통하여 압축 방으로 들어갔다. 희생자는 방독면을 착용했으나 방독면은 산소결핍 장소에서는 적합하지 않은 것이다. 한 동료 작업자가 바닥에 쓰러져 있는 두 명의 작업자를 보고 911에 응급을 요청하였다. 안전관리자와 감독자는 응급구조팀에 의해 구조되었다. 희생자인 보조 안전관리자는 쉽게 눈에 띄지 않아 옮겨지기 전 오랫동안 방에 남겨져 있었다. 급히 산소를 공급하였으나 결국 질식으로 사망하였다. 수영장에 있던 두 사람과 한 구조대원 역시 인접한 곳으로 퍼진 CFC-22에 영향을 받았다.

여기서 얻을 교훈은 작업자들은 적절한 공학적인 관리를 통하여 인지된 위험인자로 부터 보호를 받아야 하고 작업장은 안전프로그램이 만들어져 운영되어야 한다는 점이다.

❑ 불활성가스 발생원에 연결한 에어라인 호흡용보호구 관련 사망사고
발췌: J.B. Hudall, A. Suruda, and D.L. Campell, American Industrial Hygiene Association Journal 54(1):32-35, 1993.

OSHA는 1984에서 1988년까지 에어라인 마스크를 우연히 불활성가스에 연결하는 바람에 11건의 치명적인 사고가 있었으며 이로 인해 10명이 사망하는 사건을 조사하게 되었다. 7명은 에어라인 호스를 불활성가스를 이송시키는 호스에 연결하여 사망하였다. 4명은 호흡용 공기를 이송시키는 연결선에 불활성가스가 새어 들어와 사망하였다. 10명은 질소로 인하여 사망하였고 한 명은 아르곤에 의한 사망이었다. 10명의 사망사고는 호흡보호구로 공급되는 공기 연결선에 부적합한 가스가 흘러들어 감으로 발생하였는데 커플링(Coupling)의 호환성과 감독소홀이 주된 원인이었다.

❑ 소규모 사업장에서 납 작업자들에 대한 방진마스크 사용에 관한 설문조사
발췌: Y. Aiba, et al. Industrial Health 33(1) 35-42, 1995

소규모 사업장에서 납에 노출된 작업자들에 대한 방진마스크 사용에 관한 실태조사가 이루어졌다. 조사 대상자들은 Polyvinylchloride 플라스틱 용 안전제와 납 안료를 만드는 100명 미만의 일본 6개 회사에서 141명이었으며 평균 나이는 46.8세이었다. 이들은 일상적으로 납이 과도하게 노출되는지 집단조사를 받았다. 설문은 방진마스크 사용에 대해 구체적으로 구성되어 있는데 호흡보호구의 형태, 방진필터의 교체 주기, 호흡용보호구에 대한 유지 관리, 사용과 유지 관에 대한 교육 등이 포함되었다. 작업자의 22%는 법적으로 허가 받지 않은 것을 착용하고 있었다. 작업자의 반은 1주일 안에 필터를 교체하였으나 일부 작업자들은 필터를 교체하기 전 1주일 이상을 사용하고 있었다. 73%의 작업자들은 밀착 정도를 떨어뜨린다는 노동성의 경고에도 불구하고 니트(Knit) 커버를 사용하고 있었다. 작업자들의 반은 보건담당자들에게서 호흡보호구에 대한 착용법과 보관방법을 교육받았다고 하였으나 45%는 특수 저장 캐비넷에 보관하기 보다는 작업장이나 자신의 락커에 보관하였다. 저자들은 소규모 사업장에서 납을 취급하는 작업자들의 일정부분은 호흡보호구에 대한 적절한 사용과 보관에 대한 교육훈련을 제대로 받지 못해 부적절한 호흡보호구를 착용하고 부적절하게 보관하는 것으로 결론을 내렸다.

제 8 장 일반인이 알아야 할 내용

2008년 현재 우리나라 사람들에게 당면한 가장 큰 환경보건문제는 당연히 미세먼지일 것이다. 미세먼지에 대한 관심은 대통령후보들뿐만 아니라 지자체장 후보들의 공약에서도 잘 나타나 있다. 그러나 미세먼지 저감대책이나 인체 흡입량을 줄이기는 말처럼 쉬운 것이 아니다. 발생원을 줄여야 하지만 우리나라의 지정학적인 위치나 사회경제적인 문제 등 다양한 인자들이 복합적으로 얽혀있어 당분간 해결하기 하기는 어려워 보인다. 발생원을 줄이기 어렵다면 결국 인체 흡입량을 줄여야 하는데 결국 호흡보호구 착용이 가장 중요한 해결방법이 될 것이다.

1. 미세먼지와 황사

1) 미세먼지

다음은 2016년 환경부가 발표한 「미세먼지, 도대체 뭘까?」 ebook 내용을 정리한 것이다(환경부, 2016).

미세먼지는 다시 지름이 10㎛보다 작은 미세먼지(PM_{10})와 지름이 2.5㎛보다 작은 미세먼지($PM_{2.5}$)로 나뉜다. PM_{10}이 사람의 머리카락 지름(50~70㎛)보다 약 1/5~1/7 정도로 작은 크기라면, $PM_{2.5}$는 머리카락의 약 1/20~1/30에 불과할 정도로 매우 작다. 이처럼 미세먼지는 눈에 보이지 않을 만큼 매우 작기 때문에 대기 중에 머물러 있다가 호흡기를 거쳐 폐 등에 침투하거나 혈관을 따라 체내로 이동하여 들어감으로써 건강에 나쁜 영향을 미친다. 세계보건기구(WHO)는 미세먼지(PM_{10}, $PM_{2.5}$)에 대한 대기질 가이드라인을 1987년부터 제시해 왔고, 2013년에는 세계보건기구 산하의 국제암연구소(International Agency for Research on Cancer, IARC)에서 미세먼지를 사람에게 발암이 확인된 1군 발암물질(Group 1)로 지정하였다.

미세먼지는 화력발전소, 자동차 등 운송수단, 공장굴뚝 등 발생원에서부터 고체 상태로 나오는 1차 오염물질과 발생원에서는 가스 상태로 나온 물질이 공기 중 여러 가지 환경여건(해 빛, 자외선, 수증기, 화학물질 간 상호작용)에 따라 다른 물질과 화학반응을 일으켜 미세먼지가 되는 2차 오염물질로 나누어진다. 석탄·석유 등 화석연료가 연소되는 과정에서 배출되는 황산화물이 대기 중 수증기, 암모니아와 결합하거나, 자동차 배기가스에서 나오는 질소산화물이 대기 중 수증기, 오존, 암모니아 등과 화학반응을 통해 미세먼지가 생성되기도 하는데 이것이 2차 오염물질이다. 2차적 오염물질의 발생이 중요한 이유는 수도권만 하더라도 전체 미세먼지($PM_{2.5}$) 발생량의 약 2/3를 차지할 만큼 매우 높기 때문이다.

우리나라 6개 주요지역에서 측정한 미세먼지의 구성성분을 보면 황산염, 질산염 등이 58.3%, 탄소류와 껌댕 16.8%, 광물 6.8%, 기타 18.6%이다. 결국 거의 대부분이 인간의 활동에서 발생되고 있음을 알 수 있다.

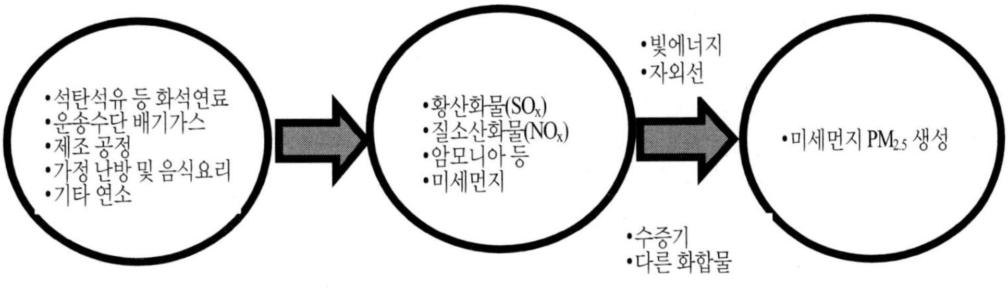

[그림 8-1] 미세먼지 발생기전

2) 황사

황사란 주로 중국 북부나 몽골의 사막지대와 황토고원(총 262만㎢, 한 반도의 약 12배)

에서 강력한 회오리바람이 발생하는 경우 휩쓸려 올라 간 미세한 흙먼지가 장거리를 이동하여 우리나라의 지상으로 내려옴으로써 발생한다. 우리나라에 영향을 주는 황사는 3~5월경에 많이 발생한다. 때로는 강한 서풍을 타고 우리나라를 거쳐 일본, 태평양, 북아메리카까지 날아가기도 한다.

자연적으로 발생한 흙먼지로 자연 토양성분이 주를 이루는 황사는 주로 화석연료 연소, 공장·자동차 배출가스 등 사람의 활동으로 발생하는 미세먼지와는 다르다.

한편, 분진이 인체에 미치는 영향에 관여하는 가장 중요한 인자는 입자의 성분도 중요하지만 입자의 사이즈 즉, 입경크기이다. 입자크기에 따라 상기도에 걸러지기도 하고 폐포 즉, 하기도까지 깊숙이 들어오기 때문이다. 황사의 입경크기를 나타낸 것이 [그림 8-2]이다.

이 그림은 일본 Shimadzu사가 서일본에서 2002~2003년 사이 관찰한 것이다. 그림에서 보는 바와 같이 우리나라에 오는 황사의 양이 가장 많이 분포하고 있는 크기는 대략 2~20 ㎛이지만 범위는 대략 0.1~100㎛까지 광범위하였다. 평균적으로 보면 대략 4~6 ㎛정도이다.

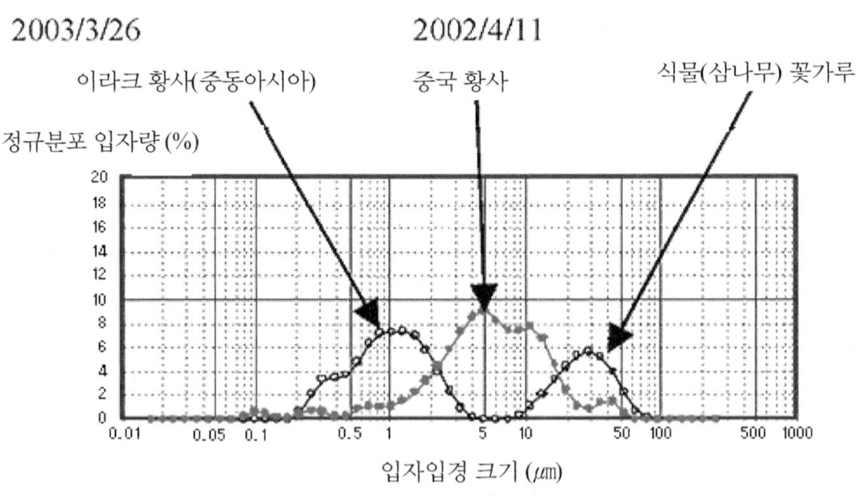

[그림 8-2] 황사입자의 입경 크기

(그림 출처: https://www.shimadzu.com/an/powder/support/beginner/b03.htm)

2. 보건용 마스크 착용 시 주의사항

일반인들이 미세먼지나 황사에 대비하여 착용하는 호흡보호구는 보건용 마스크이다. 과거에 황사마스크나 방역용 마스크 등을 불렀던 마스크를 식약처에서는 2014년 '보건용 마스크'로 통합하였다. 따라서 아직도 황사마스크라고 부르는 것은 잘못된 명명이다.

보건용 마스크는 포집효율에 따라 다음과 같이 3종류로 나눈다. 여기서 KF란 Korean Filter의 약자이다.

- KF99: 평균 0.4 ㎛ 입자의 포집효율 99%이상(안면부여과식 마스크 특급에 해당)
- KF94: 평균 0.4 ㎛ 입자의 포집효율 94%이상(안면부여과식 마스크 1급에 해당)
- KF80: 평균 0.6 ㎛ 입자의 포집효율 80%이상(안면부여과식 마스크 2급에 해당)

식약처에서 인증해 주는 보건용 마스크의 경우 시험방법이 산업용인 안면부여과식 마스크의 인증시험법과 한 품목(현광물질 시험)만 제외하면 대동소이하다.

미세먼지나 황사로부터 호흡기를 보호하고 호흡기질병을 예방할 목적으로 호흡보호구를 착용하고자 한다면 KF80 이상을 착용해야 한다. 물론 여기에 감염성 질환으로부터도 감염을 예방하고 방역을 목적으로 한다면 적어도 KF94 이상을 권한다. 특히, 병원 등 세균감염의 위험이 현저히 높다면 KF99를 권한다. 포집효율의 숫자가 높으면 높을수록 포집효율은 높아서 좋지만 호흡저항도 커져서 숨쉬기 어렵기 때문에 어린이, 노약자, 임산부, 심혈관 및 호흡기환자 등 일반인보다 호흡능력이 떨어지는 이들은 피하는 것이 좋다. 일반적으로 미세먼지나 황사로부터 호흡기를 보호할 목적이라면 KF80도 충분하다. 착용 시 주의 사항은 다음과 같다.

- 식약처에서 인증 표기된 '보건용 마스크'인지 확인한다. 공산품인 면 마스크나 방한대도 일부 미세먼지와 황사를 포집할 수 있으나 인증 표시된 것보다 포집효율, 안면부 누설율 등이 현저히 떨어진다.
- 일반적으로 콧등부분으로 누설이 가장 크기 때문에 반드시 콧등부분이 잘 밀착되도록 양손으로 눌러 자가 밀착도 체크(Fit check)를 실시한다.

- 착용하고자 하는 순간 밀봉을 해체하고 착용한다. 공기 중에 오랫동안 놓아두면 습기에 의해 정전기력이 떨어져 포집효율이 나빠진다.
- 일회용이라고 하여 반드시 한 번만 착용하고 버리라는 의미는 아니다. 한 번 착용 후 그 이상 사용여부는 전적으로 본인의 판단에 달려 있으나 가능하면 한 번 사용 후 버리는 것이 좋다. 계속하여 여러 번 사용한다면 날숨에서 나오는 습기로 정전기력 떨어져 포집효율이 급격히 떨어질 것이다. 또 습기가 남아 있어 세균 번식의 위험도 있을 수 있다.
- 물로 세척하여 사용하는 것은 정전기력을 없애는 것이므로 전혀 바람직하지 않다. 계속하여 사용하고 싶으면 차라리 깨끗하게 털어 사용하는 것이 좋다.

제 9 장 호흡보호구의 최근 연구 및 개발 동향

인간생활과 밀접한 관계가 있는 호흡보호구는 다른 이기(利器)들과 마찬가지로 현재 엄청난 발전을 거듭하고 있다. 기본적으로 호흡보호구는 더 가볍고, 더 사용이 편리하며, 더 밀착이 잘 되면서 다기능을 장착한 쪽으로 발전하고 있다. 쉽게 말하면, 개인보호장구 전체가 제4차 산업과 맞물려 사용이 편리하면서 다기능의 Smart 장비로 거듭나고 있다. 호흡보호구에 관한 최근 연구 및 개발 동향을 정리하면 다음과 같다.

- 오염물질의 누설정도를 알 수 있는 센서(Sensor) 부착 마스크
- 센서를 이용한 사용시간 예측
- 안면부여과식 마스크의 전동기화
  - 전동기를 이용한 흡입공기 자동화: 마스크 안으로 전동기를 통하여 급기공기를 공급하면 마스크 안이 양압이 형성되는 형식
  - 전동기를 이용한 배기공기 자동화: 마스크 안에서 전동기로 배기공기를 뽑아내면 흡입되는 공기는 안면부 면체(Media)를 통하여 흡입되는 방식
- 블루투스를 이용하여 착용여부, 작업위치, 작업강도 등 위험요소를 파악하는 software 개발
- 미세 차압에서도 작동하는 디맨드(Demand) 타입의 마스크 개발
- 사무실(상황실)에서 작업자의 위치 및 작업 상황을 파악하는 software 개발
- 밀착성을 높이기 위한 안면부 디자인 및 제품 개발
- 3D스캔 및 3D 프린팅을 이용한 개인별 안면부 디자인 및 제품 개발
- 밀착도검사가 없는 나라에서 밀착성을 높이기 위한 기술 및 규정 개발
- 작으면서 효율이 높은 웨어러블(Wearable)의 개발
- 현재 포집이 어려운 유해화학물질에 대한 흡착제 개발

〈참고문헌〉

고용노동부: 보호구 안전인증 고시(고용노동부고시 제2017-64호), 2017

고용노동부: 보호구 자율안전확인 고시(고용노동부 고시 제2015-28호), 2015

고용노동부: 산업안전보건기준에 관한 규칙(고용노동부령 제225호), 2018

고용노동부: 화학물질 및 물리적 인자의 노출기준(고용노동부고시 제2018-24호), 2018

산업안전보건공단 산업안전보건연구원: 화학물질 노출에 의한 보호구 사용 실태조사 및 관리방안, 일반분야 연구자료 연구원 2008-1-2, 2007

산업안전보건공단(1): 화학물질 취급 작업자의 호흡보호구 선정 기술지침 (KOSHA GUIDE H-150-2014). 한국산업안전보건공단, 2014

산업안전보건공단(2): 호흡보호구의 올바른 착용방법 및 관리에 관한 지침(KOSHA Guide H-159-2014), 2014

산업안전보건공단: 경고표시를 이용한 화학물질관리에 관한 기술지침 (KOSHA Guide P-21-2010), 2010

산업안전보건공단: 호흡기보호 프로그램, 2012-교육미디어-960, 2012

소방청: 소방청고시 제2017-1호, 공기호흡기의 형식승인 및 제품검사의 기술기준, 2017

식품의약품안전처: 식품의약품안전처 고시 제2016-61호, 의약외품 품목허가·신고·심사 규정, 2016

식품의약품안전처: 식품의약품안전처 고시 제2016-68호, 의약외품에 관한 기준 및 시험방법 전부개정고시, 2016

한국 3M: 3M OH Newsletter 2016 여름호, 한국 3M, 2016

한돈희, 김동천, 강민선: 산소발생 폐쇄식 SCBA의 서비스 수명 예측 프로그램 -예비연구-, 한국산업위생학회지, 17(2), 120-130, 2007

한돈희, 나명채, 이상곤: 호흡기보호구에 대한 Saccharin QLFT와 CNC QLFT 간 상관성에 관한 연구. 한국산업위생학회지 1997;7(1): 99-112

한돈희, 이진헌, 정춘화: 산업보건위생의 이론과 실제, 신광문화사, 2017

한돈희: 보건의료종사자의 안면부여과식 마스크호흡보호구의 사용과 밀착도검사의 중요성, 한국산업보건학회 2015; 25(3): 245-253

한돈희: 산업환기의 이론과 실제, 신광출판사, 2013

한돈희: 호흡기보호구의 밀착계수와 안면구조의 관계, 예방의학회지 1998; 31(3): 440-448

허지연, 김현욱: 반면형 방진호흡보호구의 노출부위 분포조사. 한국산업위생학회지 1994; 4(2): 180-188

화학물질안전원: 유해화학물질 취급자를 위한 작업상황별 호흡보호구 사용지침 마련, 발간등록번호 11-1480802-000068-01, 2016

화학물질안전원: 유해화학물질 취급자의 개인보호장구 착용에 관한 규정(화학물질안전원고시 제2017-7호), 2017

환경부: 「바로 알면 보인다. 미세먼지, 도대체 뭘까？」, 2016

ACGIH (American Conference of Governmental Industrial Hygiene): Threshold Limit Values for Chemical Substances and Physical Agents & Biological Exposure Indices, 2017

EN 529: Respiratory protective devices - Recommendations for selection, use, care and maintenance-Guidance document

EPA (Environmental Protection Agency): https://www.epa.gov/pm-pollution/particulate-matter-pm-basics, Access on August 9, 2018

Gosch ME, Shaffer RE, Eagan AE et al: B95: A new respirator for health care personnel, American Journal of Infection Control 2013, 41(12), 1224-1230

Han D-H, Choi K-L: Facial Dimensions and Predictors of Fit for Half-Mask Respirators in Koreans, American Industrial Hygiene Association Journal 2003; 64(6): 815-822

Han D-H, Kang M-S: A Survey of Rcspirators Usage for Airborne Chemicals in Korea ; Industrial Health 2009; 47(5): 569-577

Han D-H, Lee JH: Evaluation of Particulate Filtering Respirators Using Inward Leakage (IL) or Total Inward Leakage (TIL) Testing - Korean Experience 2005; Annals of

Occupational Hygiene 2005; 49(7): 569-574

Han D-H, Willeke K, Colton CE: Quantitative fit testing techniques and regulations for tight-fitting respirators : Current methods measuring aerosol or air leakage, and new developments. Am Ind Hyg Assoc J 1997;58(3): 219-228

Han D-H: Correlations between Workplace Protection Factors and Fit Factors for Filtering Facepieces in the Welding Workplace, Industrial Health 2002; 40(4): 328-334

Han D-H: Fit Factors for Quarter Masks and Facial Size Categories, Annals of Occupational Hygiene 2000; 44(3): 227-234

HSE(Health and Safety Executive): Respiratory protective equipment at work- A practical guide (HSE53), HSE, 2012

HSE(Health and Safety Executive): Respiratory protective equipment at work- A practical guide (HSG53) (Fourth ed., published 2013), HSE, 2013

NIOSH(National Institute for Occupational Safety and Health): Guide to industrial respiratory protection (DHHS Publication No. 87-116), NIOSH, Cincinnati, Ohio 45226, 1987

OSHA (Occupational Safety and Health Adminstration): Assigned protection factors for the revised respiratory protection standards, 2009

Rajhans GS, Pathak BP: Practical guide to respirator usage in industry, 2nd., Butterworth Heinemann, 2002

Rengasamy S, Eimer B, Shaffer RE. Comparison of nanoparticle filtration performance of NIOSHapproved and CE marked filtering-facepiece respirators. Ann Occup Hyg 2009;53:117-128

Silvermann L, Plotkin T, Sawyers LA, Yancy A: Air flow measurements on human subjects with and without respiratory resistance at several work rates, Arch. Ind. Hyg. Occ. Med., 3, 461, 1951

깨끗한 공기 마시는 법

- 호흡보호구(Respirator) -

Respiratory Protective Equipment (RPE)

초판1쇄 발행 2019년 2월 28일
초판2쇄 발행 2019년 8월 1일

지은이 한 돈 희
발행인 총장직무대행 최용선
발행처 인제대학교 출판부

주　　소 경상남도 김해시 인제로 197번지
전　　화 055-320-3783
팩　　스 055-320-3766
출판등록 제95-6호
http://homepage.inje.ac.kr/~press

정가 8,000원

ISBN 978-89-6620-080-1 (13530)

『본 교재는 인제대학교 PRIME사업 사업비를 지원받아 작성되었습니다.』